三门湾海洋环境容量及污染物总量控制研究

姚炎明　黄秀清　主编

U0313086

海洋出版社

2015 年 · 北京

图书在版编目(CIP)数据

三门湾海洋环境容量及污染物总量控制研究/姚炎明,黄秀清主编. —北京:海洋出版社,2015.9

ISBN 978 – 7 – 5027 – 9247 – 3

Ⅰ.①三… Ⅱ.①姚… ②黄… Ⅲ.①海湾 – 海洋环境 – 环境容量 – 总排污量控制 – 研究 – 浙江省 Ⅳ.①X834

中国版本图书馆 CIP 数据核字(2015)第 234052 号

责任编辑:张 荣
责任印制:赵麟苏

海洋出版社 出版发行

http://www. oceanpress. com. cn

北京市海淀区大慧寺路 8 号 邮编:100081

北京朝阳印刷厂有限责任公司印刷 新华书店经销

2015 年 9 月第 1 版 2015 年 9 月第 1 次印刷

开本:787 mm×1092 mm 1/16 印张:15.75

字数:360 千字 定价:80.00 元

发行部:62132549 邮购部:68038093 总编室:62114335

海洋版图书印、装错误可随时退换

目　次

前　言

党的十八大报告提出"提高海洋资源开发能力,发展海洋经济,保护海洋生态环境,坚决维护国家海洋权益,建设海洋强国"。国务院《关于进一步加强海洋管理工作若干问题的通知(国发〔2004〕24号)》要求"沿海地方各级人民政府要建立海洋环境保护目标责任制,加强对陆源污染物的防治工作,尽快遏制本行政区域近岸海域环境持续恶化势头"。《防治海洋工程建设污染损害海洋环境保护管理条例》规定"国家海洋主管部门根据国家重点海域污染物排海总量控制指标,分配重点海域海洋工程污染物排海控制数量。""在实行污染物排海总量控制的海域,不得超过污染物排海总量控制指标。"因此,开展重点海域污染物总量控制研究是积极落实我国现行海洋环境保护法律法规的重要举措,也是实施污染物排海总量控制制度的前提与基础。

污染物总量控制是将某一控制区域作为一个完整的系统,采取一定的措施,将排入这一区域内的污染物总量控制在一定数量内,以满足该区域的环境质量要求。与传统的浓度控制相比,污染物的总量控制比浓度控制更能真实地反映污染物进入环境的实际情况,有利于防止浓度控制中不合理的稀释排放现象,有效保护环境资源,进一步实现在总量控制基础之上的总量削减。

三门湾地处浙东沿海,与象山港、乐清湾并列为浙江省著名的三大海湾,是浙江省的重要港湾,也是浙江省沿海社会经济发展的重要依托。随着三门湾海洋开发利用活动的频繁和扩大,沿海港口城市化、工业化速度不断加快,围海造地、吹砂填海,部分海域资源被无序开发,大量污染物进入海域,使近岸海域的环境污染日益加重,甚至影响到沿海地区社会经济的进一步健康发展。开展三门湾污染物总量控制与容量分配研究,可在现阶段管理目标和社会可接受的水平下,开发具有科学性、实用性、可操作性的污染物排海总量控制技术,并在此基础上形成一整套排海污染物总量控制与减排管理技术体系与方法,促进资源节约、产业结构优化、技术进步和污染治理,落实两个根本性转变,推行可持续发展战略,实现经济发展最大化与环境冲突和损害最小化。

本书主要在了解三门湾海域的污染源现状、沿海经济和社会发展情况、海水和沉积环境质量以及水动力学状况的基础上,确定三门湾主要污染物和主要污染源以及重点关注的生态环境问题;依据海洋行政区划、海域环境质量目标和海域污染防治规划,通过建立水动力、污染物扩散迁移模型,进行主要污染物环境容量和削减量计算,确定主要污染物环境容量和削减量;结合三门湾社会经济现状特点,进行环境容量的优化分配,提出空间分配方案和总量控制实施与管理计划;结合三门湾主要生态环境问题,评估重大开发活动可能造成的生态环境影响,提出合理的对策措施。

  本书在浙江省政府和浙江省海洋与渔业局实施"浙江省碧海行动计划",对浙江省重点港湾实行排污总量控制,并已经启动和完成乐清湾、象山港环境容量研究的基础上,得到了2008年度浙江省海洋环保基础制度建设项目"三门湾主要污染物总量控制与减排管理对策研究"的资助。项目承担单位是浙江大学,国家海洋局温州海洋环境监测中心站、宁波市海洋环境监测中心等单位协同参与了项目研究。浙江大学负责了三门湾水动力、污染物扩散迁移模型的建立和主要污染物环境容量和削减量的计算;国家海洋局温州海洋环境监测中心站负责了三门湾沿岸主要污染物和污染源的调查和估算,三门湾海域环境和生物生态状况的调查和分析及三门湾主要污染物降解实验研究;宁波市海洋环境监测中心负责了三门湾区域自然环境和社会经济的调查和分析,主要污染物环境容量的分配和总量控制工作。同时浙江新世纪环境科学研究所和浙江省环境监测中心为项目研究提供了必不可少的三门湾社会环境和面源、工业污染源相关数据,在此致以诚挚的感谢! 本书的完成还得到了东海环境监测中心王金辉教授、浙江省海洋与渔业局张元和高工、浙江大学海洋学院胡富强教授的支持和帮助,在此一并谢忱!

作者
2015 年

1 概　述

1.1　国内外研究现状

长期以来,我国环境管理主要采取污染物排放浓度控制,浓度达标即视为合法。近年来,国家适当提高了主要污染物排放浓度标准,但由于受技术经济条件的限制,单靠控制浓度达标,无法有效遏制环境污染加剧的趋势,必须对污染物排放总量进行控制。

1.1.1　国内总量控制基础

我国的水环境污染总量控制研究开始于 20 世纪 70 年代末,以制定松花江生化需氧量(BOD)总量控制标准为先导,进行了最早的探索和实践。在"六五"期间,以沱江为对象,进行了水环境容量、污染负荷总量分配的研究和水环境承载力的定量评价;"七五"期间,以总量控制规划为基础,进行了水环境功能区划和排污许可证发放的研究。孟伟等在"六五"、"七五"、和"八五"研究的基础上,在"十五"期间,以辽河流域和三峡库区为实例进行具体分析,对流域水污染物总量控制进行了攻关研究,完善和规范以河流和湖泊(库区)为对象的水污染总量核定、分配和监控技术,一些研究成果为"十一五"水污染物总量控制管理中得到应用,为流域水环境管理的国家战略提供指导。近年来,为适应海洋污染控制的需要,各级海洋主管部门和科研院校加大了入海污染物总量控制的研究工作,一些研究成果也在当地的海洋环境管理中得到了初步应用。但总体而言,与地表水体和大气的污染物总量控制相比,入海污染物总量控制工作相对滞后,目前入海污染物总量控制的研究仍侧重于理论,实践操作性不够强,未能进入实际性的实施阶段。开展入海污染物排放总量控制研究,合理利用海域环境的纳污能力,对于保护我国海域生态环境,维护海域可持续利用能力,协调经济建设与环境之间的关系,有着重要意义。

我国目前尚未确定实施总量控制的海域,也尚未建立相应的总量分配或削减、核查监督和跟踪评估机制。国家"十一五"海洋科学和发展规划纲要中明确将入海污染物总量控制技术研究列为重点研究任务。浙江省海湾环境容量方面曾做过不少工作,已先后在乐清湾、杭州湾、象山港等重点港湾开展过污染物海湾环境容量及总量控制方面的研究工作。

1.1.2　海洋环境容量研究现状

进行海洋环境容量的研究工作,涉及的重要工作有入海污染源的识别、海洋环境容量的计算和海洋环境容量的分配等几个方面。

1.1.2.1 入海污染源识别

污染源的识别是污染源系统分析的一部分,它是水污染负荷总量控制重要的基础性工作。因为污染源强的科学定量是确定水体容许纳污总量的前提,也决定了污染负荷总量分配的具体对象。

根据排入水体的形式的不同,可以将污染源分为点源和非点源。非点源是指由降雨径流的淋溶和冲刷作用形成的水体污染,其污染物以广域的、分散的、微量的形式进入地表及地下水体。非点源污染的研究始于 20 世纪 60 年代,至今已在世界各地逐渐受到重视,并在非点源污染特征、影响因素、污染负荷输出定量和污染物迁移转化机理方面取得了很大成就。美国自 1972 年清洁水法实施后,通过推行"污染物排放削减计划"(National Pollutant Discharge Elimination System,NPDES)对工业和市政污染源进行了有效控制,但是水质状况并未得到根本改善。此后的研究表明,非点源污染才是导致河流、湖泊及河口地区地表水污染的主要原因,也是造成地下水污染和湿地生态环境退化的主要原因。为此,美国环保局根据清洁水法出台了"日最大总负荷"(Total Maximum Daily Load,TMDL)计划指南,其目的在于通过同时控制点源和非点源污染来实现水环境质量标准,以法令形式要求各州识别每一重点水域的非点源负荷并确定其削减量,使非点源污染成为水污染负荷总量控制的重要组成部分,这一做法在 90 年代得到进一步加强。

我国的非点源污染研究始于 20 世纪 80 年代的湖泊富营养化调查,并已逐步扩展到城市径流污染和农村非点源污染研究,研究内容涉及非点源污染负荷评价、模型介绍及模型与 GIS 技术结合等方面。在水污染负荷总量控制中,也不同程度地开始考虑非点源污染问题。在重点湖泊和港湾的水污染总量控制研究中,主要通过实测、估算或模型验证的方法计算径流挟带的非点源污染。在城市水污染负荷总量控制研究中,对建成区进行网格处理,根据土地利用状况和特点,通过采样分析,确定各网格的非点源污染负荷量和空间变化特征,将其与点源污染负荷进行比较,分析两者对区域水环境的叠加影响。但我国目前的水污染负荷总量控制的重点仍然集中于点源的控制,总体而言,对非点源污染的重视程度还很不够。

与点源污染相比,非点源污染形成机理和运移规律复杂,起源于分散、多样的地区,地理边界和发生位置难以识别和确定,其形成过程受区域地理条件、气候条件、土壤结构、土地利用方式、植被覆盖和降水过程等多种因素影响,具有随机性大、分布范围广、形成机理复杂、潜伏周期长、管理控制难度大的特点。另外,由于非点源污染负荷的削减不如点源那样容易预测和实现,点源和非点源在负荷分配时的平衡是另一个存在的问题。非点源排放固有的不确定性还会影响到排污权交易的可行性及其结果。为了综合考虑非点源和点源,有人提出了一种基于流域的季节性排放管理方法,即通过建立基于流域的地表水质模型,在水质分析中采用按季节变化的设计流量,并通过风险分析方法,在全流域范围内实施污染负荷分配。总的来说,非点源污染在水污染负荷总量控制中的应用还处于起步阶段,需要进一步深化。

1.1.2.2 海洋环境容量计算

环境容量的概念最早是由日本环境学界的学者于 1968 年提出来的。日本学者矢野雄幸提出:环境容量是按环境质量标准确定的,一定范围的环境所能承纳的最大污染物负荷总量。当时日本为了改善环境质量状况,提出污染物排放总量控制的问题,即把一定区域的大气或水体中的污染物总量控制在一定的允许限度内,而环境容量则作为污染物总量控制的依据。之后日本环境厅委托卫生工学小组提出《1975 年环境容量计量化调查研究报告》,环境容量的应用逐渐推广,并成为污染物治理的理论基础。欧洲国家的学者较少使用环境容量这一术语,而是用同化容量、最大容许排污量和水体容许污染水平等来表达这个概念。

水环境容量的计算,首先要通过水域功能区划确定水质目标,然后应用数学模型模拟,考察污染物排放量与水环境质量的定量响应关系。水环境容量定量分析(计算)的基础是对水域水质状况预测的水质模型。水质模型是污染物在水环境中变化规律及其影响因素之间相互关系的数学描述,广泛应用于污染物水环境行为的模拟和预测、污染物对水环境及人体的暴露分析、水质监测网络的设计及水质评价管理规划等方面。

1925 年,美国的 Streeter 和 Phelps 提出的简单的氧平衡模型(S - P 模型)是水环境数学模型的最早形式。其发展过程可以归纳为 5 个阶段:1925—1960 年以 S - P 模型为代表,并在此基础上发展了 BOD - DO 耦合模型;1960—1965 年,引进了空间变量、物理的、动力学系数、温度作为状态变量被引入到一维河流和水库(湖泊)模型中,同时考虑了空气和水表面的热交换;1965—1970 年,随着电子计算机的应用及人们对生化耗氧认识的深入,对不连续的一维模型进行了扩展,计算方法由一维发展到二维;1970—1975 年,水质模型已发展成相互作用的非线性化系统,生态水质模型的研究初见端倪,计算一般采用数值解法;在最近的20 多年中,空间维数发展到三维,研究的重心已逐渐转移到了改善模型的可靠性和评价能力上。水质模型的发展和完善使数学模拟更好地反映了客观实际情况,环境容量计算的可靠性得到了加强。

1.1.2.3 海洋环境容量分配

之所以允许向天然水体排放一定量的某种污染物,是因为天然水体对该种污染物具有一定的环境容量,排放总量最根本的是要根据水体的允许纳污能力来确定。水污染物总量分配必须以污染物不超过水环境容量的限度为基础。各个排污单位或污染源之间如何科学、合理、优化分配水环境容量是水污染总量控制的核心工作。

在分配中应尊重公平和效益的原则,充分反映水环境容量分配的社会性、经济性和历史性,以保证实际的可操作性。公平原则的分配方法包括:水污染负荷量的公平分配、收益和处理费用的公平分配、行政协调的公平分配。效益原则下的分配方法包括:区域内治理费用最小法、最优组合治理方案分配法、边际净效益最大法。

分配允许排放量本质上是确定各排污者利用环境资源的权利、确定各排污者削减污染物的义务,利益的分配和矛盾的协调,所以在市场经济条件下,公平原则是排污总量分配中应遵循的首要原则,然后在公平的基础上追求效率。公平分配排污总量也是处理污染纠纷,确定跨边界水质标准的依据。因此排污总量分配中的公平性是环境规划中一个非常重要的概念。

国外效益性分配的研究自20世纪60年代起步,初期主要集中于将线性规划模型应用于解决河流水质问题。70年代,动态规划模型在水质规划管理中的应用得到发展,同时非线性规划模型的应用也开始见诸报道。80年代后,人们意识到优化技术的适用性的影响因素复杂,水质管理通常具有多目标、相互作用、动态和不确定等系统复杂性,通过大量简化方法量化系统可能造成系统误差和模拟失败,开始将风险性、随机性、模糊性、不确定性和多目标等多学科的方法应用于各种效益性分配模型。我国在水环境容量分配研究仍有待发展,制定更加科学合理并且适应我国经济发展状况的分配模型是未来工作的一个重点。

1.2　研究内容

本书主要研究内容包括海域环境调查、社会经济与污染源调查、污染物降解实验、海湾数模研究、海湾环境容量研究、环境容量分配及大规模围填海工程对容量的影响等。

1.2.1　海域环境调查

2009年进行了首次三门湾海域海洋环境调查。由于项目历时较长,三门核电厂等一批新增用海项目建设可能会对三门湾海洋环境产生影响,因此于2012年进行了补充调查。

1.2.1.1　2009年海域环境调查

1)调查范围及站位

调查范围包括整个三门湾及邻近海域。其中核电厂、养殖基地和船舶修造基地等为重点调查海域。共布设水质大面站18个,其中11个测站同步调查沉积物、海洋生物,水质连续站3个,潮间带调查断面5条(表1.1,图1.1)。

表1.1　2009年海域环境调查监测站位

站号	北纬(N)	东经(E)	监测介质
S1	28°57′22.8″	121°44′50.0″	水质、生物、沉积物
S2	28°58′21.4″	121°46′58.1″	水质
S3	28°59′35.3″	121°49′27.2″	水质、生物、沉积物
S4	29°00′54.2″	121°51′38.8″	水质
S5	29°02′38.1″	121°54′48.9″	水质、生物、沉积物
S6	29°02′37.5″	121°41′02.2″	水质
S7	29°03′34.3″	121°43′50.4″	水质、生物、沉积物
S8	29°04′22.3″	121°46′29.8″	水质
S9	29°06′28.4″	121°39′50.7″	水质
S10	29°07′23.7″	121°42′44.4″	水质、生物、沉积物

站号	北纬(N)	东经(E)	监测介质
S11	29°08′09.0″	121°45′41.0″	水质
S12	29°09′14.5″	121°51′43.5″	水质、生物、沉积物
S13	29°11′00.2″	121°55′16.0″	水质
S14	29°07′38.1″	121°34′17.9″	水质、生物、沉积物
S15	29°08′34.8″	121°38′20.4″	水质、生物、沉积物
S16	29°09′41.4″	121°46′15.0″	水质、生物、沉积物
S17	29°11′17.2″	121°36′00.2″	水质、生物、沉积物
S18	29°12′07.7″	121°46′26.3″	水质、生物、沉积物
L1	28°59′35.3″	121°49′27.2″	海流、悬沙、连续站
L2	29°08′34.8″	121°38′20.4″	海流、悬沙、连续站
L3	29°09′41.4″	121°46′15.0″	海流、悬沙、连续站
T1	28°56′48.9″	121°42′47.4″	潮间带生物
T2	29°06′45.8″	121°33′06.6″	潮间带生物
T3	29°09′26.7″	121°34′30.5″	潮间带生物
T4	29°11′22.6″	121°44′50.9″	潮间带生物
T5	29°08′46.5″	121°47′14.0″	潮间带生物

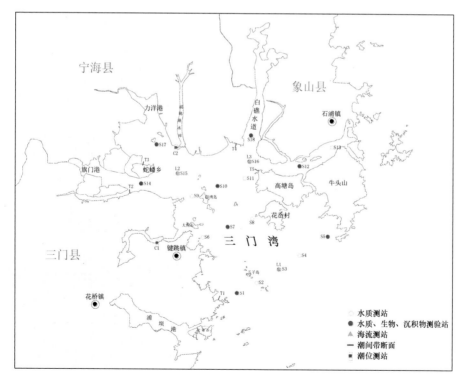

图 1.1 2009 年调查站位分布示意

2）调查项目

水质：包括大面站调查和连续站调查，其中大面站调查项目有 pH、溶解氧（DO）、NO_3-N、NO_2-N、NH_4^+-N、活性磷酸盐、油类、COD、BOD_5、总氮（TN）、总磷（TP）、重金属（铜、铅、锌、镉、汞）。连续站调查项目有 pH、DO、COD、NO_3-N、NO_2-N、NH_4^+-N、活性磷酸盐、叶绿素 a、总氮、总磷、浮游植物（水样）、浮游动物（网样）。

沉积物：粒度、有机碳、硫化物、石油烃、总氮、总磷、重金属（铜、铅、锌、镉、汞）。

海洋生物质量：铜、铅、锌、镉、汞、砷、石油烃。

海洋生物：浮游植物、浮游动物、底栖生物、潮间带生物。

3）调查时间与频率

水质调查于 2009 年 7 月 8 日（大潮时）、7 月 29 日（小潮时）、12 月 2 日（大潮时）、12 月 10 日（小潮时）各进行 1 次，共 4 次。

沉积物调查于 2009 年 7 月 8 日（大潮时）进行 1 次，与水质同步。

海洋生物质量调查于 2009 年 7 月 10 日进行 1 次。

海洋生物调查于 2009 年 7 月 8 日（大潮时）、12 月 2 日（大潮时）各进行 1 次，共 2 次，与水质同步。

水质、海洋生物连续调查于 2009 年 7 月 9—10 日，2009 年 7 月 30—31 日，2009 年 12 月 3—4 日，2009 年 12 月 11—12 日进行，共调查 4 个航次。

潮间带生物调查于 2009 年 7 月 21—24 日，12 月 15—18 日进行。

1.2.1.2　2012 年海洋环境补充调查

1）调查范围及站位

共布设 8 个水质监测站位，6 个沉积物监测站位、6 个生物生态监测站位（表 1.2，图 1.2）。

表 1.2　2012 年海洋环境补充调查监测站位

站号	东经（E）	北纬（N）	监测介质
1	121°36′42.99″	29°09′24.34″	水质、生物
2	121°37′55.19″	29°10′25.36″	水质、沉积物、生物
3	121°37′23.45″	29°07′21.19″	水质、沉积物、生物
12	121°39′42.00″	29°06′03.53″	水质
14	121°41′26.45″	29°07′25.34″	水质、沉积物、生物
18	121°46′02.76″	29°09′05.48″	水质、沉积物、生物
19	121°44′15.14″	29°03′59.34″	水质、沉积物
20	121°45′57.01″	29°05′18.54″	水质、沉积物、生物

2）调查项目

水质：水温、pH、盐度、悬浮物、石油类、COD、DO、硫化物、无机氮、活性磷酸盐、铜、铅、锌、镉、汞、砷。

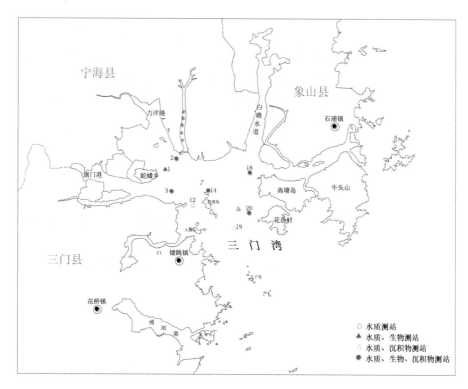

图 1.2　2012 年补充调查站位示意

沉积物:石油类、有机碳、硫化物、铜、铅、锌、镉、铬、汞、砷。

海洋生物:浮游植物、浮游动物、底栖生物的种类组成,栖息密度和生物量等。

3)调查时间与频率

水质、沉积物、生物生态调查于 2012 年 8 月 20—21 日(大潮)和 2012 年 9 月 11—12 日(小潮)进行。

1.2.2　社会经济与污染源调查

2009 年 2 月,社会经济与污染源调查小组成员分成 2 组,行程 300 多千米,进行了为期 3 天的三门湾现场踏勘,重点考察了三门湾入海河流、水库、水闸和排污口、临港工业和围垦工程、海水养殖和滩涂湿地现状等,共拍摄照片 100 余张。

2009 年 9 月,社会经济与污染源调查小组成员再次前往三门湾,在三门、宁海、象山三县海洋与渔业局协助下,前往各县统计局、农业局、水利局等部门获取相关资料。以 2008 年为调查年份,获取了三门湾沿海各乡镇人口、耕地和园地面积、工业总产值、农林牧渔业总产值、禽畜养殖量、海水养殖量、主要入海河流径流量等数据。并从浙江省环境监测中心获取了三县翔实的工业企业、污水处理厂污染物排放量数据,共计 1 300 余个。并收集了三门湾周边各县年鉴、海洋功能区划、海洋经济发展规划、产业发展规划、水系图、政区图等资料,为该流域入海污染源估算和海洋环境容量分配奠定了基础。

1.2.3 污染物降解实验

在三门湾开展典型污染物降解速率现场围隔实验,围隔装置布设在健跳港外侧海域39°03′N,121°41′E附近。实验时间为2009年9月2—8日。实验项目为化学需氧量、无机氮(硝酸盐、亚硝酸盐、氨盐)、活性磷酸盐以及pH、水温、盐度、溶解氧、叶绿素a、浮游植物等。实验内容和分析方法详见本书第7章。

1.2.4 海湾数模研究

(1)根据三门湾地形地貌及水文动力特征建立三门湾三维水动力数学模型,采用2009年12月同步实测资料对模型进行验证,分析三门湾水动力特性。

(2)利用三门湾水动力数学模型计算并分析三门湾海域的水体交换能力和全潮周期的纳潮量。

(3)利用三门湾水动力数学模型及三门湾污染源和水质现状调查结果,建立主要污染物浓度场模型,采用2009年12月的实测资料进行验证,分析三门湾主要污染物的分布特征和扩散规律。

1.2.5 环境容量研究

(1)根据三门湾海域水体主要污染物特性及主要污染源特点,确定环境容量和削减量计算污染物。

(2)根据三门湾海域环境功能区划,确定水质控制目标;结合三门湾海域水体污染现状与三门湾水体交换特点,确定环境容量计算污染物的控制指标。

(3)根据三门湾污染源的季节变化特点、海域水质的年内变化特点以及水动力变化特点,确定环境容量计算基准期。

(4)根据三门湾周边地区汇水单元的划分、污染源计算点的分布及污染源调查结果,利用已建立的污染物浓度场模型,计算三门湾海域各汇水单元环境容量计算污染物排放的响应系数场,分析三门湾环境容量计算污染物排放源强变化与海域浓度场变化之间的响应规律。

(5)针对不同环境容量计算污染物在海湾中现状浓度的不同特点,采用线性规划方法,以剩余总排放量最大为目标,计算三门湾主要污染物的环境容量及其在各单元的分布。进行污染物削减量计算:首先进行污染物削减量预计算,分析三门湾各区污染源强变化对海域浓度场分布的影响;然后以满足三门湾环境容量计算分区分期控制指标要求为依据,确定各海区分期污染物削减量。

1.2.6 环境容量分配

(1)按照三门湾沿岸的汇水单元划分,从环境、资源、经济、社会和污染物排放浓度响应程度等指标考虑设计分配方案,计算各方案三门湾各汇水单元的COD_{Cr}、总氮、总磷分配权重。

(2)通过数学模型计算COD_{Cr}各方案的环境容量分配结果,综合评定各方案优劣,最终确定最优方案,并结合线性规划法和组合权重对最优方案进行优化,得到最终优化分配容量。

（3）通过数学模型计算总氮、总磷各方案的削减量分配结果，综合评定各方案优劣，最终确定最优方案。

1.2.7 大规模围填海工程对容量的影响

以 2009 年为基准年，分别从潮流、纳潮量、水体交换能力、排污响应等指标分析评价了 2004—2009 年已完成的和 2009—2020 年规划中的围填海工程实施后，三门湾海洋环境和污染物环境容量受到的影响。

2　区域环境与社会经济概况

2.1　自然环境概况

三门湾位于浙江省海岸中段,属北亚热带夏湿冬温气候。北与象山港接壤,南邻台州湾,东界为南田岛南急流嘴与牛头门、宫北嘴连线,东与猫头洋毗邻,呈西北—东南走向。湾口面向东南,以金柒门—三门岛—牛头山的连线为界与东海相连,除了尖洋岛北面有石浦水道与外海相通外,三面环陆,与象山港、乐清湾并列为浙江著名的三大半封闭海湾(图2.1)。

三门湾形状犹如伸开五指的手掌,众多港汊如旗门港、青山港、白峤港、岳井洋等呈指状深嵌内陆。湾内海岸曲折,岛屿众多,风光旖旎,景色秀美,海洋资源丰富,素有"三门湾,金银滩"之美誉。口外有南田等岛屿为屏障,避风条件好。湾内长 40 km 有余,宽 10 km 多,平均水深约 9 m,低潮总面积 390 km² 余,海岸线长 303 km,海域面积达 775 km²,是浙江省第一长、第二大海湾。气候温暖,终年不冻,因有航路三道故名三门湾。

图 2.1　三门湾位置示意图

2.1.1 气候与气象

三门湾地处季风亚热带湿润气候区。受季风气候的影响,四季分明,气候温和。天气变化复杂,灾害性天气频繁,四季均可遇到各种不同程度的灾害性天气。

2.1.1.1 气温

气温的季节变化明显。冬季,气候干燥,天气寒冷,受冷空气影响时,其降温幅度大,持续时间长。最冷月均出现在1月。夏季,由于季风的向岸作用,沿海测站表现出较为明显的海洋性气候特征。本区最热天气出现在7—8月。春季,由于受冷暖空气的交替影响,阴雨连绵,日照不足。而秋季层结稳定,天气晴朗,所以春季气温低于秋季。

2.1.1.2 降水

三门湾雨水充沛,降水量主要集中在3—9月,全年大致可分为两个雨季和两个相对干季。第一个雨季包括3—5月的春雨和6—7月初的梅雨,第二个雨季出现杂8—9月。第一个相对干季出现在7月,第二个相对干季是10月至翌年2月。

2.1.1.3 风

三门湾的风向随季节而变化。冬季,盛行偏北风。夏季,受副热带高压控制,故沿岸盛行偏南风。三门湾的年平均风速在1.9~5.6 m/s之间,具有明显的季风特征。

2.1.1.4 雾

雾是本区的一个重要天气现象。三门湾年平均雾日在13.0~54.6 d,其区域分布湾口高于湾顶且季节变化明显。

2.1.1.5 主要灾害性天气

灾害性天气主要指强冷空气、台风和旱涝三类。

三门湾气象复杂多变,台风、暴雨及突发性小范围灾害性天气时有发生。三门湾5—10月都有台风活动,但主要集中在夏季7—9月,约占台风的85%以上,台风持续时间一般2~3 d。台风期间,还会带来明显的大风、暴雨和暴潮等灾害性天气,对三门湾地区渔业、农业、港口运输业及人民财产生命等危害极大。

2.1.2 海洋水文

2.1.2.1 潮汐

三门湾的潮波以外海传入的潮波引起的胁迫振动为主,潮波形态为驻波。浅海分潮对本湾有一定的影响,且有一个有趣的特点:湾内浅海分潮的振幅是由口门往里逐渐增加,属正规半日潮。涨潮历时略长于落潮历时,涨落潮历时差一般在30 min以内。但湾顶的涨潮历时长于湾口,涨落潮历时差也大于湾口。这种湾内的涨潮历时长于湾口的现象与象山港、乐清湾有某些类似。三门湾潮差有如下特点:潮差大,湾内平均潮差在4 m以上;潮差由湾口至湾顶逐步增大,从平均潮差看,位于湾顶的胡陈港大于湾中的健跳,而健跳大于湾口的牛头门,湾中之湾的健跳港也有类似的现象——自港口上溯,潮差逐渐增大;湾内潮差明显地大于湾外,这一点可能是湾内存在着协振动的佐证。

2.1.2.2 潮流

三门湾内潮流历时不等,涨潮流历时略大于落潮流历时,潮流性质为非正规半日浅海潮流。由于受港湾地形控制,湾内潮流运动形式为往复流。但在局部区域,底层转流时间长,且有顺时针和逆时针两种。湾内潮波是由外海传入的潮波引起的协振潮,潮波运动形态为驻波,当潮位达到高(低)潮时,流速最小,最大潮流流速发生在半潮位时。潮流流速从湾外向湾口逐渐增大,至口门附近牛山嘴—大佛岛断面流速最大,然后向湾顶港汊逐渐减小,至健跳港底。

2.1.2.3 余流

三门湾内余流量值一般为 5～20 cm/s。

2.1.2.4 波浪

三门湾湾口较宽阔,但湾口内外多岛屿,以当地风作用下的风浪为主,外海传入波浪虽一部分为岛屿所挡,仍对本湾有一定的影响。台风和寒潮大风是三门湾出现大波高的主要天气现象,尤其是台风,其历史最大波高均为台风所致。

2.1.3 地形地貌

三门湾三面群山环抱,岸线曲折,港汊深嵌内陆,港汊间舌状滩地并列而生。湾内岛屿罗列,有大、小岛屿 130 多个。在三门湾湾口三山矗立,中流砥柱,为船只进出必经之地。

2.1.3.1 陆地地貌

三门湾四周陆地地貌以丘陵为主。西南是湫水山、西北面是茶山。三门湾沿海发育许多小型的海积平原,潮滩宽阔,岸滩处于缓慢淤涨或稳定状态。人们不断围塘造地,海积平原不断扩大。

2.1.3.2 岸滩地貌

三门湾海岸主要有基岩海岸、淤泥质海岸和人工海岸。岛屿罗列,动力作用较弱,又有一定的细颗粒物质来源,所以淤泥质海岸发育,潮滩宽阔,有丰富的土地资源。三门湾为强潮海湾,潮差大,动力作用以潮流为主,湾顶腹地大,有较大的纳潮量,落潮流大于涨潮流,而且港汊发育,在港汊之间形成了与潮流方向平行的舌状潮滩,并向海湾中心辐合,面对涨潮流方向。根据细颗粒物质组成,潮滩可分为两种:粉砂—淤泥滩和淤泥滩。

2.1.3.3 水下地貌

三门湾水下地貌主要有湾口水下平原、冲刷槽和潮汐通道,湾口水下平原分布在三门湾口,水下地形十分平坦,水深在 7～9 m 之间。冲刷槽是潮汐通道的一种类型,两端相通,是三门湾的主要航道,受潮流冲刷,水深明显大于四周的海域。有蛇蟠水道、猫头水道、满山水道、石浦水道等。潮汐通道是潮流作用所形成或维持的水道总称,当地称港汊,是三门湾内最典型的一种水下地貌类型。

2.1.3.4 岸滩演变

自有历史记载以来,三门湾岸滩处于缓慢淤涨或稳定状态。三门湾基岩海岸由坚硬的火山岩系组成,抗冲力强,虽受波浪、潮流冲击,海岸后退不明显。岸滩地貌最为显著的特征是港汊众多,舌状潮滩并列而生。它们顺落潮流方向发育,向湾中辐合,港汊大多能保持良好的水深。

总之,三门湾潮流强,港汊水流流速大,而且落潮流速明显大于涨潮流速,这种水动力特征决定了泥沙运动特征和岸滩地貌的发育,妨碍潮滩横向发展,使舌状潮滩顺落潮流方向发育,同时,又使港汊保持良好的水深。因此,构成了三门湾港汊众多,面对涨潮流方向的颇为壮观的舌状潮滩地貌。

2.1.4 海洋资源

2.1.4.1 港口资源

三门湾有着丰富的港口资源:田湾岛、健跳、高塘岛等泊位在 2 万 ~ 10 万吨级的港区,可规划码头泊位 40 个,规划年吞吐量超过 $11\ 000 \times 10^4$ t。区域内的田湾山岛与宁海下洋涂直线距离仅 4 km,可开发 3.5 万 ~ 5 万吨级散杂货泊位 8 个,规划年吞吐量 $1\ 000 \times 10^4$ t。若将宁海土地资源与三门湾港口资源有效衔接,发展空间更为广阔。

三门湾为宽浅型多汊港湾,岸线曲折,潮流汊道众多,水道稳定,海域和滩涂辽阔。与一般半封闭型港湾相比,三门湾内外水体交换速度与自净能力超群,水体交换周期仅为一天,区域环境承载力较强。

2.1.4.2 滩涂资源

宽广的三门湾海涂,是浙江省滩涂资源集中区之一。

2.1.4.3 渔业资源

三门湾水产资源十分丰富。蛇蟠、满山水道和猫头洋,盛产大黄鱼、墨鱼、鲳鱼、带鱼、鳓鱼、海蜇等。湾内浅海滩涂辽阔,水沃涂肥,又是养殖蛏子、对虾、青蟹、牡蛎的好地方。

潮间带生物:潮间带生物的平面分布与底质、盐度及海岸开阔程度有关。三门湾内健跳港的顶部断面生物量和栖息密度都很高,年平均生物量达 388.78 g/m^2。

底栖生物:底栖生物密度的分布趋势与生物量的分布一致,其季节变化也与生物量的变化相似。12 月底栖生物密度最高,为 247 个$/m^2$。

游泳生物:游泳动物的种类主要有三大类,鱼类、甲壳动物和软体动物。全年进入猫头海区网内的渔获物有 112 种,其中鱼类 73 种,占 65.2%;甲壳动物 35 种,占 31.3%;软体动物 4 种,占 3.5%。

2.1.4.4 旅游资源

三门湾位于我国东海西部,中国黄金海岸线中段,浙江省中部沿海,台州和宁波两市海域范围内,三门县东部。所在地的三门县西距杭州市 237 km,离绍兴市 170 km,离金华市 260 km;北距宁波市 115 km,距上海市 440 km(杭州湾大桥建成通车后将缩短为 300 km);南距台州市椒江 84 km(台州沿海大通道通车后将缩短为 50 km),距温州市 170 km;周围方圆 250 km 内有杭州西湖、宁波雪窦山、舟山普陀山、诸暨五泄、金华双龙洞、永康方岩、天台山、仙居、缙云仙都、雁荡山、楠溪江 11 处历史悠久的国家级风景名胜区,这为三门湾旅游开发提供了广阔的客源市场。同时,境内现有甬台温高速、上三高速等高速已开通,还有建设中的台州沿海通道、规划中的沿海高速及两条甬台温高速和沿海高速的连接线、甬台温铁路，以及健跳港、旗门港、海游港、浦坝港和洞港，蛇蟠水道、满山水道和猫头水道等重要陆路、水路通道和港口码头，地理区位和交通优势十分明显。

2.2 社会经济概况

2.2.1 行政区划

三门湾分属宁波市和台州市的三县(市)，由西向东顺时针主要有台州市三门县、台州市宁海县和宁波市象山县。沿岸乡镇级行政建制 50 个，其中属于三门县的 14 个，属于宁海县的 18 个，属于象山县的 18 个(表 2.1)。

表 2.1 三门湾沿岸地区主要城镇一览

市	台州市	宁波市	
县	三门县	宁海县	象山县
主要乡镇	花桥镇，小雄镇，浬浦镇，横渡镇，健跳镇，珠岙镇，海游镇，亭旁镇，六敖镇，沙柳镇，沿赤乡，泗淋乡，高视乡，蛇蟠乡	桑洲镇，一市镇，岔路镇，前童镇，黄坛镇，力洋镇，长街镇，深甽镇，强蛟镇，西店镇，大佳何镇，茶院乡，越溪乡，胡陈乡，跃龙街道，桃源街道，梅林街道，桥头胡街道	西周镇，墙头镇，贤庠镇，涂茨镇，新桥镇，定塘镇，石浦镇，鹤浦镇，大徐镇，泗洲头镇，茅洋乡，晓塘乡，东陈乡，高塘岛乡，黄避岙乡，丹东街道，丹西街道，爵溪街道

2.2.2 沿岸市县社会经济概况

三门湾沿岸社会经济发达。2008 年三门湾沿岸各县人口约达 155.85 万人，其中非农业人口 24.54 万人，人口密度约为 363 人/km²。年国内生产总值约 520.44 亿元，其中象山县、宁海县相对较高，分别为 220.62 亿元、217.93 亿元；三门县相对较低，为 81.89 亿元。人均国内生产总值平均为 38 483 元，其中象山县最高，为 41 537 元，其次为宁海县 36 447 元，最低三门县为 19 466 元。根据 2005 年度全国百强县(市)社会经济综合发展指数测评结果，象山县和宁海县进入百强县(市)排名，分别列于第 63 位和第 89 位，表明三门湾周边区域具有一定的社会经济实力。

2008 年三门湾沿岸各县的城镇居民人均可支配收入 21 926.67 元，农村居民人均纯收入 9 167 元(表 2.2)。根据 2008 年全国城镇居民人均可支配收入数据显示，宁波市和台州市均列于前 15 位。这表明三门湾区域居民的生活水平均普遍较高，从另一个侧面反映了该地区经济处于领先的发展现状。

三门湾沿岸各县的产业结构中，一产比重均相对较低，均低于 20%，最低是宁海县为 10%，三门县和象山县较高，分别为 17% 和 15%；二产比重相对较高，除三门县较低为 43% 之外，宁海县和象山县二产比重占经济比重均在 50% 以上，分别是 57% 和 50%；三门湾沿岸各县的三产比重在整个经济比重中也占有很大的一席之地，约占 1/3，三门县、宁海县和象山县分别是 40%、33% 和 35%(表 2.2)。

表 2.2 2008 年三门湾沿岸各县市社会经济概况

项目名称	三门县	宁海县	象山县
年末总人口/万人	42.27	60.07	53.51
其中非农业人口/万人	4.36	9.16	11.02
行政区域面积/km²	1 072	1 843	1 382
国内生产总值(当年价)/亿元	81.89	217.93	220.62
三次产业结构/%	17:43:40	10:57:33	15:50:35
人均国内生产总值/元	19 466	36 447	41 537
工业总产值/亿元	204.7	431.37	338.22
农林牧渔总产值/亿元	24.04	32.17	58.8
耕地面积/hm²	12 994	33 659	21 331
粮食播种面积/hm²	18 105	22 432	18 010
年粮食产量/t	90 093	108 424	104 465
水产品总产量/×10⁴ t	18.07	13.07	56.86
全社会固定资产投资总额/亿元	78.32	78.05	76.01
社会消费品零售总额/亿元	28.17	66.06	78.91
财政总收入/亿元	10.72	32.2	27.34
其中地方财政收入/亿元	6.11	15.66	14.84
年末金融机构存款余额/亿元	74.84	169.12	153.33
年末金融机构贷款余额/亿元	76.42	211.15	192.36
城镇居民人均可支配收入/元	18 233	23 481	24 066
农村居民人均纯收入/元	7 179	10 332	9 990
学校数/所	62	92	71
专利授权数/项	120	615	239
卫生机构数/个	80	440	91
卫生技术人员数/人	1 321	3 002	1 960
废水排放总量/×10⁴ t	/	1 685	1 848
其中工业废水排放量/×10⁴ t	277.21	626.43	1 549.63

注:①资料来源于各县市区的统计年鉴;②"/"表示无相关统计资料。

2.2.3 海洋功能区划及相关规划

根据《浙江省海洋功能区划(2011—2020 年)》,三门湾海域主要为滨海旅游、湿地保护和生态型临港工业等基本功能。对三门湾及环三门湾地区开发利用要求有:控制围填海造地,严格管理区域内排污口设置,控制污染物排放总量,保护区域生态环境;严格控制对基本功能有明显不利影响的产业;逐步推进生态化养殖,加强养殖污染整治;电厂及临港产业布局要相对集中,尽量减少对区域生态环境的不利影响;探索建立跨行政区协调管理机制,保持较好生态环境(图 2.2)。

2011 年国家发改委发布的《浙江海洋经济发展示范区规划》,明确要"坚持以海引陆、以陆促海、海陆联动、协调发展",推进构建"一核两翼三圈九区多岛"的海洋经济总体发展格局。三门湾作为"南翼"的重要海域,要控制围填海规模,探索建立跨行政区协调管理机制,保持良好生态环境,形成滨海旅游、湿地保护、生态型临港工业等基本功能。

《三门湾规划(2009—2030 年)》以"'生态港湾,产业蓝海,宜居新城',形成'一节点二高地五区'的海湾城镇集群"为发展定位,以"建设环境优美、经济发达、社会和谐的城镇集群"为发展目标,为三门湾地区定下了"壮大海湾经济集聚圈,培育海湾城镇群,推进浙江省沿海都市带与经济带发展,成为'海上浙江'的新兴增长极"的总体发展战略(图 2.3 和图 2.4)。

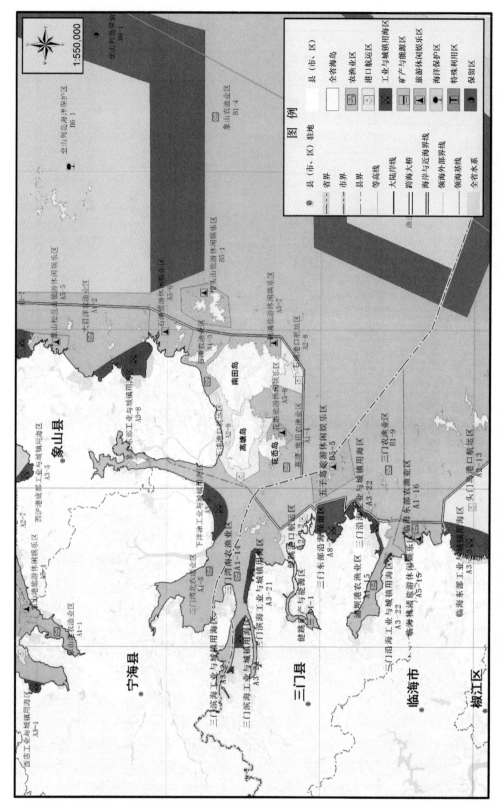

图 2.2　浙江省海洋功能区划方案 A3-宁波市索引（引自《浙江省海洋功能区划（2011—2020 年）》）

16

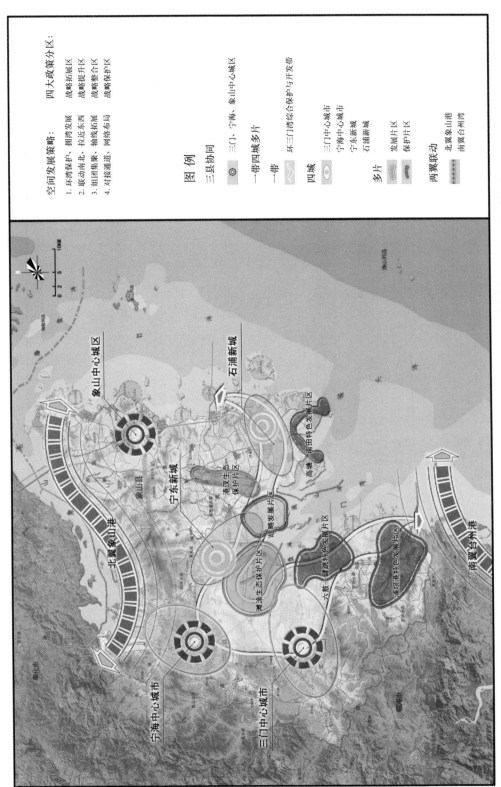

图 2.3 三门湾规划－协调地区规划结构（引自《三门湾规划（2009—2030 年）》）

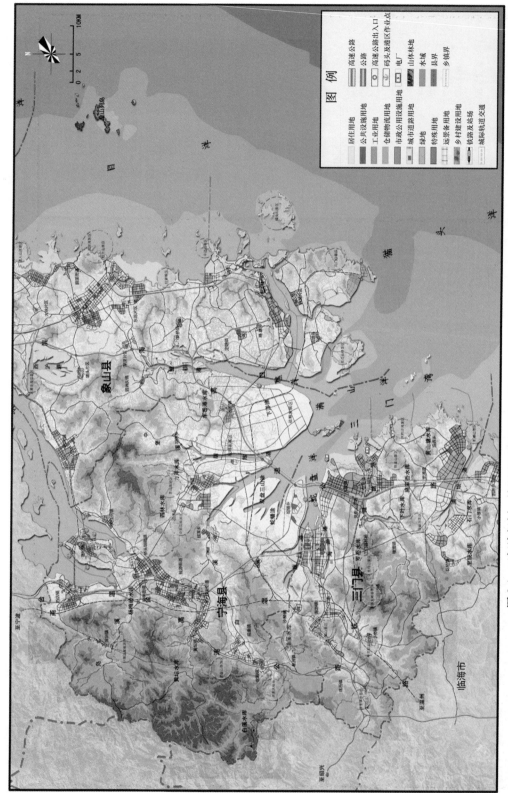

图 2.4 三门湾规划——协调地区规划用地（引自《三门湾规划（2009—2030 年）》）

3 水文泥沙特征

三门湾三面环山,一面向海,岸线曲折,港汊纵横。为了解三门湾的水文泥沙条件,分别于 2009 年 7 月和 12 月的大、小潮,共进行了 4 个潮次连续 25 h 的水文泥沙观测,包括健跳、港底两个潮位站和 L1、L2、L3 三个潮流站(图 1.1),分析三门湾的潮汐、潮流及泥沙浓度的历时变化。

3.1 潮汐

3.1.1 潮汐性质

我国沿海潮汐性质的划分主要以 $(H_{O_1} + H_{K_1})/H_{M_2}$ 的值来判断,其中 H_{K_1}、H_{O_1}、H_{M_2} 分别为 K_1、O_1 和 M_2 分潮的振幅。若 $(H_{O_1} + H_{K_1})/H_{M_2} \leqslant 0.5$ 为正规半日潮,$0.5 < (H_{O_1} + H_{K_1})/H_{M_2} \leqslant 2$ 为不正规半日潮,$2 < (H_{O_1} + H_{K_1})/H_{M_2} \leqslant 4$ 为不正规日潮,$(H_{O_1} + H_{K_1})/H_{M_2} > 4$ 则为正规日潮。根据潮汐调和分析的结果计算出健跳和港底两个潮位站的 $(H_{O_1} + H_{K_1})/H_{M_2}$ 值(表 3.1)。可以看出健跳和港底两站 2009 年 7 月和 12 月的 $(H_{O_1} + H_{K_1})/H_{M_2}$ 值均小于 0.5,因此推断三门湾的潮汐属于正规半日潮。

表 3.1　潮性特征值

时间	潮性特征值 $(H_{O_1} + H_{K_1})/H_{M_2}$	
	健跳	港底
2009 年 7 月	0.36	0.32
2009 年 12 月	0.36	0.33

3.1.2 主要潮汐特征

根据 2009 年 7 月和 2009 年 12 月两次实测潮位的统计分析,列出了健跳和港底两个潮位站的涨、落潮历时及主要潮汐特征值(表 3.2 和表 3.3)。

表 3.2　健跳和港底站的涨落潮历时统计

项目	健跳		港底	
	2009 年 7 月	2009 年 12 月	2009 年 7 月	2009 年 12 月
涨潮历时	6 h 15 min	6 h 04 min	6 h 10 min	5 h 57 min
落潮历时	6 h 14 min	6 h 09 min	6 h 20 min	6 h 13 min
差值	1 min	− 5 min	− 10 min	− 16 min

表 3.3　健跳和港底站的主要潮汐特征值　　　　　　　　　　　　　　　　　　单位:cm

潮汐特征值	健跳		港底	
	2009 年 7 月	2009 年 12 月	2009 年 7 月	2009 年 12 月
最高高潮	735	693	672	621
最低低潮	44	51	−11	14
平均高潮	595	590	530	530
平均低潮	198	188	110	97
最大潮差	678	633	680	606
平均潮差	399	402	421	434

从表 3.2 可以看出,健跳和港底站的涨落潮历时均相差不大。除了健跳站 2009 年 7 月涨落潮历时基本相同外,其余均是落潮历时长于涨潮历时。港底站涨落潮历时差略大于健跳站,两站涨落潮历时差值冬季大于夏季。

从表 3.3 可以看出,2009 年 7 月,健跳站的最高高潮、最低低潮、平均高潮和平均低潮都大于港底站,而最大潮差和平均潮差则是港底站大于健跳站。最高高潮出现在健跳站,为 735 cm,最大潮差出现在港底站,为 680 cm。2009 年 12 月,最高高潮、最低低潮、平均高潮、平均低潮和最大潮差均是健跳站较大。

从时间上看,健跳站 2009 年 7 月的最高高潮、平均高潮、平均低潮、最大潮差均大于 12 月,而最低低潮和平均潮差则是 2009 年 12 月较大。港底站 2009 年 7 月最高高潮、平均低潮和最大潮差都大于 12 月,而最低低潮和平均潮差小于 12 月,平均高潮则基本持平。

总的来说,三门湾潮汐的涨落潮历时相差不大,夏季的潮位高于冬季,湾内潮差较大,平均潮差基本都在 4 m 以上。

3.2　潮流

3.2.1　潮流性质

和潮汐性质分类一样,潮流性质由比值 $(W_{O_1} + W_{K_1})/W_{M_2}$ 来划分,其中 W_{K_1}、W_{O_1}、W_{M_2} 分别为 K_1、O_1 和 M_2 分潮流的椭圆长半轴的长度。根据潮流调和分析的结果计算出 L1、L2、L3 三站的 $(W_{O_1} + W_{K_1})/W_{M_2}$ 值,结果见表 3.4。从表 3.4 可以看出,2009 年 7 月和 12 月,L1,L2 和 L3 三站所有层次的 $(W_{O_1} + W_{K_1})/W_{M_2}$ 值均小于 0.5,表明三门湾 M_2 分潮占优,为主要分潮,三门湾的潮流类型属于正规半日潮流。海湾一般受浅海分潮的影响较大,通常可以用 W_{M_4}/W_{M_2} 来表征浅海分潮影响的大小。三个潮流站 W_{M_4}/W_{M_2} 的计算结果见表 3.4。从表 3.4 可以看出三个潮流站的 W_{M_4}/W_{M_2} 值都较大,说明三门湾潮流受浅海分潮的影响比较大。其中 L3 站的 W_{M_4}/W_{M_2} 值最大,L1 站最小,这主要是因为 L1 站位于三门湾口(图 1.1),水面较开阔,水深也较深,因此受浅海分潮的影响较小。

表 3.4 潮流特征值

站位	层次	$(W_{O_1} + W_{K_1})/W_{M_2}$		W_{M_4}/W_{M_2}	
		2009 年 7 月	2009 年 12 月	2009 年 7 月	2009 年 12 月
L1	表	–	0.283	–	0.059
	0.2 H 层	–	0.227	–	0.209
	0.6 H 层	–	0.244	–	0.049
	0.8 H 层	–	0.235	–	0.147
	底	–	0.267	–	0.133
L2	表	0.104	0.222	0.213	0.250
	底	0.061	0.292	0.182	0.208
L3	表	0.235	0.211	0.250	0.452
	底	0.206	0.348	0.267	0.688

注:表中"－"表示此站在该时间没有进行现场测流,故没有进行调和分析。

　　根据潮流调和分析的结果,L1、L2、L3 三个潮流站 M_2 分潮的椭圆率如表 3.5 所示。从表 3.5 可以看出,L1 和 L2 两站除了 L1 的表层和 0.2 H 层、L2 的表层外其余各层 M_2 分潮的椭圆率均较小,潮流运动具有往复流的特征。L3 站的 M_2 分潮的椭圆率较大,这主要是由于从石浦水道进入三门湾的潮流与从三门湾口进入的潮流在 L3 站附近交汇并相互作用而造成的。

表 3.5 M_2 分潮流椭圆率

站位	层次	椭圆率 K	
		2009 年 7 月	2009 年 12 月
L1	表	–	− 0.28
	0.2 H 层	–	− 0.21
	0.6 H 层	–	− 0.09
	0.8 H 层	–	− 0.06
	底	–	− 0.06
L2	表	− 0.18	− 0.08
	底	− 0.09	− 0.08
L3	表	− 0.58	− 0.73
	底	− 0.52	0.00

注:表中"－"表示此站在该时间没有进行现场测流,故没有进行调和分析。

　　各潮流站 M_2 分潮的椭圆长轴和迟角见表 3.6。从表 3.6 可以看出 M_2 分潮的椭圆长轴随深度的增加而减小,底层因受海底摩擦的影响,椭圆长轴明显小于表层。各潮流站 M_2 分潮的迟角在垂向上变化不大,基本不超过 20°。

表 3.6　M_2 分潮的椭圆长轴和迟角

站位	层次	椭圆长轴/(cm/s)		迟角 θ/(°)	
		2009 年 7 月	2009 年 12 月	2009 年 7 月	2009 年 12 月
L1	表	–	51	–	118
	0.2 H 层	–	43	–	112
	0.6 H 层	–	41	–	111
	0.8 H 层	–	34	–	113
	底	–	30	–	109
L2	表	47	36	323	330
	底	33	24	320	322
L3	表	44	31	342	16
	底	30	16	340	0

注:表中"－"表示此站在该时间没有进行现场测流,故没有进行调和分析。

3.2.2　潮流特征

通过对 2009 年 7 月两个连续站(L2、L3)(大、小潮)和 2009 年 12 月三个连续站(L1、L2、L3)(大、小潮)现场实测流数据的整理分析,分别统计出观测期间涨、落潮的最大流速及对应的流向(表 3.7 和表 3.8)。

表 3.7　大潮期最大流速统计表

站位	层次	涨潮				落潮			
		流速/(cm/s)		流向/(°)		流速/(cm/s)		流向/(°)	
		2009 年 7 月	2009 年 12 月	2009 年 7 月	2009 年 12 月	2009 年 7 月	2009 年 12 月	2009 年 7 月	2009 年 12 月
L1	表层	–	–	–	–	–	–	–	–
	0.2 H 层	–	–	–	–	–	–	–	–
	0.6 H 层	–	–	–	–	–	–	–	–
	0.8 H 层	–	–	–	–	–	–	–	–
	底层	–	–	–	–	–	–	–	–
L2	表层	76	82	326	354	78	82	144	140
	底层	61	*	323	*	49	*	153	*
L3	表层	88	88	88	28	70	82	172	34
	底层	57	58	25	20	58	72	178	28

注:表中"－"表示此站在该时间没有进行现场测流;"*"表示由于数据缺测没有进行统计。

22

表 3.8 小潮期最大流速统计

站位	层次	涨潮				落潮			
		流速/(cm/s)		流向/(°)		流速/(cm/s)		流向/(°)	
		2009 年 7 月	2009 年 12 月	2009 年 7 月	2009 年 12 月	2009 年 7 月	2009 年 12 月	2009 年 7 月	2009 年 12 月
L1	表层	–	66	–	296	–	88	–	114
	0.2 H 层	–	62	–	290	–	69	–	113
	0.6 H 层	–	55	–	286	–	55	–	108
	0.8 H 层	–	44	–	300	–	43	–	116
	底层	–	40	–	307	–	40	–	105
L2	表层	42	46	316	340	62	44	171	146
	底层	27	36	325	350	32	34	128	135
L3	表层	32	46	304	78	50	48	180	216
	底层	23	34	297	86	30	40	242	220

注:表中"－"表示此站在该时间没有进行现场测流;"＊"表示由于数据缺测没有进行统计。

从表 3.7 和表 3.8 可以看出,2009 年 7 月,实测最大流速出现在 L3 站大潮期的表层涨潮流,为 88 cm/s。从空间分布来看,除了大潮期涨潮表层及落潮底层最大流速 L2 站小于 L3 站,L2 站最大流速均较大。从时间上看,各站大潮分层最大流速均大于小潮,除 L2 站底层及 L3 站表层涨潮最大流速较大外,各站基本表现为落潮最大流速大于涨潮。

在垂线分布上,各站最大涨落潮流速均从底层到表层逐渐增大,最大流速随着水深的增加呈现递减的趋势。除了小潮期 L2、L3 站落潮流及大潮期 L3 站涨潮流的表底层流向相差较大外,其余表底层最大流流向较为一致,相差均在 10°以内。

2009 年 12 月,实测最大流速出现在 L3 站大潮期的表层涨潮流及 L1 站小潮期的表层落潮流,为 88 cm/s。从空间分布来看,处于湾口的 L1 站最大流速较大,而湾内的 L2、L3 站最大流速相差不大。从时间上看,各站大潮分层最大流速均大于小潮,除 L2 站及 L3 站大潮表层涨潮最大流速较大外,各站基本表现为落潮最大流速大于涨潮。

在垂线分布上,各站最大涨落潮流速均从底层到表层逐渐增大,最大流速随着水深的增加呈现递减的趋势。各站垂向各层最大流流向较为一致,相差均在 15°以内。

由季节性特征来看,除大潮期 L3 站涨潮以及小潮期 L2 站落潮表层流速外,各站其余各层次冬季最大流速均大于夏季。

各个潮流站 2009 年 7 月(大、小潮)与 2009 年 12 月(大、小潮)的潮流流矢绘于文后(图 3.1~图 3.4)。

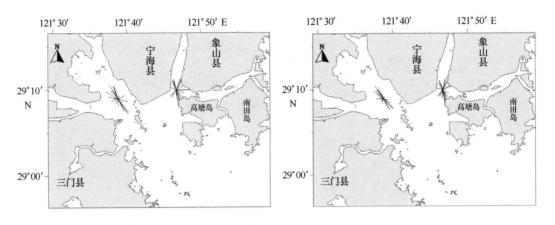

图 3.1 2009 年 7 月大潮期各测站表层和垂线平均流矢图

左图:表层;右图:垂线平均

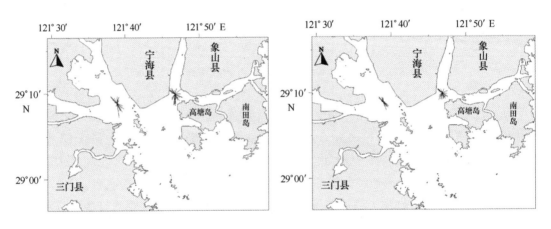

图 3.2 2009 年 7 月小潮期各测站表层和垂线平均流矢图

左图:表层;右图:垂线平均

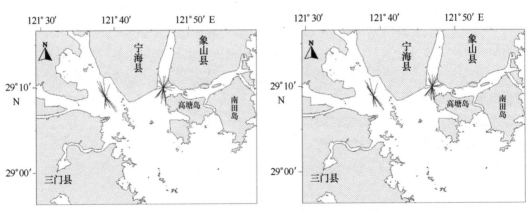

图 3.3 2009 年 12 月大潮期各测站表层和垂线平均流矢图

左图:表层;右图:垂线平均

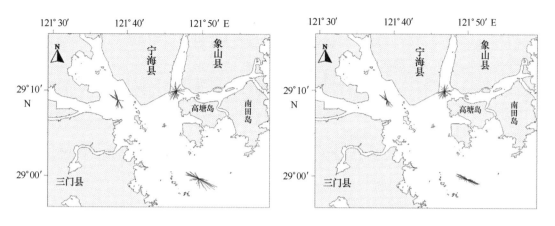

图 3.4　2009 年 12 月小潮期各测站表层和垂线平均流矢图

左图:表层;右图:垂线平均

3.3　余流

余流一般指实测海流扣除周期性潮流后的剩余部分,包括风海流、径流、地转流、密度梯度流等。经计算分别得出 2009 年 7 月、12 月(大、小潮)各测站分层的余流流速和流向(表3.9)。

表3.9　各站余流特征值

站位	层次	大潮				小潮			
		2009 年 7 月		2009 年 12 月		2009 年 7 月		2009 年 12 月	
		流速 /(cm/s)	流向 /(°)	流速 /(cm/s)	流向 /(°)	流速 /(cm/s)	流向 /(°)	流速 /(cm/s)	流向 /(°)
L1	表	–	–	–	–	–	–	9.58	158
	0.2H 层	–	–	–	–	–	–	2.53	126
	0.6H 层	–	–	–	–	–	–	0.91	66
	0.8H 层	–	–	–	–	–	–	2.48	324
	底	–	–	–	–	–	–	2.35	330
L2	表	5.06	283	3.75	132	0.15	148	5.41	261
	底	6.23	303	*	*	2.61	56	3.3	3
L3	表	8.33	95	10.93	175	6.74	199	7.62	191
	底	2.21	122	*	*	3.31	214	6.2	204

注:表中"–"表示此站在该时间没有进行现场测流,故没有进行余流分析;"*"表示由于数据缺测,故没有计算余流。

从表 3.9 可以看出,2009 年 7 月,最大余流出现在 L3 站大潮期的表层,为 8.33 cm/s,最小值出现在 L2 站小潮期的表层,为 0.15 cm/s。除大潮期底层外,L3 站各层余流均大于 L2 站。夏季除 L2 站大潮期余流表现为涨潮流外,其余流向均为落潮流。

2009 年 12 月,最大余流出现在 L3 站大潮期的表层,为 10.93 cm/s,最小值出现在 L1 站小潮期的表层,为 0.91 cm/s。冬季除 L2 站小潮期余流为涨潮流外,其余流向均表现为落潮流。

可以看出,几个测站的余流基本表现为大潮大于小潮,且流速都比较小,最大余流仅为 11 cm/s 左右。

3.4 泥沙

根据 2009 年 7 月和 2009 年 12 月两次实测泥沙数据进行统计分析,列出了 L2 和 L3 两个泥沙站的泥沙浓度特征值(表 3.10)。

表 3.10 实测泥沙浓度特征值　　　　　　　　　　　　　　单位:mg/L

站位	潮期	层次	涨潮				落潮			
			2009 年 7 月		2009 年 12 月		2009 年 7 月		2009 年 12 月	
			最大值	最小值	最大值	最小值	最大值	最小值	最大值	最小值
L2	大潮	表层	453.3	35	477.5	219.5	152	36	445	168
		底层	654.7	48.3	497.5	312.5	189	32.7	482.5	327.5
	小潮	表层	51.7	28	105.7	44.7	66.7	15.3	118.3	23.3
		底层	48	29.7	135	54.3	61.7	31.3	101.3	45
L3	大潮	表层	453.7	44	726	343	168	44.3	871.5	239.5
		底层	317	59.3	1 192	374	365	71	934	344
	小潮	表层	44.7	26.3	156	58.7	58.7	28.7	181	77.7
		底层	137	27.3	192.7	135.5	74.3	24	175.3	63

从表 3.10 可以看出,2009 年 7 月,实测泥沙最大浓度出现在 L2 站大潮期涨潮过程的底层,为 654.7 mg/L,最小浓度出现在小潮期 L2 站落潮过程的表层,为 15.3 mg/L。从空间分布上看,除小潮期 L2 站的表层最大泥沙浓度均大于 L3 站外,均以 L3 站泥沙浓度较大。从时间上看,各站各层次大潮期泥沙浓度显著大于小潮,除小潮期 L2 站、L3 站表层及大潮期 L3 站底层外,两站最大、最小含沙量基本表现为涨潮大于落潮。

2009 年 12 月,实测泥沙最大浓度出现在 L3 站大潮期涨潮过程的底层,为 1 192 mg/L,最小浓度出现在小潮期落潮过程 L2 站的表层,为 23.3 mg/L。

从空间分布上看,L2 站的最大泥沙浓度均小于 L3 站。从时间上看,各站各层次大潮期泥沙浓度均显著大于小潮,除小潮期 L2 站、L3 站表层及大潮期 L3 站表层外,两站最大、最小含沙量基本表现为涨潮大于落潮。

从季节上看,除了 L2 站涨潮表层外,大、小潮最大泥沙浓度均是冬季大于夏季。

考虑到近海港湾地区在流速大的时候会有底部掀沙的现象出现,为了进一步研究三门湾的泥沙浓度特征,根据实测的泥沙及海流数据画出泥沙与流速的相互关系图,结果如图3.5~图3.12所示。

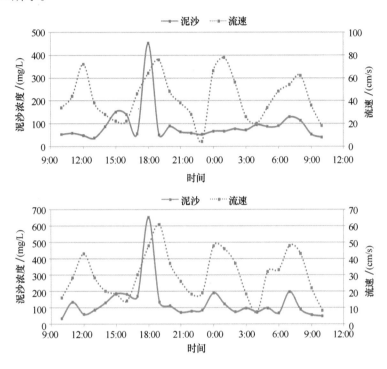

图 3.5   2009 年 7 月 L2 站大潮表层和底层的泥沙浓度和流速

上图:表层;下图:底层

从上面的这些图可以看出,总体上看,L2 站和 L3 站的泥沙浓度和流速具有一定的对应关系。不少泥沙浓度的峰值时刻都出现在流速峰值时刻附近,这表明当流速增大时海床底部掀沙对三门湾泥沙浓度有较大的影响。这种结果也符合三门湾泥沙的特点。三门湾周围没有径流量大的河流注入,仅有小的山溪性河流,因此陆源泥沙对三门湾泥沙浓度的影响很小,三门湾的泥沙主要来自于潮流输沙。

3.5　波浪

2009 年 7 月与 2009 年 12 月两次连续站现场水文泥沙观测中没有进行波浪的实际观测。现根据有关研究文献资料对三门湾内波浪的特点进行简要的描述。

三门湾是一个半封闭海湾,湾内难以形成大的波浪。相关的统计资料表明三门湾风浪频率全年为 83%,主浪向为 NW 和 SE,频率分别为 41% 和 25%。

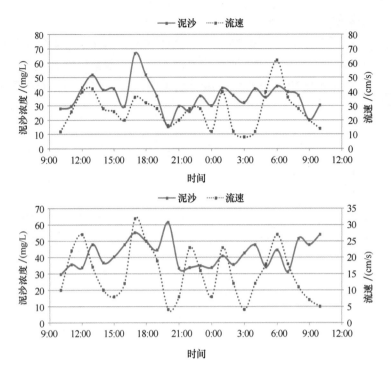

图 3.6 2009 年 7 月 L2 站小潮表层和底层的泥沙浓度和流速

上图:表层;下图:底层

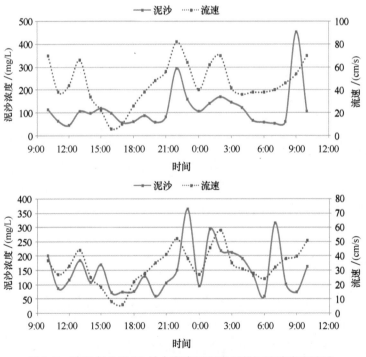

图 3.7 2009 年 7 月 L3 站大潮表层和底层的泥沙浓度和流速

上图:表层;下图:底层

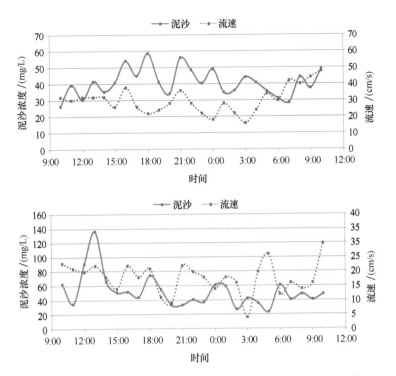

图 3.8 2009 年 7 月 L3 站小潮表层和底层的泥沙浓度和流速

上图:表层;下图:底层

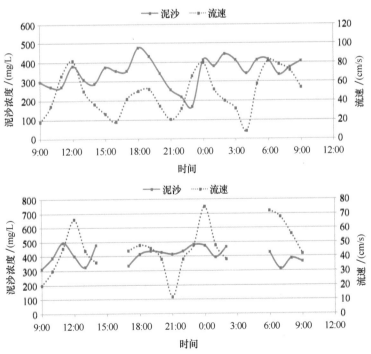

图 3.9 2009 年 12 月 L2 站大潮表层和底层的泥沙浓度和流速

上图:表层;下图:底层

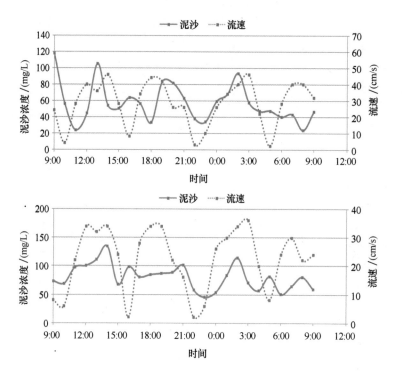

图 3.10　2009 年 12 月 L2 站小潮表层和底层的泥沙浓度和流速

上图:表层;下图:底层

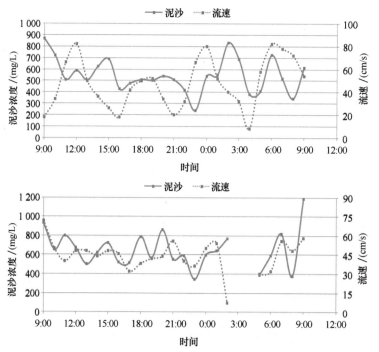

图 3.11　2009 年 12 月 L3 站大潮表层和底层的泥沙浓度和流速

上图:表层;下图:底层

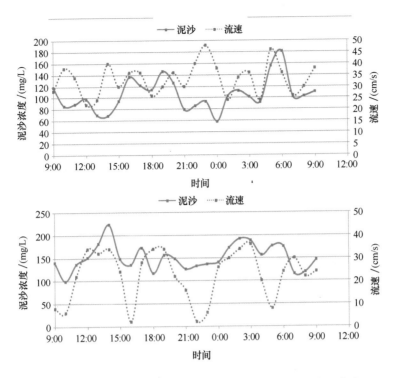

图 3.12　2009 年 12 月 L3 站小潮表层和底层的泥沙浓度和流速

上图:表层;下图:底层

3.6　小结

三门湾水域的潮汐属于正规半日潮,涨、落潮历时相差不大,平均潮差较大,基本都在 4 m 以上。三门湾潮流以正规半日潮流为主,浅海分潮对其有一定影响,潮流主要呈往复流;最大流速具有从表层向底层逐渐减小的趋势;余流流速较小,12 月的余流大于 7 月的余流。

三门湾内水体悬沙浓度较高,湾内悬沙主要来自潮流输沙。悬沙浓度小潮小于大潮。

三门湾内的波浪较小,风浪频率全年为 83%,主浪向为 NW 和 SE,频率分别为 41% 和 25%。

4 海洋环境状况

三门湾是一个半封闭海湾,港汊众多,水文状况复杂。海域既受湾内沿岸陆地径流的影响,使湾内大部分水域具有低盐、高营养盐的特点,又受外海水季节交替的影响,夏季受高温、低营养盐的台湾暖流影响,冬季受低温、高营养盐的江浙沿岸流的影响,使湾内环境具有季节和区域差异的特点。

4.1 海水环境

本章节主要从海水中常规要素、营养盐、重金属、有机成分4个方面进行描述,涵盖溶解氧、pH、无机氮、活性磷酸盐、铜、铅、锌、镉、铬、汞、砷、油类、COD、BOD$_5$ 14项要素。

4.1.1 常规要素

4.1.1.1 溶解氧

溶解氧是海水化学的重要参数,其主要来源于大气中氧的溶解,其次是海洋植物(主要是浮游植物)光合作用时产生的氧。海水中的溶解氧主要消耗于海洋生物的呼吸作用和有机质的降解。作为水中氧化剂的溶解氧,其含量的高低对化学净化过程具有举足轻重的作用,水体中溶解氧含量越高,对水体化学自净作用的贡献越大,自净效果越好。

1)平面分布

2009年7月大潮期间,三门湾DO浓度范围为6.09~7.25 mg/L,平均6.41 mg/L。花岙岛的S8站最高,白礁水道上的S18站最低。小潮期间三门湾DO浓度范围为5.08~7.03 mg/L,平均6.21 mg/L,湾中部的S7站最高,湾顶蛇蟠岛附近的S14站最低。

2009年12月大潮期间,三门湾DO浓度范围为8.19~9.47 mg/L,平均8.99 mg/L。湾口的S2站最高,S3站最低。小潮期间三门湾DO浓度范围为8.68~9.06 mg/L,平均8.87 mg/L,湾顶S15站最高,石浦港的S12站最低。

2012年8月大潮期间三门湾DO浓度范围为5.93~7.33 mg/L,平均6.55 mg/L。1站最高,12站最低。2012年9月小潮期间三门湾DO浓度范围为7.11~7.36 mg/L,平均7.22 mg/L,位于湾顶的1号站最高,中部的12号站最低。

2)连续变化

每3 h监测1次,连续监测24 h,溶解氧监测结果如下:丰水期大潮期含量范围为5.96~7.71 mg/L,平均6.57 mg/L,最小值出现在L2站夜间,最大值出现在L3站白天;小潮期范围为 5.89~7.04 mg/L,平均 6.40 mg/L,最小值出现在 L3 站夜间,最大值出现在 L2 站白天。枯水期大潮期为 8.82~9.60 mg/L,平均 9.25 mg/L,最小值出现在 L3 站白天,最大值出现在 L2 站的夜间;小潮期为 8.56~9.09 mg/L,平均 8.79 mg/L,最小值出现在 L3 站的白天,最小值出现在 L2 站的白天。丰水期 DO 含量明显小于枯水期,如图 4.1。

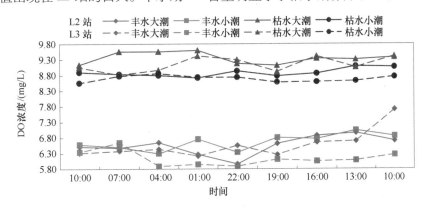

图 4.1 连续站 DO 浓度周日变化

4.1.1.2 pH 值

pH,也称氢离子浓度指数,它对水质的变化、生物繁殖的消长等均有影响,是评价水质的一个重要参数。海水的通常在 7.6~8.4,其值大小主要取决于海水中二氧化碳的平衡体系。

1)平面分布

2009 年 7 月大潮期间,三门湾 pH 值范围为 7.79~8.07,平均 7.88,S5 站最大,S17 站最小。小潮期间三门湾 pH 值范围为 7.86~7.96,平均 7.92,S8 站最大,S17 站最小。

2009 年 12 月大潮期间,三门湾 pH 值范围为 8.05~8.15,平均 8.11,S2 站最大,S16 站最小。小潮期间三门湾 pH 值范围为 8.05~8.14,平均 8.08,S8 站最大,S3、S5、S14 站最小。12 月三门湾 pH 值高于 7 月。

2012 年 8 月大潮期间,三门湾 pH 值范围为 7.96~8.02,平均 8.00。2012 年 9 月小潮期间三门湾 pH 值范围为 8.01~8.12,平均 8.06。9 月三门湾 pH 值高于 8 月。

2)连续变化

丰水期大潮期含量范围为 7.75~7.92,平均 7.79,最小值出现在 L2 站白天,最大值出现在 L3 站白天;小潮期范围为 7.84~8.07,平均 7.96,最小值出现在 L2 站白天,最大值出现在 L3 站夜间。枯水期大潮期为 7.11~8.14,平均 7.99,最小值和最大值分别出现在 L3 站的夜间和白天;小潮期为 8.03~8.10,平均 8.07,最小值和最大值分别出现在 L3 站和 L2 站的白天,见图 4.2。

4.1.1.3 水温

海水不断地从各个方面获得热量,使海水温度升高;同时又以各种形式向外散发热量,使水温降低,这种热量的收支情况叫做海洋的热量平衡。海水温度实际上是度量海水热量

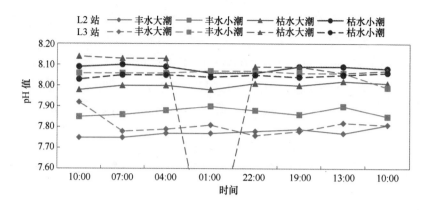

图 4.2　连续站 pH 值浓度周日变化

的重要指标,水温升高或降低,标志着海水内部分子热运动平均动能的增强或减弱,是海洋环境中最为重要的物理特性之一。

2009 年 7 月大潮期间,三门湾水温范围为 26.40 ~ 28.12,平均 27.55,S3 站最大,S8 站最小。小潮期间三门湾水温范围为 26.00 ~ 28.10,平均 27.08,S1、S11、S18 站最大,S8、S9 站最小。

2009 年 12 月大潮期间,三门湾水温范围为 12.08 ~ 14.06,平均 13.01,S4 站最大,S14 站最小。小潮期间三门湾水温范围为 11.86 ~ 13.46,平均 12.70,S5 站最大,S14 站最小。

4.1.1.4　盐度

海水是一种十分复杂的溶液,目前已知海水中的元素有 80 种以上,这些元素在海水中的含量极不平衡,其主要元素(含量在 1 mg/L 以上)有 11 种(氯、硫、碳、溴、硼、钠、镁、钙、钾、锶、氟),它们占海水中溶解盐类的 99% 以上。盐度是海水含盐量的一个标度,是指每千克海水中溶解固体物的总克数。海水中的盐度与蒸发、降水、江河入海径流以及海水的流动有关。

2009 年 7 月大潮期间,三门湾盐度范围为 26.987 ~ 30.551,平均 29.622,S4 站最大,S17 站最小。小潮期间三门湾盐度范围为 22.563 ~ 32.656,平均 30.932,S5 站最大,S14 站最小。

2009 年 12 月大潮期间,三门湾盐度范围为 25.977 ~ 26.415,平均 26.176,S12 站最大,S8 站最小。小潮期间三门湾盐度范围为 25.271 ~ 27.791,平均 26.755,S5 站最大,S14 站最小。

4.1.2　营养盐

4.1.2.1　无机氮(DIN)

1)平面分布

2009 年 7 月大潮期间,三门湾无机氮浓度范围为 0.414 ~ 0.585 mg/L,平均 0.470 mg/L。湾顶的 S17 站最高,湾口的 S1 站最低。平面分布大体呈现出由湾口向湾顶递增的趋势,高值区分布在蛇蟠岛以北,低值区分布在湾口(见图4.3)。小潮期间三门湾无机氮浓度范围为0.351~0.829 mg/L,平均0.461 mg/L,湾顶的S14站最高,湾口的S1站最低。平面分布大体呈现出由湾口向湾顶递增的趋势,高值区分布在蛇蟠水道,低值区分布在湾口和高塘岛西侧。

2009年12月大潮期间,三门湾无机氮浓度范围为0.640~0.834 mg/L,平均0.708 mg/L,白礁水道的S18站最高,健跳附近的S6站最低。高值区分布在白礁水道—蛇蟠水道一线,其他区域浓度分布较均匀。小潮期间三门湾无机氮浓度范围为0.535~0.728 mg/L,平均0.640 mg/L,健跳附近的S6站最高,湾口的S5站最低。平面分布大体呈湾西侧高于湾东侧的态势。高值区分布在蛇蟠水道、湾西侧近岸(猫头山嘴—湾口),相对低值区分布在高塘岛—南山岛周边海域。

2012年8月大潮期间,三门湾无机氮浓度范围为0.327~0.555 mg/L,平均0.432 mg/L,2站最高,14站最低。2012年9月小潮期间三门湾无机氮浓度范围为0.634~0.688 mg/L,平均0.663 mg/L,湾顶的1号站最高,白礁水道附近的18号站最低。

2)连续变化

丰水期大潮期含量范围为0.191~0.536 mg/L,平均0.404 mg/L,最小值出现在L3站夜间,最大值出现在L2站夜间;小潮期范围为0.493~0.833 mg/L,平均0.636 mg/L,最小值L3站白天,最大值出现在L2站白天。枯水期大潮期为0.578~0.736 mg/L,平均0.689 mg/L,最小值出现在L3站夜间,最大值出现在L2站夜间;小潮期为0.561~0.687 mg/L,平均0.630 mg/L,最小值出现在L3站白天,最大值出现在L2站的白天,见图4.4。

4.1.2.2 活性磷酸盐(DIP)

1)平面分布

2009年7月大潮期间,三门湾活性磷酸盐浓度范围为0.028~0.043 mg/L,平均0.036 mg/L。位于石浦港的S13站最高,湾口的S1站最低。活性磷酸盐浓度的平面分布较均匀,规律性不明显。高值区分布在石浦港、蛇蟠岛北侧,低值区分布在湾口西侧(见图4.5)。7月小潮期间三门湾活性磷酸盐浓度范围为0.032~0.070 mg/L,平均0.049 mg/L,湾顶的S14站最高,湾口的S5站最低。平面分布大体呈现出由湾西侧向东侧递减的趋势。高值区分布在三门湾西侧近岸海域,低值区分布在湾口东侧。

2009年12月大潮期间,三门湾活性磷酸盐浓度范围为0.044~0.059 mg/L,平均0.051 mg/L,位于石浦港的S12站最高,湾口的S3站最低。活性磷酸盐浓度的平面分布较均匀,差异较小。高值区分布在石浦港、高塘岛—南山岛周边海域,低值区分布在湾口中部。12月小潮期间三门湾活性磷酸盐浓度范围为0.038~0.056 mg/L,平均0.044 mg/L,湾顶的S14站最高,花岙岛附近的S8站最低。平面分布大体呈现出由湾口向湾顶递增的趋势。高值区分布在蛇蟠水道,低值区分布在花岙岛附近。

2012年8月大潮期间,三门湾活性磷酸盐浓度范围为0.015~0.033 mg/L,平均0.023 mg/L,3站最高,2站最低。2012年9月小潮期间三门湾活性磷酸盐浓度范围为0.023~0.036 mg/L,平均0.032 mg/L,湾顶的1号站最高,湾口的20号站最低。

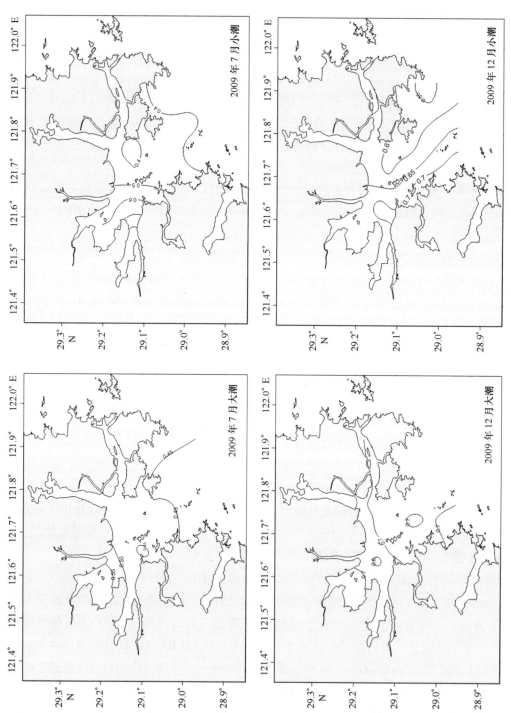

图 4.3 无机氮浓度分布

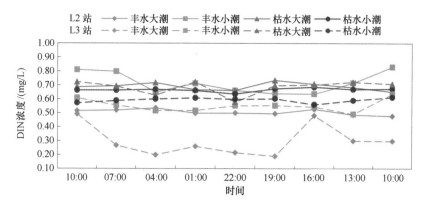

图 4.4　连续站 DIN 浓度周日变化

2009 年 12 月三门湾活性磷酸盐浓度略高于 2009 年 7 月。2012 年 9 月活性磷酸盐浓度略高于 2012 年 8 月。2009 年 7 月大潮期间活性磷酸盐浓度略高于 2012 年 8 月大潮期。

2）连续变化

丰水期大潮期含量范围为 0.041 ~ 0.058 mg/L，平均 0.049 mg/L，最小值出现在 L2 站的夜间和白天，最大值出现在 L3 站夜间；小潮期范围为 0.033 ~ 0.072 mg/L，平均 0.047 mg/L，最小值出现在 L2 站白天，最大值出现在 L3 站白天。枯水期大潮期为 0.043 ~ 0.053 mg/L，平均 0.048 mg/L，最小值出现在 L2 站夜间，最大值出现在 L3 站夜间；小潮期为 0.039 ~ 0.050 mg/L，平均 0.043 mg/L，最小值出现在 L2 站白天，最大值出现在 L2 站的夜间，见图 4.6。

4.1.3　重金属类

4.1.3.1　总汞

2009 年 7 月大潮期间，三门湾汞浓度范围为 0.011 ~ 0.064 μg/L，平均 0.035 μg/L。湾顶的 S17 站最高，湾口的 S4 站最低。小潮期间三门湾汞浓度范围为 0.023 ~ 0.058 μg/L，平均 0.043 μg/L，石浦水道的 S13 站、白礁水道的 S18 站最高，湾口的 S5 站最低。

2009 年 12 月大潮期间，三门湾汞浓度范围为 0.024 ~ 0.048 μg/L，平均 0.034 μg/L，健跳附近的 S6 站最高，石浦水道的 S13 站最低。小潮期间三门湾汞浓度范围为 0.030 ~ 0.048 μg/L，平均 0.037 μg/L，S9 最高，湾口的 S1 站、S2 站和石浦水道的 S13 站最低。

2012 年 8 月大潮期间，三门湾汞浓度范围为 0.008 ~ 0.013 μg/L，平均 0.010 μg/L，2 号、3 号、12 号站最高，1 号、19 号站最低。2012 年 9 月小潮期间，三门湾汞浓度范围为 0.009 ~ 0.020 μg/L，平均 0.013 μg/L，中部的 12 号站最高，14 号站最低。

4.1.3.2　铅

2009 年 7 月大潮期间，三门湾铅浓度范围为 1.9 ~ 2.8 μg/L，平均 2.6 μg/L。S1、S5、S7、S11、S12、S15 站最高，白礁水道的 S18 站最低。小潮期间三门湾铅浓度范围为 1.9 ~ 2.7 μg/L，平均 2.3 μg/L，S3、S4、S7、S9 站最高，石浦水道的 S12 站最低。

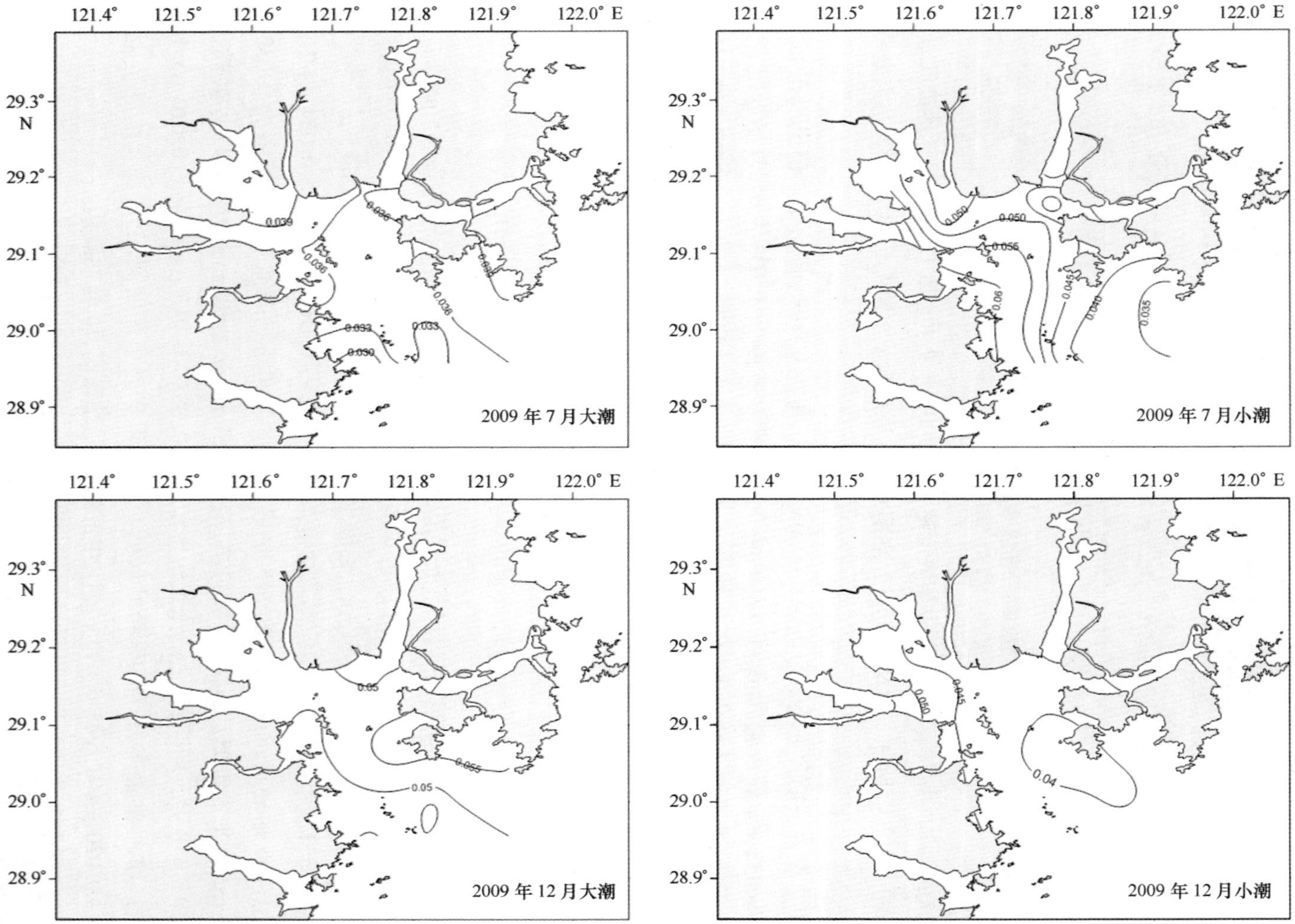

图 4.5　活性磷酸盐浓度分布

2009 年 7 月小潮

2009 年 12 月小潮

2009 年 7 月大潮

2009 年 12 月大潮

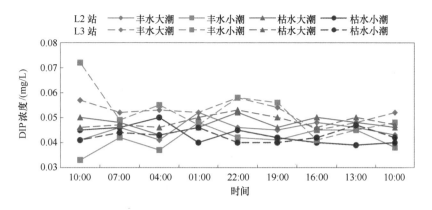

图 4.6　连续站 DIP 浓度周日变化

2009 年 12 月大潮期间,三门湾铅浓度范围为 0.4 ~ 3.6 μg/L,平均 1.7 μg/L,湾口的 S1 站最高,白礁水道的 S18 站最低。小潮期间三门湾铅浓度范围为 0.3 ~ 3.3 μg/L,平均 1.6 μg/L,湾口 S1 站、石浦水道的 S12 站最高,高塘岛西侧的 S11 站最低。

2012 年 8 月大潮期间,三门湾铅浓度范围为 0.34 ~ 0.94 μg/L,平均 0.44 μg/L,湾口的 19 号站最高,湾顶的 1 号站和中部的 14 号站最低。2012 年 9 月小潮期间,三门湾铅浓度范围为 0.46 ~ 0.67 μg/L,平均 0.55 μg/L,中部的 12 号站最高,湾口白礁水道附近的 18 号站最低。

2009 年 7 月,三门湾铅浓度高于 2009 年 12 月,2009 年三门湾铅浓度高于 2012 年。

4.1.3.3　镉

2009 年 7 月大潮期间,三门湾镉浓度范围为 0.131 ~ 0.228 μg/L,平均 0.183 μg/L。湾口的 S5 站最高,高塘岛西侧的 S16 站最低。小潮期间三门湾镉浓度范围为 0.141 ~ 0.212 μg/L,平均 0.180 μg/L,花岙岛西侧的 S8 站最高,健跳附近的 S6 站最低。

2009 年 12 月大潮期间,三门湾镉浓度范围为 0.233 ~ 0.453 μg/L,平均 0.366 μg/L,湾底的 S14 站最高,高塘岛西侧的 S16 站最低。小潮期间三门湾镉浓度范围为 0.102 ~ 0.286 μg/L,平均 0.182 μg/L,白礁水道的 S18 站最高,花岙岛西侧的 S8 站最低。

2012 年 8 月大潮期间,三门湾镉浓度范围为 0.06 ~ 0.24 μg/L,平均 0.10 μg/L,湾口的 19 号站最高,3 号、14 号、18 号站最低。2012 年 9 月小潮期间,三门湾镉浓度范围为 0.15 ~ 0.24 μg/L,平均 0.19 μg/L,中部的 12 号站最高,14 号站最低。

4.1.3.4　铜

2009 年 7 月大潮期间,三门湾铜浓度范围为 2.3 ~ 3.7 μg/L,平均 3.3 μg/L。S2、S8、S15 站最高,高塘岛西侧的 S16 站最低。小潮期间三门湾铜浓度范围为 2.1 ~ 3.1 μg/L,平均 2.7 μg/L,花岙岛西侧的 S8 站最高,健跳附近的 S6 站最低。

2009 年 12 月大潮期间,三门湾铜浓度范围为 1.7 ~ 5.5 μg/L,平均 3.6 μg/L,湾口的 S1 站最高,湾口的 S3 站最低。小潮期间三门湾铜浓度范围为 2.4 ~ 4.9 μg/L,平均 3.7 μg/L,湾顶的 S17 站最高,湾顶的 S15 站最低。

2012 年 8 月大潮期间,三门湾铜浓度范围为 1.6 ~ 2.9 μg/L,平均 2.0 μg/L,中部的 14

号站最高,12 号站最低。2012 年 9 月小潮期间,三门湾铜浓度范围为 2.0 ~ 2.6 μg/L,平均 2.3 μg/L,中部的 12 号站最高,湾口的 19 号站最低。

4.1.3.5 锌

2009 年 7 月大潮期间,三门湾锌浓度范围为 0.038 ~ 0.078 mg/L,平均 0.053 mg/L。湾顶的 S14 站最高,湾口的 S2 站最低。平面分布的规律性不明显,高值区分布在湾西侧近岸,低值区分布在高塘岛北、湾口西侧海域(见图 4.7)。小潮期间三门湾锌浓度范围为 0.044 ~ 0.067 mg/L,平均 0.057 mg/L,湾口的 S4 站最高,健跳附近的 S9 站最低。平面分布呈现出湾东侧锌浓度高于西侧的特征,低值区分布在猫头山嘴附近,高值区分布在石浦水道。

2009 年 12 月大潮期间,三门湾锌浓度范围为 0.018 ~ 0.066 mg/L,平均 0.040 mg/L,健跳附近的 S9 站最高,湾口的 S3 站最低。平面分布的规律性不明显,高值区分布在猫头山嘴东侧、高塘岛西侧、南田岛附近海域,低值区分布在湾口。小潮期间三门湾锌浓度范围为 0.018 ~ 0.078 mg/L,平均 0.043 mg/L,湾顶的 S17 站最高,湾顶的 S14 站最低。高值区分布在力洋港口、白礁水道 – 田湾岛一带,低值区分布在蛇蟠水道、高塘岛西北和南山岛西侧海域。

2012 年 8 月大潮期间,三门湾锌浓度范围为 0.019 ~ 0.025 mg/L,平均 0.023 mg/L,湾顶的 20 号站最高,白礁水道附近的 18 号站最低。小潮期间三门湾锌浓度范围为 0.019 ~ 0.025 mg/L,平均 0.022 mg/L,湾口的 1 号站最高,中部的 14 号站最低。

2009 年 7 月,锌浓度高于 2009 年 12 月,均高于 2012 年。

4.1.4 有机成分

4.1.4.1 化学需氧量(COD_{Mn})

化学需氧量是反映水体有机污染程度的重要指标,一般来说,若水体中化学需氧量含量高,一方面表明有机污染严重,另一方面表明水体自净能力较差,缺乏将复杂组分的有机物分解成简单组分无机化合物的环境功能。

1)平面分布

2009 年 7 月大潮期间,三门湾 COD_{Mn} 浓度范围为 0.43 ~ 1.18 mg/L,平均 0.81 mg/L。S17 站最高,S13 站最低。平面分布大体呈由湾口向湾顶递增的趋势,高值区分布在蛇蟠岛附近,低值区分布在高塘岛附近、牛山嘴北侧(见图 4.8)。小潮期间三门湾 COD_{Mn} 浓度范围为 0.34 ~ 1.90 mg/L,平均 0.93 mg/L,S14 站最高,S4 站最低。平面分布呈现出明显的由湾口向湾顶递增的趋势,高值区分布在蛇蟠岛附近,低值区分布在湾口东侧。

2009 年 12 月大潮期间,三门湾 COD_{Mn} 浓度范围为 0.61 ~ 1.05 mg/L,平均 0.80 mg/L,S7 站最高,S18 站最低。高值区分布在湾中部,低值区分布在湾顶。小潮期间三门湾 COD_{Mn} 浓度范围为 0.80 ~ 1.07 mg/L,平均 0.88 mg/L,S1 站最高,S12 站最低。平面分布较均匀,相对高值区分布在湾顶西侧、蛇蟠水道和石浦港。

2012 年 8 月大潮期间,三门湾 COD_{Mn} 浓度范围为 0.71 ~ 1.34 mg/L,平均 0.94 mg/L,18 号站最高,19 号站最低。小潮期间三门湾 COD_{Mn} 浓度范围为 0.80 ~ 7.03 mg/L,平均 1.66 mg/L,白礁水道附近的 18 号站最高,中部的 12 号站、湾口的 19 号站最低。

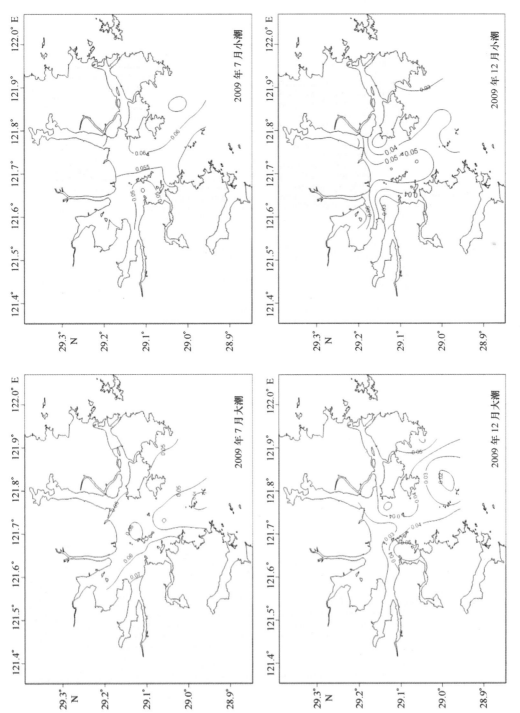

图 4.7 锌浓度分布

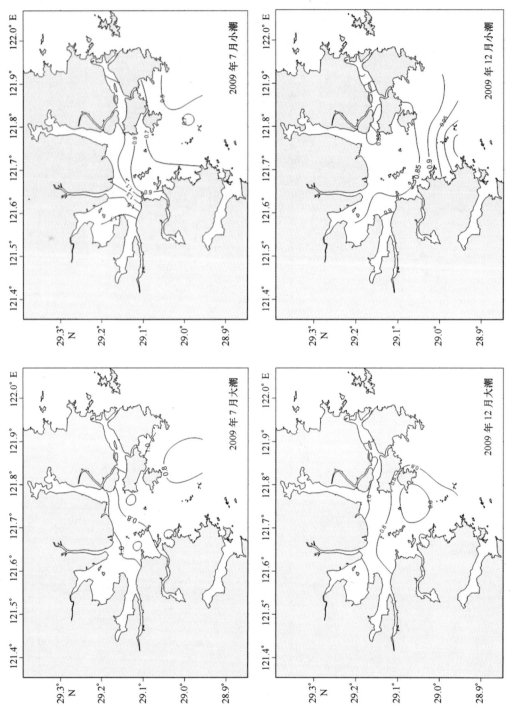

图 4.8 COD$_{Mn}$ 浓度分布

2）连续变化

丰水期大潮期含量范围为 0.51 ~ 0.98 mg/L，平均 0.74 mg/L，最小值出现在 L3 站白天，最大值出现在 L2 站白天和夜间；小潮期范围为 0.47 ~ 1.09 mg/L，平均 0.74 mg/L，最小值和最大值分别出现在 L2 站的夜间和白天。枯水期大潮期为 0.62 ~ 1.24 mg/L，平均 0.91 mg/L，最小值和最大值出现在 L2 站的夜间和白天；小潮期为 0.72 ~ 0.94 mg/L，平均 0.83 mg/L，最小值和最大值出现在 L3 站的白天和夜间，如图 4.9。

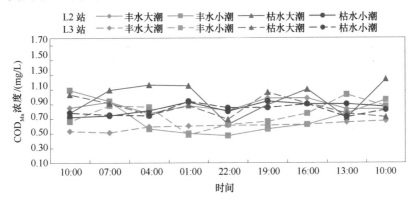

图 4.9 连续站 COD_{Mn} 浓度周日变化

4.1.4.2 生化需氧量（BOD_5）

水中有机物在微生物降解的生物化学过程中，消耗水中溶解氧，水中有机质越多，生物降解需氧量也越多。

2009 年 7 月大潮期间，三门湾 BOD_5 浓度范围为 0.30 ~ 0.62 mg/L，平均 0.44 mg/L。S9 站最高，S6 站最低。小潮期间三门湾 BOD_5 浓度范围为 0.31 ~ 0.60 mg/L，平均 0.42 mg/L，S9 站最高，S13 站最低。

2009 年 12 月大潮期间，三门湾 BOD_5 浓度范围为 0.41 ~ 0.72 mg/L，平均 0.53 mg/L，S9 站最高，S5、S6 站最低。小潮期间三门湾 BOD_5 浓度范围为 0.47 ~ 0.77 mg/L，平均 0.59 mg/L，S9 站最高，S8 站最低。2009 年 12 月三门湾 BOD_5 浓度高于 7 月。

4.1.4.3 油类

石油是一种复杂的混合物，主要由碳和氢组成。石油进入海洋的途径主要是含油废水排海、油田、油船溢漏等。石油在海洋环境中的转化过程极为复杂，通过蒸发和光氧化，一部分烃从海水中消失，一部分烃溶解分散于海水和沉积物中。

2009 年 7 月大潮期间，三门湾油类浓度范围为 0.045 ~ 0.070 mg/L，平均 0.054 mg/L。湾口的 S4 站最高，湾中部的 S7 站最低。油类浓度的平面分布比较均匀，高值区出现在蛇蟠水道和湾口东侧，低值区分布在湾中部花岙岛—健跳一带（见图 4.10）。小潮期间三门湾油类浓度范围为 0.020 ~ 0.077 mg/L，平均 0.038 mg/L，湾顶的 S14 站最高，湾口的 S5 站最低。平面分布大体呈由湾口向湾顶递增的态势，高值区分布在蛇蟠水道，低值区分布在花岙岛周边海域。

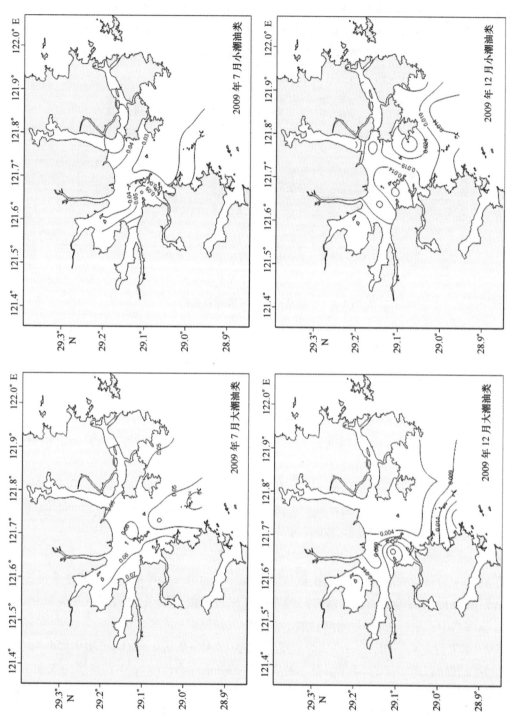

图 4.10 油类浓度分布

44

2009 年 12 月大潮期间,三门湾油类浓度范围为未检出~0.028 mg/L,平均 0.008 mg/L,湾口的 S1 站最高,湾东侧 S7、S8、S10、S11、S12、S13、S16、S18 共 8 个站未检出。本航次油类浓度普遍较低,大部分海域油类浓度小于 0.01 mg/L,相对高值区分布在湾顶、猫头山嘴和湾口西侧。小潮期间三门湾油类浓度范围为 0.004~0.034 mg/L,平均 0.017 mg/L,花岙岛附近的 S8 站最高,湾顶的 S17 站最低。相对低值区分布在蛇蟠岛以北、猫头山嘴东侧,相对高值区分布在白礁水道、花岙岛西侧。

2012 年 8 月大潮期间,三门湾油类浓度范围为 0.012~0.039 mg/L,平均 0.018 mg/L,中部的 12 号站最高,湾顶的 2 号、3 号站和湾口的 19 号站最低。2012 年 9 月小潮期间三门湾油类浓度范围为 0.017~0.021 mg/L,平均 0.018 mg/L,中部的 14 号站最高,2 号、3 号、12 号、20 号站最低。

2009 年 7 月,三门湾油类浓度最高,2009 年 12 月、2012 年 8 月、2012 年 9 月油类浓度相当。

4.1.5 海水质量评价

2009 年 7 月小潮期间,三门湾 28% 的测站 DO 低于一类海水水质标准,2012 年 8 月 12% 测站 DO 低于一类海水水质标准,但尚符合二类海水水质标准。其他 4 个航次全部测站的 DO 均符合一类海水水质标准。因水中 DO 含量与水温有关,12 月水温低,DO 浓度最高。7 月、8 月 DO 浓度最低。

2009 年 7 月大潮期间,三门湾无机氮三类超标率 100%,四类超标率 11%;小潮期间无机氮二类、三类、四类超标率分别为 100%、67% 和 22%。2009 年 12 月两个航次全部测站的无机氮浓度均超出四类海水水质标准。2012 年 8 月大潮期间三门湾无机氮三类超标率 62%,四类超标率 25%;2012 年 8 月小潮期间无机氮四类超标率为 100%。2009 年 12 月三门湾无机氮浓度高于 2009 年 7 月,2012 年 9 月小潮期高于 2012 年 8 月大潮期,2009 年 7 月大潮期略高于 2012 年 8 月大潮期。

2009 年 7 月大潮期间,活性磷酸盐一类超标率 100%,二三类超标率 94%;2009 年 7 月小潮期间和 2009 年 12 月大、小潮期间活性磷酸盐的二三类超标率均为 100%,四类超标率分别为 67%、89% 和 28%。2012 年 8 月大潮期间,活性磷酸盐的一类超标率为 88%,二三类超标率为 25%,均符合四类海水水质标准。2012 年 9 月小潮期间,活性磷酸盐的一类超标率为 100%,二三类超标率为 75%,均符合四类海水水质标准。

2009 年 7 月,三门湾汞浓度略高于 2009 年 12 月,2009 年汞含量高于 2012 年。2009 年 7 月大、小潮期间,汞浓度一类超标率均为 22%,2009 年 12 月大、小潮期间,汞浓度均符合一类海水水质标准。2012 年 2 个航次调查汞浓度均符合一类海水水质标准。

2009 年 7 月大、小潮期间,全部测站的铅浓度均超出一类海水水质标准,2009 年 12 月大、小潮期间,铅的一类超标率分别为 89% 和 72%。2012 年 2 个航次铅均符合一类海水水质标准。

除 2009 年 12 月大潮期间 S1 和 S6 站铜浓度超出一类标准外,其他航次所有测站的铜浓度均符合一类海水水质标准。

6 个航次锌的一类超标率依次为 100%、100%、94%、94%、88% 和 88%,二类超标率依次为 67%、78%、22%、28%、0% 和 0%。

三门湾各航次 COD_{Mn} 浓度相差不大,小潮期浓度高于大潮期。除 2012 年 9 月小潮期 18 号站超四类海水水质标准外,其他各航次 COD_{Mn} 浓度均符合一类海水水质标准。

2009 年 7 月大、小潮期间三门湾油类浓度一二类超标率分别为 78% 和 17%,2009 年 12 月大、小潮期间三门湾全部测站的油类浓度均符合一二类海水水质标准。2012 年 8 月大潮期间、9 月小潮期间三门湾全部测站的油类浓度均符合一二类海水水质标准。

6 个航次海水中 pH 值、BOD_5、镉浓度均符合一类海水水质标准。具体可见表 4.1。

表 4.1 各项水质指标污染指数统计

项目	评价标准	2009 年 7 月大潮	2009 年 7 月小潮	2009 年 12 月大潮	2009 年 12 月小潮	2012 年 8 月大潮	2012 年 9 月小潮
pH 值	一二类	0.77	0.65	0.12	0.19	0.44	0.26
		0.23 ~ 1.03	0.54 ~ 0.83	0.00 ~ 0.29	0.03 ~ 0.29	0.37 ~ 0.54	0.09 ~ 0.40
		6%	0%	0%	0%	0%	0%
无机氮	一类	2.35	2.30	3.54	3.20	2.16	3.32
		2.07 ~ 2.93	1.76 ~ 4.15	3.20 ~ 4.17	2.68 ~ 3.64	1.64 ~ 2.78	3.17 ~ 3.44
		100%	100%	100%	100%	100%	100%
	二类	1.57	1.54	2.36	2.13	1.44	2.21
		1.38 ~ 1.95	1.17 ~ 2.76	2.13 ~ 2.78	1.78 ~ 2.43	1.09 ~ 1.85	2.11 ~ 2.29
		100%	100%	100%	100%	100%	100%
	三类	1.17	1.15	1.77	1.60	1.08	1.66
		1.03 ~ 1.46	0.88 ~ 2.07	1.60 ~ 2.08	1.34 ~ 1.82	0.82 ~ 1.39	1.59 ~ 1.72
		100%	67%	100%	100%	62%	100%
	四类	0.94	0.92	1.42	1.28	0.86	1.33
		0.83 ~ 1.17	0.70 ~ 1.66	1.28 ~ 1.67	1.07 ~ 1.46	0.65 ~ 1.11	1.27 ~ 1.38
		11%	22%	100%	100%	25%	100%
磷酸盐	一类	2.43	3.26	3.41	2.91	1.56	2.12
		1.84 ~ 2.87	2.15 ~ 4.65	2.93 ~ 3.93	2.50 ~ 3.72	0.99 ~ 2.18	1.51 ~ 2.39
		100%	100%	100%	100%	88%	100%
	二三类	1.21	1.63	1.71	1.45	0.78	1.06
		0.92 ~ 1.44	1.07 ~ 2.33	1.47 ~ 1.96	1.25 ~ 1.86	0.49 ~ 1.09	0.75 ~ 1.19
		94%	100%	100%	100%	25%	75%
	四类	0.81	1.09	1.14	0.97	0.52	0.71
		0.61 ~ 0.96	0.72 ~ 1.55	0.98 ~ 1.31	0.83 ~ 1.24	0.33 ~ 0.73	0.50 ~ 0.80
		0%	67%	89%	28%	0%	0%
COD_{Mn}	一类	0.41	0.46	0.40	0.44	0.47	0.83
		0.22 ~ 0.59	0.17 ~ 0.95	0.31 ~ 0.53	0.40 ~ 0.54	0.36 ~ 0.67	0.40 ~ 3.52
		0%	0%	0%	0%	0%	12%

项目	评价标准	2009年7月大潮	2009年7月小潮	2009年12月大潮	2009年12月小潮	2012年8月大潮	2012年9月小潮
BOD$_5$	一类	0.44	0.42	0.53	0.59	未检测	未检测
		0.30~0.62	0.31~0.60	0.41~0.72	0.47~0.77		
		0%	0%	0%	0%		
油类	一二类	1.09	0.76	0.16	0.35	0.37	0.37
		0.90~1.40	0.40~1.54	0.04~0.56	0.08~0.68	0.24~0.78	0.34~0.42
		78%	17%	0%	0%	0%	0%
	三类	0.18	0.13				
		0.15~0.23	0.07~0.26				
		0%	0%				
汞	一类	0.69	0.86	0.68	0.74	0.21	0.26
		0.22~1.28	0.46~1.16	0.48~0.96	0.60~0.96	0.16~0.26	0.18~0.40
		22%	22%	0%	0%	0%	0%
	二三类	0.17	0.21				
		0.06~0.32	0.12~0.29				
		0%	0%				
铅	一类	2.57	2.30	1.74	1.59	0.54	0.55
		1.90~2.80	1.90~2.70	0.40~3.60	0.30~3.30	0.34~0.94	0.46~0.80
		100%	100%	89%	72%	0%	0%
	二类	0.51	0.46	0.35	0.32		
		0.38~0.56	0.38~0.54	0.08~0.72	0.06~0.66		
		0%	0%	0%	0%		
镉	一类	0.18	0.18	0.37	0.18	0.10	0.19
		0.13~0.23	0.14~0.21	0.23~0.45	0.10~0.29	0.06~0.24	0.15~0.24
		0%	0%	0%	0%	0%	0%
铜	一类	0.65	0.55	0.71	0.75	0.40	0.45
		0.46~0.74	0.42~0.62	0.34~1.10	0.48~0.98	0.32~0.58	0.40~0.52
		0%	0%	11%	0%	0%	0%
	二类	0.32	0.28	0.36	0.38		
		0.23~0.37	0.21~0.31	0.17~0.55	0.24~0.49		
		0%	0%	0%	0%		
磷酸盐	一类	2.66	2.84	1.99	2.15	1.17	1.10
		1.65~3.90	2.20~3.35	0.90~3.30	0.90~3.90	0.96~1.35	0.97~1.25
		100%	100%	94%	94%	88%	88%
	二类	1.06	1.14	0.80	0.86	0.47	0.44
		0.66~1.56	0.88~1.34	0.36~1.32	0.36~1.56	0.38~0.54	0.39~0.50
		67%	78%	22%	28%	0%	0%
	三类	0.53	0.57	0.40	0.43		
		0.33~0.78	0.44~0.67	0.18~0.66	0.18~0.78		
		0%	0%	0%	0%		

注:表中数值第一行为平均污染指数;第二行为污染指数的范围;第三行为超标率,表中数据均为表层。

4.2 沉积环境

海洋沉积物是海洋生态系的一个重要组成部分,主要由矿物质和有机质微粒组成,是生化营养盐循环的主要场所,同时也是释放到环境中的稳定的和有毒的化学污染物的主要存储地。沉积物中不断积累的有毒物质对底栖生物或依赖沉积物生存的生物产生毒害作用,并通过食物链富集和传递,对人类健康造成影响。因此对沉积物的性质和成分的研究成为海洋化学过程中至关重要的内容,对深入了解区域海洋状况具有重要的意义。本章节主要从沉积环境、有机污染、营养物质和重金属4个方面进行描述,涵盖硫化物、有机碳、石油类、总氮、总磷、汞、铜、铅、锌、镉10项要素。

三门湾沉积物质量调查结果统计如表4.2所示。

表4.2 沉积物质量调查结果统计

项目	2009 年 7 月		2012 年 8 月	
	范围	均值	范围	均值
有机碳/%	0.466 ~ 0.766	0.648	0.42 ~ 0.61	0.54
硫化物/×10^{-6}	1.6 ~ 10.2	3.9	0.4 ~ 3.4	1.9
石油类/×10^{-6}	11.9 ~ 59.8	19.2	17.6 ~ 43.2	29.2
总氮/×10^{-6}	1.05 ~ 2.19	1.71	–	–
总磷/×10^{-6}	224.5 ~ 273.6	247.0	–	–
汞/×10^{-6}	0.034 ~ 0.450	0.086	0.038 ~ 0.050	0.040
铜/×10^{-6}	19.8 ~ 34.7	29.4	15.0 ~ 22.1	19.3
铅/×10^{-6}	20.5 ~ 30.0	25.6	22.8 ~ 35.1	26.5
镉/×10^{-6}	0.082 ~ 0.120	0.103	0.12 ~ 0.21	0.17
锌/×10^{-6}	72.3 ~ 112.1	94.5	79.2 ~ 126.8	96.5

4.2.1 硫化物

2009 年 7 月,沉积物中硫化物含量范围为 $1.6 \times 10^{-6} \sim 10.2 \times 10^{-6}$,平均 3.9×10^{-6}。S15 站最小,S10 站最大。全部测站硫化物含量均符合一类沉积物质量标准。

2012 年 8 月,沉积物中硫化物含量范围为 $0.4 \times 10^{-6} \sim 3.4 \times 10^{-6}$,平均 1.9×10^{-6}。湾顶的 3 号站最小,湾口的 18 号站最大。全部测站硫化物含量均符合一类沉积物质量标准。

4.2.2 有机污染

4.2.2.1 有机碳

2009 年 7 月,沉积物中有机碳含量范围为 0.466% ~ 0.766%,平均 0.648%。S5 站最小,S7 站最大。全部测站有机碳含量均符合一类沉积物质量标准。

2012 年 8 月,沉积物中有机碳含量范围为 0.42% ~ 0.61%,平均 0.54%。18 号站最小,19号站最大。全部测站有机碳含量均符合一类沉积物质量标准。

4.2.2.2 石油类

2009年7月,沉积物中石油类含量范围为$11.9 \times 10^{-6} \sim 59.8 \times 10^{-6}$,平均$19.2 \times 10^{-6}$。S2站最小,S10站最大。

2012年8月,沉积物中石油类含量范围为$17.6 \times 10^{-6} \sim 43.2 \times 10^{-6}$,平均$29.2 \times 10^{-6}$。白礁水道附近的18号站最小,湾口的20号站最大。

4.2.3 营养物质

4.2.3.1 总氮

2009年7月,总氮含量范围为$1.05 \times 10^{-6} \sim 2.19 \times 10^{-6}$,平均$1.71 \times 10^{-6}$。S3站最大,S15站最小。

4.2.3.2 总磷

2009年7月,总磷含量范围为$224.5 \times 10^{-6} \sim 273.6 \times 10^{-6}$,平均$247.0 \times 10^{-6}$,S7站最大,湾口附近的S3站最小。

4.2.4 重金属

4.2.4.1 汞

2009年7月,汞含量范围为$0.034 \times 10^{-6} \sim 0.450 \times 10^{-6}$,平均$0.086 \times 10^{-6}$。S12站最大,S5站最小。全部测站汞含量符合一类沉积物质量标准。

2012年8月,汞含量范围为$0.038 \times 10^{-6} \sim 0.050 \times 10^{-6}$,平均$0.040 \times 10^{-6}$。湾顶的2号站最大,湾口的20号站最小。全部测站汞含量符合一类沉积物质量标准。

4.2.4.2 铜

2009年7月,铜含量范围为$19.8 \times 10^{-6} \sim 34.7 \times 10^{-6}$,平均$29.4 \times 10^{-6}$,S12站最大,S5站最小。全部测站铜含量符合一类沉积物质量标准。但在各种污染物中,沉积物中铜含量相对较高,污染指数范围为$0.57 \sim 0.99$,平均0.84。全部测站铜的污染指数都在0.5以上。

2012年8月,铜含量范围为$15.0 \times 10^{-6} \sim 21.1 \times 10^{-6}$,平均$19.3 \times 10^{-6}$,湾口的20号站最大,白礁水道附近的18号站最小。全部测站铜含量符合一类沉积物质量标准。

4.2.4.3 铅

2009年7月,铅含量范围为$20.5 \times 10^{-6} \sim 30.0 \times 10^{-6}$,平均$25.6 \times 10^{-6}$,S12站最大,S7站最小。全部测站铅含量符合一类沉积物质量标准。

2012年8月,铅含量范围为$22.8 \times 10^{-6} \sim 35.1 \times 10^{-6}$,平均$26.5 \times 10^{-6}$,湾顶的3号站最大,白礁水道附近的18号站最小。全部测站铅含量符合一类沉积物质量标准。

4.2.4.4 镉

2009年7月,镉含量范围为$0.082 \times 10^{-6} \sim 0.120 \times 10^{-6}$,平均$0.103 \times 10^{-6}$,S12站最

大,S5 站最小。全部测站镉含量符合一类沉积物质量标准。

2012 年 8 月,镉含量范围为 $0.12 \times 10^{-6} \sim 0.21 \times 10^{-6}$,平均 0.17×10^{-6},中部的 14 号站最大,湾顶的 2 号站最小。全部测站镉含量符合一类沉积物质量标准。

4.2.4.5　锌

2009 年 7 月,锌含量范围为 $72.3 \times 10^{-6} \sim 112.1 \times 10^{-6}$,平均 94.5×10^{-6},S12 站最大,S7 站最小。全部测站锌含量符合一类沉积物质量标准。

2012 年 8 月,锌含量范围为 $79.2 \times 10^{-6} \sim 126.8 \times 10^{-6}$,平均 96.5×10^{-6},白礁水道附近的 18 号站最大,湾口的 19 号站最小。全部测站锌含量符合一类沉积物质量标准。

4.2.5　沉积物质量评价

沉积物评价采用单因子评价法,评价标准采用《海洋沉积物质量》(GB18668－2002)的一类沉积物质量标准。对于未列入该标准的总氮、总磷参考《第二次全国海洋污染基线调查报告》,引用加拿大安大略省沉积物质量指南中的标准,简称"二基标准"(总氮≤550×10^{-6},总磷≤600×10^{-6})。沉积物质量各项指标的污染指数如表4.3所示。

表4.3　沉积物污染指数

站号	硫化物	有机碳	石油类	总氮	总磷	汞	铜	铅	镉	锌
S1	0.01	0.30	0.03	0.00	0.42	0.23	0.82	0.40	0.21	0.63
S3	0.01	0.34	0.04	0.00	0.37	0.23	0.95	0.45	0.21	0.67
S5	0.01	0.23	0.02	0.00	0.39	0.17	0.57	0.39	0.16	0.48
S6	0.01	0.37	0.03	0.00	0.43	0.20	0.79	0.39	0.20	0.58
S7	0.02	0.39	0.04	0.00	0.46	0.25	0.63	0.34	0.18	0.48
S10	0.03	0.26	0.12	0.00	0.45	0.47	0.82	0.40	0.21	0.65
S12	0.01	0.30	0.03	0.00	0.39	2.25	0.99	0.50	0.24	0.75
S14	0.01	0.36	0.03	0.00	0.42	0.24	0.89	0.44	0.20	0.62
S15	0.01	0.34	0.03	0.00	0.42	0.22	0.91	0.46	0.21	0.70
S17	0.01	0.38	0.03	0.00	0.38	0.24	0.96	0.50	0.22	0.68
S18	0.02	0.31	0.03	0.00	0.40	0.24	0.91	0.42	0.22	0.70
2	0.00	0.30	0.07	-	-	0.20	0.58	0.41	0.24	0.58
3	0.00	0.30	0.06	-	-	0.24	0.51	0.59	0.34	0.73
14	0.01	0.25	0.05	-	-	0.23	0.61	0.42	0.42	0.59
18	0.01	0.21	0.04	-	-	0.19	0.43	0.38	0.36	0.85
19	0.01	0.31	0.05	-	-	0.21	0.54	0.41	0.30	0.53
20	0.01	0.27	0.09	-	-	0.25	0.63	0.44	0.40	0.59

综上所述,三门湾沉积物质量总体良好,除 2009 年 7 月 1 个测站汞含量超出一类沉积物质量标准外,其他各项污染物含量均符合一类沉积物质量标准或二基标准。未超标污染物中,以铜和锌的含量相对较高,平均污染指数在 0.5 之上。

4.3 生物质量

污染物进入海洋环境后,污染物与污染物之间、污染物与海洋环境之间相互作用,最后可能转化为能够为海洋生物利用的状态,进而被海洋生物吸收,并随食物链传递。通过生物质量监测能够了解海洋生物体内污染物含量情况,也能一定程度上反映海洋环境污染状况。

4.3.1 调查结果

生物样均采自三门湾海域,采样生物为青蟹、缢蛏、泥蚶和毛蚶。调查结果统计如表 4.4 所示。

表 4.4　生物质量调查结果统计

项目	范围	均值
铜/$\times 10^{-6}$	1.71 ~ 8.44	4.64
铅/$\times 10^{-6}$	未检出	—
镉/$\times 10^{-6}$	0.125 ~ 0.329	0.228
锌/$\times 10^{-6}$	未检出 ~ 20.9	9.1
汞/$\times 10^{-6}$	0.018 ~ 0.026	0.022
砷/$\times 10^{-6}$	0.9 ~ 2.2	1.6
石油烃/$\times 10^{-6}$	1.15 ~ 3.01	2.05

4.3.2 生物质量评价

生物质量评价采用单因子评价法,缢蛏、泥蚶和毛蚶的评价标准采用《海洋生物质量》(GB18421—2001)的一类标准,青蟹的评价标准采用《全国海岸和海涂资源综合调查简明规程》中规定的生物质量标准,石油烃含量的评价标准采用《第二次全国海洋污染基线调查技术规程》(第二分册)中规定的生物质量标准,评价标准如表 4.5。各项评价指标的单因子污染指数见表 4.6 所示。

表 4.5　青蟹生物质量评价标准　　　　　　　　单位:$\times 10^{-6}$(湿重)

生物名称	汞	铜	铅	镉	锌	石油烃
青蟹	0.2	100	2.0	2.0	150	20

表 4.6　生物质量单因子污染指数

生物名称	铜	镉	锌	汞	砷	石油烃
青蟹	0.05	0.16	0.01	0.13	−	0.42
缢蛏	0.17	1.10	0.05	0.46	2.20	0.56
泥蚶	0.84	1.20	1.04	0.36	1.50	0.59
毛蚶	0.39	0.62	0.72	0.44	2.20	0.38

注:"−"表示无评价标准。

可见,三门湾海域缢蛏和毛蚶体内的重金属镉超一类海洋生物质量标准,泥蚶体内的锌超一类海洋生物质量标准;缢蛏、泥蚶和毛蚶体内的砷超一类海洋生物质量标准,但镉、锌和砷含量尚符合二类海洋生物质量标准。其他指标如铜、铅、汞、石油烃等均符合一类海洋生物质量标准。

4.4　小结

(1)三门湾海域海水中主要污染物为营养盐类,60%以上测站无机氮超三类海水水质标准,除 2012 年 8 月航次外,70%以上测站活性磷酸盐二三类超标率,70%以上测站的锌、铅超一类海水水质标准,部分测站的汞、铜超一类海水水质标准。

连续站监测结果表明,三门湾溶解氧丰水期大潮期含量平均 6.57 mg/L,小潮期平均 6.40 mg/L;枯水期大潮期平均 9.25 mg/L,小潮期平均 8.79 mg/L,丰水期 DO 含量明显小于枯水期。COD_{Mn} 丰水期大潮期平均 0.74 mg/L,小潮期平均 0.74 mg/L;枯水期大潮期平均 0.91 mg/L,小潮期平均 0.83 mg/L。无机氮丰水期大潮期平均 0.404 mg/L,小潮期平均 0.636 mg/L;枯水期大潮期平均 0.689 mg/L,小潮期平均 0.630 mg/L。活性磷酸盐丰水期大潮期平均 0.049 mg/L 小潮期平均 0.047 mg/L;枯水期大潮期平均 0.048 mg/L;小潮期平均 0.043 mg/L。

(2)三门湾沉积物质量总体良好,除 2009 年 7 月 1 个测站汞含量超出一类沉积物质量标准外,其他各项污染物含量均符合一类沉积物质量标准或二基标准(总氮、总磷)。未超标污染物中,以铜和锌的含量相对较高,平均标准指数在 0.5 之上。

(3)三门湾海域缢蛏和毛蚶体内的重金属镉超一类海洋生物质量标准,泥蚶体内的锌超一类海洋生物质量标准;缢蛏、泥蚶和毛蚶体内的砷超一类海洋生物质量标准,但镉、锌和砷含量尚符合二类海洋生物质量标准。其他指标如铜、铅、汞、石油烃等均符合一类海洋生物质量标准。

5 海洋生物生态

三门湾为西北—东南走向的半封闭海湾。北、西、南三面为低丘环抱,东面的南田岛把三门湾出海通道分隔成大小两口,南侧大口宽 22 km,有猫头水道和满山水道与东海相接,北侧小口即象山石浦港通东海。全湾海域总面积为 775 km²,其中潮滩 295 km²,浅海面积 480 km²。三门湾内辽阔的水域,宽广的滩涂是海洋生物生长繁衍的优良场所。本章从叶绿素 a、浮游植物、浮游动物、底栖生物、潮间带生物等方面阐述三门湾海洋生物的种类组成与数量分布特点。

5.1 叶绿素 a 与浮游植物

浮游植物指因缺乏发达的运动器官而没有或只有微弱的运动能力,悬浮在水层中随水流移动的植物群。浮游植物是海洋生态系统中重要的生产者,是食物链的基础环节,为海洋中的生命活动提供能源,在海洋生态系的物质循环和能量转化过程中起着重要作用。叶绿素 a 是海洋中主要初级生产者浮游植物现存量的一个重要指标,是浮游植物进行光合作用的主要色素,同时也是表征海洋初级生产者浮游植物生物量的一个重要指标。

5.1.1 叶绿素 a

5.1.1.1 平面分布

2009 年 7 月大潮期间,叶绿素 a 的范围是 0.3 ~ 1.4 μg/L,平均值为 0.58 μg/L,最大值为是 S14 号站;2009 年 7 月小潮期的范围是 0.3 ~ 1.8 μg/L,平均值为 0.57 μg/L,最大值为是 S15 号站;2009 年 12 月大潮期的范围是 0.3 ~ 0.8 μg/L,平均值为 0.5 μg/L,最大值为是 S10 号站;2009 年 12 月小潮期的范围是 0.3 ~ 0.8 μg/L,平均值为 0.56 μg/L,最大值为 S10 号站。

5.1.1.2 连续变化

在三门湾设置两个连续观测点 LX2 号和 LX3 号站,在 2009 年 7 月和 12 月大小潮期间进行周日连续采样,调查结果见图 5.1 和图 5.2。

2009 年 7 月大小潮期间,LX2 号站叶绿素 a 浓度的变化幅度比较明显;而 12 月大小潮期间 LX2 号站叶绿素 a 浓度变化不大,浓度比较稳定。LX3 号站也有相同的趋势。

2009 年 7 月大潮期间,LX2 号站叶绿素 a 浓度最高值出现在凌晨 1:00,小潮期间,LX2 号站叶绿素 a 浓度的最高值出现在清晨 7:00 和上午 10:00。

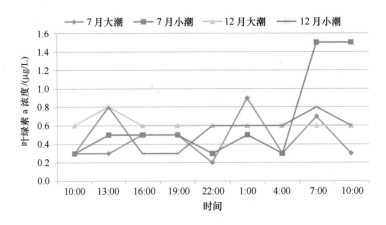

图 5.1 LX2 号站叶绿素 a 浓度的连续变化

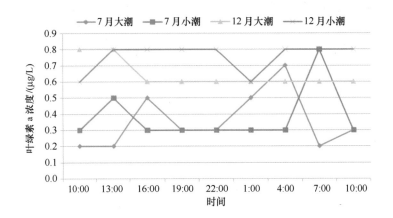

图 5.2 LX3 号站叶绿素 a 浓度的连续变化

2009 年 7 月大潮期间,LX3 号站叶绿素 a 浓度昼夜变化,最高值出现在凌晨 3:00,小潮期间 LX3 号站叶绿素 a 浓度的最高值出现在清晨 7:00。

2009 年 12 月大潮期间,LX2 号站叶绿素 a 浓度最高值出现在中午 13:00,小潮期间叶绿素 a 浓度最高值出现在中午 13:00 和清晨 7:00。12 月大潮潮期间,LX3 号站叶绿素 a 浓度最高值出现在上午 10:00 和中午 13:00,小潮期间 LX3 号站叶绿素 a 浓度变化趋势不大,无明显峰值。

5.1.2 浮游植物

5.1.2.1 种类组成

6 次调查共鉴定浮游植物 80 种,其中硅藻 73 种,占 91%,甲藻 7 种,占 9%(附录 1)。2009 年 7 月共鉴定浮游植物 45 种,2009 年 12 月共鉴定浮游植物 49 种,2012 年 8 月共鉴定浮游植物 33 种,2012 年 9 月共鉴定浮游植物 24 种。

5.1.2.2 优势种和生态类群

2009 年 7 月,三门湾主要的优势种为虹彩圆筛藻、琼氏圆筛藻,尤其是虹彩圆筛藻,在所有调查站位出现率为100%,在浮游植物群落结构中占据主要地位,优势度达0.740(表5.1)。夏季优势种主要为广温广盐性种,全部是硅藻。夏季三门湾甲藻数量不多,以三角角藻、梭角藻和叉状角藻为主。

表5.1 2009年7月三门湾浮游植物主要优势种

主要优势种	优势度	优势种最大密度/($\times 10^6 / m^3$)	所属种群
虹彩圆筛藻	0.740	2.16	广温外洋种
琼氏圆筛藻	0.050	0.09	偏暖性大洋及沿岸种

2009年12月,三门湾主要的优势种为虹彩圆筛藻、佛氏海毛藻、覆瓦根管藻、长海线藻、中肋骨条藻和琼氏圆筛藻。虹彩圆筛藻仍然是第一优势种,但是相比于夏季优势度为0.740,12月的优势度降低到0.467。其他优势种佛氏海毛藻、覆瓦根管藻、长海线藻为外洋浮游性种或热带浮游性种,在冬季调查中,这三种藻类不仅出现频率高,且细胞密度比较大(表5.2)。

表5.2 2009年12月三门湾浮游植物主要优势种

主要优势种	优势度	优势种最大密度/($\times 10^6 / m^3$)	所属种群
虹彩圆筛藻	0.467	1.53	广温外洋种
佛氏海毛藻	0.080	0.38	外洋广温性种
覆瓦根管藻	0.064	0.21	热带浮游性种
长海线藻	0.053	0.40	外洋浮游性种
中肋骨条藻	0.036	0.22	广温广盐性种
琼氏圆筛藻	0.033	0.15	偏暖性大洋及沿岸种

2012年8月、9月,主要优势种为中肋骨条藻,优势度达0.944,其他常见种类有尖刺菱形藻、虹彩圆筛藻、洛氏角毛藻、琼氏圆筛藻等,优势度均低于0.02(表5.3)。

表5.3 2012年8月、9月三门湾浮游植物主要优势种

主要优势种	优势度	优势种最大密度/($\times 10^6 / m^3$)	所属种群
中肋骨条藻	0.944	0.22	广温广盐性种

与杭州湾、舟山群岛等海域相似,三门湾浮游植物夏季在丰水期容易受到长江冲淡水的影响,在冬季枯水期长江冲淡水影响减弱,而台湾暖流对浙江沿海海域影响较大。夏季三门湾浮游植物群落结构中主要的优势种为虹彩圆筛藻、琼氏圆筛藻和中肋骨条藻这样广温广盐性种,冬季三门湾浮游植物群落结构中这3种藻类仍然是优势种,但除了虹彩圆筛藻仍然是第一优势种外,琼氏圆筛藻和中肋骨条藻的优势度均不如佛氏海毛藻、覆瓦根管藻

和长海线藻这些外洋种类。

5.1.2.3 细胞密度分布

2009年7月大小潮调查数据表明,7月大潮期三门湾各个站位浮游植物细胞密度平均值为5.30×10^5 个/m³,小潮期三门湾各个站位浮游植物细胞密度平均值为2.28×10^5 个/m³;大潮期间浮游植物细胞密度最高值为2.20×10^6 个/m³,位于S12站,最低值为3.15×10^4 个/m³,位于S1站;小潮期浮游植物细胞密度最高值为1.38×10^6 个/m³,位于S5站,最低值为7.10×10^4 个/m³,位于S1站(表5.4)。

表5.4 2009年7月三门湾浮游植物细胞密度和种类数统计

站号	大潮		小潮	
	种类数/种	细胞密度/(个/m³)	种类数/种	细胞密度/(个/m³)
S1	12	3.15×10^4	11	7.10×10^4
S3	11	3.11×10^5	8	7.67×10^4
S5	8	3.52×10^5	16	1.38×10^6
S7	8	6.79×10^4	7	9.89×10^4
S10	13	1.48×10^6	7	2.29×10^5
S12	8	2.20×10^6	13	9.62×10^4
S14	12	3.06×10^5	11	1.62×10^5
S15	6	8.28×10^4	4	7.88×10^4
S16	6	1.44×10^5	6	1.33×10^5
S17	7	7.15×10^5	6	9.73×10^4
S18	6	1.37×10^5	8	8.45×10^4
平均值	9	5.30×10^5	9	2.28×10^5

2009年7月大潮期的浮游植物细胞密度要高于小潮期,大潮期间各个站位的浮游植物细胞密度平均值约是小潮期的2.3倍。大潮期浮游植物细胞密度分布基本呈现内湾大于湾口,象山和高唐岛之间海域浮游植物细胞密度高,蛇盘岛附近海域浮游植物细胞密度低的特征。7月小潮期浮游植物密度分布除S5站较高之外,其他站位分布比较均匀。

2009年12月大潮期浮游植物细胞密度平均值为8.64×10^5 个/m³,小潮期植物细胞密度平均值为3.34×10^5 个/m³;大潮期间浮游植物细胞密度最高值为2.37×10^6 个/m³,位于S3站,最低值为1.14×10^5 个/m³,位于S10站;小潮期浮游植物细胞密度最高值为2.09×10^6 个/m³,位于S5站,最低值为9.71×10^4 个/m³,位于S3站(见表5.5)。

表 5.5 2009 年 12 月三门湾浮游植物细胞密度和种类数统计

站号	大潮		小潮	
	种类数/种	细胞密度/(个/m³)	种类数/种	细胞密度/(个/m³)
S1	12	3.32×10^5	6	1.17×10^5
S3	17	2.37×10^6	11	9.71×10^4
S5	15	3.83×10^5	18	2.09×10^6
S7	15	3.46×10^5	12	9.83×10^4
S10	6	1.14×10^5	7	9.06×10^4
S12	22	2.15×10^6	18	4.52×10^5
S14	15	2.08×10^5	9	1.38×10^5
S15	11	2.36×10^5	8	1.63×10^5
S16	18	2.18×10^6	11	1.25×10^5
S17	11	7.04×10^5	6	1.52×10^5
S18	18	4.75×10^5	8	1.54×10^5
平均值	15	8.64×10^5	10	3.34×10^5

2009 年 12 月大潮期的浮游植物细胞密度高于小潮期,大潮期间各个站位的浮游植物细胞密度平均值约是小潮期的 2.6 倍。大潮期浮游植物细胞密度分布与 7 月分布有相似之处,象山和高唐岛之间海域浮游植物细胞密度高,其他海域密度分布比较均匀。12 月三门湾小潮期 S5 站、S12 站浮游植物细胞密度高,处于三门湾中部的 S7 站、S10 站浮游植物细胞密度较低。

2012 年 8 月大潮期浮游植物细胞密度平均值为 6.52×10^7 个/m³,小潮期植物细胞密度平均值为 3.27×10^6 个/m³。大潮期间浮游植物细胞密度最高值为 8.62×10^7 个/m³,位于 20 号站,最低值为 4.65×10^7 个/m³,位于 2 号站;小潮期浮游植物细胞密度最高值为 1.46×10^7 个/m³,位于 20 号站,最低值为 2.74×10^5 个/m³,位于 14 号站(表 5.6)。

表 5.6 2012 年 8 月、9 月三门湾浮游植物细胞密度和种类数统计

站号	大潮(2012 年 8 月)		小潮(2012 年 9 月)	
	种类数/种	细胞密度/(个/m³)	种类数/种	细胞密度/(个/m³)
2	26	4.65×10^7	13	5.15×10^5
3	27	5.35×10^7	13	4.69×10^5
14	24	6.76×10^7	13	2.74×10^5
18	23	7.24×10^7	12	5.12×10^5
20	25	8.62×10^7	12	1.46×10^7
平均值	25	6.52×10^7	13	3.27×10^6

2012 年 8 月大潮期的浮游植物细胞密度要高于 2012 年 9 月小潮期,大潮期间浮游植物细胞密度平均值约是小潮期的 20 倍。位于湾口的 20 号站浮游植物细胞密度两次调查均为最高。

5.1.2.4 密度周日连续变化特征

在三门湾设置两个连续观测点 LX2 号站和 LX3 号站,在 2009 年 7 月和 12 月大、小潮期间进行周日连续采样,采集表层浮游植物水样。采样时刻为当日清晨 10:00 到次日清晨 10:00,每 3 h 采样一次。

7 月大潮,LX2 站浮游植物细胞密度的范围在 100～1 400 个/L 之间,最高值出现在次日清晨 10:00 时刻,最低值出现在夜晚 19:00 时刻。主要优势种为虹彩圆筛藻、海洋曲舟藻、琼氏圆筛藻。

7 月大潮,LX3 站浮游植物细胞密度的范围在 100～1 000 个/L 之间,最高值出现在当日清晨 10:00 时刻,最低值出现在夜晚 19:00 时刻。主要优势种为虹彩圆筛藻、海洋曲舟藻、东海原甲藻。

7 月小潮,LX2 站浮游植物细胞密度的范围在 400～2 000 个/L 之间,最高值出现在次日凌晨 04:00 时刻,最低值出现在次日清晨 10:00 时刻。主要优势种为虹彩圆筛藻、中肋骨条藻、叉状角藻。

7 月小潮,LX3 站浮游植物细胞密度的范围在 200～700 个/L 之间,最高值出现在当日下午 16:00 时刻,最低值出现在当日夜晚 19:00 时刻。主要优势种为虹彩圆筛藻、波罗的海布纹藻。

如图 5.3、图 5.4 所示,从 7 月两个连续站位的浮游植物细胞密度和潮位的关系看,大潮期间,浮游植物细胞密度连续变化趋势呈"V"字形,浮游植物细胞密度白天高,夜晚低。小潮期间浮游植物细胞密度连续变化趋势与潮位变化趋势非常相似,潮位高则浮游植物密度高,潮位低则浮游植物密度低,特别是小潮期间 LX2 号站,其浮游植物细胞密度变化趋势和潮位的变化同步。

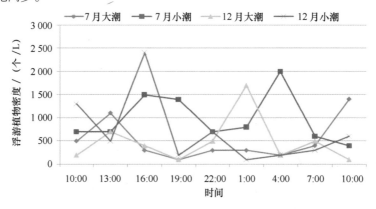

图 5.3　LX2 站浮游植物细胞密度周日连续变化

12 月大潮,LX2 站浮游植物细胞密度的范围在 100～1 700 个/L 之间,最高值出现在凌晨 00:00 时刻,最低值出现在夜晚 18:00 时刻。主要优势种为虹彩圆筛藻、具槽直链藻、舟形藻和中肋骨条藻。

12 月大潮,LX3 站浮游植物细胞密度的范围在 100～1 400 个/L 之间,最高值出现在次日清

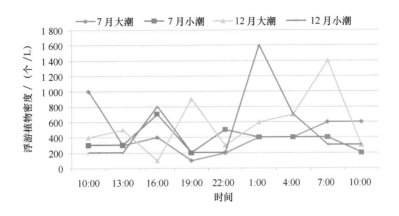

图 5.4 LX3 站浮游植物细胞密度周日连续变化

晨 06:00 时刻,最低值出现在当日下午 15:00 时刻。主要优势种为虹彩圆筛藻、琼氏圆筛藻。

12 月小潮,LX2 站浮游植物细胞密度的范围在 100~2 400 个/L 之间,最高值出现在当日下午 15:00 时刻,最低值出现在凌晨 00:00 时刻。主要优势种为虹彩圆筛藻、印度翼根管藻。

12 月小潮,LX3 站浮游植物细胞密度的范围在 200~1 600 个/L 之间,最高值出现在凌晨 00:00 时刻,最低值出现在当日夜晚 21:00 时刻。主要优势种为虹彩圆筛藻、中肋骨条藻。

5.1.2.5 多样性分析

2009 年 7 月,大潮期三门湾浮游植物多样性指数变化范围在 0.15~3.17 之间,平均值为 1.79;小潮期浮游植物多样性指数变化范围在 0.56~2.80 之间,平均值为 1.83。大潮期浮游植物均匀度变化范围在 0.28~1.06 之间,平均值为 0.58;小潮期浮游植物均匀度变化范围在 0.14~0.89 之间,平均值为 0.62。大潮期浮游植物种类丰度变化范围在 0.29~0.74 之间,平均值为 0.44;小潮期浮游植物种类丰度变化范围在 0.18~0.74 之间,平均值为 0.45(表5.7)。

表 5.7　2009 年 7 月三门湾浮游植物生态指标统计

站号	大潮			小潮		
	多样性指数	均匀度	种类丰度	多样性指数	均匀度	种类丰度
S1	3.17	0.88	0.74	1.75	0.51	0.62
S3	1.78	0.51	0.55	2.22	0.74	0.43
S5	0.85	0.28	0.38	0.56	0.14	0.74
S7	3.17	1.06	0.44	1.92	0.68	0.36
S10	1.38	0.37	0.59	2.47	0.88	0.34
S12	0.15	0.05	0.33	1.86	0.50	0.72
S14	2.85	0.79	0.60	2.8	0.81	0.58
S15	2.03	0.79	0.31	1.14	0.57	0.18
S16	0.95	0.37	0.29	1.62	0.63	0.29
S17	2.11	0.75	0.31	2.31	0.89	0.30
S18	1.30	0.50	0.29	1.46	0.49	0.43
平均值	1.79	0.58	0.44	1.83	0.62	0.45

2009 年 12 月,大潮期三门湾浮游植物多样性指数变化范围在 1.88~2.88 之间,平均值为 2.63;小潮期浮游植物多样性指数变化范围在 1.83~3.20 之间,平均值为 2.47。大潮期浮游植物均匀度变化范围在 0.42~0.97 之间,平均值为 0.71;小潮期浮游植物均匀度变化范围在 0.60~0.87 之间,平均值为 0.76。大潮期浮游植物种类丰度变化范围在 0.30~1.00 之间,平均值为 0.70;小潮期浮游植物种类丰度变化范围在 0.29~0.90 之间,平均值为 0.53(表 5.8)。

表 5.8　2009 年 12 月三门湾浮游植物生态指标统计

站号	大潮			小潮		
	多样性指数	均匀度	种类丰度	多样性指数	均匀度	种类丰度
S1	2.74	0.76	0.60	2.23	0.86	0.30
S3	2.66	0.65	0.76	2.44	0.71	0.60
S5	2.83	0.72	0.75	2.50	0.60	0.81
S7	2.81	0.72	0.76	2.93	0.82	0.66
S10	2.51	0.97	0.30	1.83	0.65	0.36
S12	1.88	0.42	1.00	3.20	0.77	0.90
S14	2.75	0.70	0.79	2.77	0.87	0.47
S15	2.76	0.80	0.56	2.15	0.72	0.40
S16	2.88	0.69	0.81	2.95	0.85	0.59
S17	2.58	0.75	0.51	2.00	0.77	0.29
S18	2.51	0.60	0.90	2.20	0.73	0.41
平均值	2.63	0.71	0.70	2.47	0.76	0.53

比较 2009 年 7 月和 12 月的生态指标的各项数据,可以发现 12 月大小潮期间的多样性指数、均匀度、种类丰度均高于 7 月,而各个月份大小潮之间的生态指标差别不大。

2012 年 8 月大潮期,三门湾浮游植物多样性指数变化范围在 0.38~0.56 之间,平均值为 0.47;2012 年 9 月小潮期,浮游植物多样性指数变化范围在 0.35~1.69 之间,平均值为 1.20。2012 年 8 月大潮期,浮游植物均匀度变化范围在 0.08~0.12 之间,平均值为 0.10;2012 年 9 月小潮期,浮游植物均匀度变化范围在 0.10~0.46 之间,平均值为 0.33。2012 年 8 月大潮期,浮游植物种类丰度变化范围在 0.84~0.97 之间,平均值为 0.91;2012 年 9 月小潮期,浮游植物种类丰度变化范围在 0.46~0.66 之间,平均值为 0.59(见表 5.9)。

表 5.9　2012 年 8 月、9 月三门湾浮游植物生态指标统计

站号	大潮(2012 年 8 月)			小潮(2012 年 9 月)		
	多样性指数	均匀度	种类丰度	多样性指数	均匀度	种类丰度
2	0.56	0.12	0.94	1.69	0.46	0.63
3	0.54	0.12	0.97	1.35	0.36	0.64
14	0.38	0.08	0.88	1.31	0.35	0.66
18	0.46	0.10	0.84	1.31	0.37	0.58
20	0.43	0.09	0.91	0.35	0.10	0.46
平均值	0.47	0.10	0.91	1.20	0.33	0.59

由于 2012 年 8 月、9 月两次调查时中肋骨条藻占绝对优势(优势度平均达到 0.94),所以各站的生物多样性指数很低,但各站的物种数较多,种类丰度较高。

5.2　浮游动物

浮游动物是一类自己不能制造有机物的异养性浮游生物,其种类组成主要包括原生动物、腔肠动物、栉水母、轮虫、甲壳动物、腹足动物、毛颚动物被囊动物及浮游幼虫,根据个体大小又分为中型浮游动物和大型浮游动物。浮游动物是海洋次级生产力的主要组成者,是海洋食物链中承上启下的重要一环,是海洋生态系统物质循环和能量流动中的关键调控功能群。

5.2.1　种类组成和生态类群

6 次调查共鉴定浮游动物 15 大类 86 种(包括 17 种浮游幼虫)。主要包括,桡足类 28 种,水母类 17 种(附录 2)。其中 2009 年 7 月鉴定 65 种,2009 年 12 月鉴定 32 种,2012 年 8 月、9 月共鉴定出 50 种。

从群落结构上看,三门湾浮游动物大致可分为 4 个生态类群,分别为:

(1)半咸水河口类群。这一类群种类和数量均较少,以火腿许水蚤为代表。

(2)近海暖温类群。这一类群适应相对低温的环境,在三门湾夏秋季数量较少,冬春季数量较多,以中华哲水蚤、中华假磷虾、海龙箭虫等为代表。

(3)近海暖水类群。这一类群适应相对高温的环境,在三门湾四季可见,夏秋季数量达到高峰,冬春季数量则逐渐下降,该类群为三门湾浮游动物的主导类群,本次调查中所发现的所有水螅水母类、管水母类、栉水母类、介形类、枝角类、大多数桡足类等均属这一类群。

(4)大洋广布类群。这一类群适应能力强,分布广,通常会伴随外海高温高盐水扩散至沿岸水域,以亚强真哲水蚤、精致真刺水蚤、叉刺角水蚤、肥胖箭虫等为代表,有些种类 12 月仍可见,这说明三门湾水体交换通畅,在刚进入冬季时,外海暖水水团还有一定的影响力。

5.2.2 优势种

2009 年 7 月的优势种有针刺拟哲水蚤、背针胸刺水蚤、真刺唇角水蚤、刺尾纺锤水蚤、百陶箭虫、长尾类幼体和短尾类溞状幼体,所有优势种均为近海暖水种,此外一些底栖生物和游泳生物的浮游幼虫也在浮游动物群落中占据一定的优势地位;2009 年 12 月的优势种有中华哲水蚤、针刺拟哲水蚤、背针胸刺水蚤、太平洋纺锤水蚤、百陶箭虫和磷虾幼体,可以看出进入冬季后,三门湾浮游动物群落中暖温种中华哲水蚤和磷虾幼体(全部为中华假磷虾幼体)优势度上升,中华哲水蚤可以作为冷水水团良好的指示种,这说明 12 月以后,浙闽沿岸水在三门湾的控制力逐渐加强。2012 年 8 月、9 月的优势种有背针胸刺水蚤、太平洋纺锤水蚤、百陶箭虫和球形侧腕水母,背针胸刺水蚤等近岸低盐种优势度较大(表 5.10)。

表 5.10 三门湾浮游动物优势种及其优势度

优势种	优势度		
	2009 年 7 月	2009 年 12 月	2012 年 8 月、9 月
中华哲水蚤	-	0.073	-
针刺拟哲水蚤	0.169	0.367	-
背针胸刺水蚤	0.083	0.082	0.350
真刺唇角水蚤	0.043	-	-
太平洋纺锤水蚤	-	0.025	0.100
刺尾纺锤水蚤	0.236	-	-
百陶箭虫	0.030	0.090	0.050
球形侧腕水母	-	-	0.030

注:"-"表示非该季节优势种。

三门湾夏季和冬季共有的优势种有针刺拟哲水蚤、背针胸刺水蚤和百陶箭虫,均为暖水种,这符合亚热带沿岸水域浮游动物分布的一般规律,此外,太平洋纺锤水蚤和刺尾纺锤水蚤这两种形态和起源上都非常接近的桡足类在三门湾海域有明显的季节演替现象,前者高峰出现在冬春季,后者高峰出现在夏秋季。

5.2.3 丰度和生物量

2009 年 7 月,三门湾浮游动物平均丰度为 282.91 ind./m³,其中大潮期平均丰度为 369.36 ind./m³,小潮期平均丰度为 196.46 ind./m³。2009 年 7 月三门湾浮游动物平均生物量为 116.49 mg/m³,其中大潮期平均生物量为 139.93 mg/m³,小潮期平均生物量为 93.05 mg/m³(见表 5.11)。

表 5.11　2009 年 7 月三门湾浮游动物数量统计

站号	大潮			小潮		
	种类数 /种	栖息密度 /(个/m³)	生物量 /(mg/m³)	种类数 /种	栖息密度 /(个/m³)	生物量 /(mg/m³)
S1	22	229.41	92.11	11	58.92	16.67
S3	26	150.98	66.67	23	739.99	354.17
S5	23	139.18	70.83	27	319.89	222.22
S7	25	819.98	214.29	6	10.13	5.95
S10	23	1203.08	242.42	5	106.65	33.33
S12	22	117.73	46.1	26	127.52	62.5
S14	24	316.12	101.19	3	2.28	7.58
S15	20	364.11	121.79	7	26.68	33.33
S16	16	75.3	55.56	20	346.05	176.47
S17	14	625	458.33	5	19.72	15.15
S18	13	22.07	69.89	24	403.2	96.15
平均值	21	369.36	139.93	14	196.46	93.05

2009 年 12 月,三门湾浮游动物平均丰度为 23.52 ind./m³,其中大潮期平均丰度为 20.27 ind./m³,小潮期平均丰度为 26.77 ind./m³。2009 年 12 月三门湾浮游动物平均生物量为 26.31 mg/m³,其中大潮期平均生物量为 17.48 mg/m³,小潮期平均生物量为 35.15 mg/m³(见表 5.12)。

表 5.12　2009 年 12 月三门湾浮游动物数量统计

站号	大潮			小潮		
	种类数 /种	栖息密度 /(个/m³)	生物量 /(mg/m³)	种类数 /种	栖息密度 /(个/m³)	生物量 /(mg/m³)
S1	12	26.18	23.81	7	29.17	31.25
S3	8	45.23	35.71	8	24.2	32.26
S5	6	17.44	15.87	6	29.16	62.5
S7	6	8.11	5.05	9	19.9	32.41
S10	5	15.17	15.15	10	25.68	48.61
S12	11	15.38	9.62	7	12.07	11.49
S14	6	2.5	3.14	9	22.25	27.78
S15	8	14.47	14.49	5	13.9	9.26
S16	9	43.75	41.67	8	32.29	41.67
S17	6	20.84	20.83	12	60.02	66.67
S18	11	13.9	6.94	9	25.78	22.73
平均值	8	20.27	17.48	8	26.77	35.15

2012 年 8 月、9 月,三门湾浮游动物平均丰度为 218.4 ind. /m³,其中 8 月大潮期平均丰度为 262.0 ind. /m³,小潮期平均丰度为 174.8 ind. /m³。浮游动物平均生物量为 672.9 mg/m³,其中 8 月大潮期平均生物量为 650.7 mg/m³,9 月小潮期平均生物量为 695.2 mg/m³(见表 5.13)。

表 5.13　2012 年 8 月、9 月三门湾浮游动物数量统计

站号	大潮(2012 年 8 月)			小潮(2012 年 9 月)		
	种类数 /种	栖息密度 /(个/m³)	生物量 /(mg/m³)	种类数 /种	栖息密度 /(个/m³)	生物量 /(mg/m³)
2	20	275.4	674.1	19	154.8	844
3	19	375.4	435	20	146.4	802.9
14	20	137.5	690.4	20	148.4	481.9
18	20	169.3	405.3	18	209	478.2
20	20	352.4	1048.5	25	215.4	869.1
平均值	20	262.0	650.7	20	174.8	695.2

5.2.4　丰度和生物量周日连续变化特征

三门湾属半封闭的强潮海湾,平均潮差较大,与外界水体交换良好,而浮游动物数量分布与潮流水团的运动是密切相关的,因此在湾内设置两个连续站 LX2 和 LX3 进行 24 h 的周日采样调查,调查结果如图 5.5 显示,浮游动物在固定站位的周日变化规律与潮汐关系密切,通常表现为潮位高时,浮游动物丰度和生物量较高,潮位低时,浮游动物丰度和生物量较低,特别是在 2009 年 7 月,浮游动物数量丰富,随潮汐变化比较明显,但在 2009 年 12 月时,由于浮游动物整体数量很低,这一规律不是特别明显。

连续站的浮游动物种类组成也随潮位发生变化,比如占优势的种类针刺拟哲水蚤和背针胸刺水蚤在潮位高时数量较高,潮位低时数量较低,另一优势种刺尾纺锤水蚤数量变化则刚好相反。

5.2.5　生物多样性指数和均匀度

2009 年 7 月,三门湾大潮期浮游动物多样性指数平均为 2.97,均匀度平均为 0.69,小潮期多样性指数平均为 2.15,均匀度平均为 0.66;2009 年 12 月大潮期多样性指数平均为 2.60,均匀度平均为 0.88,小潮期多样性指数平均为 2.31,均匀度平均为 0.76。2012 年 8 月大潮期多样性指数平均为 2.91,均匀度平均为 0.68,2012 年 9 月小潮期多样性指数平均为 3.30,均匀度平均为 0.76(见表 5.14 和表 5.15)。

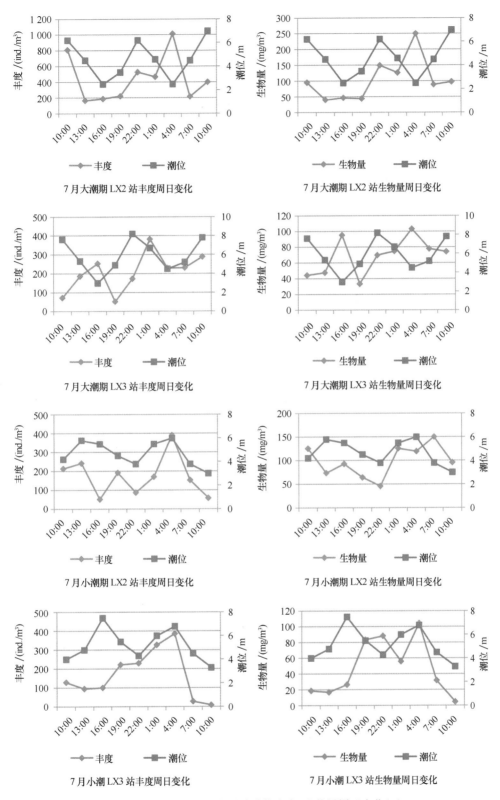

图 5.5　2009 年三门湾浮游动物丰度、生物量周日变化（1）

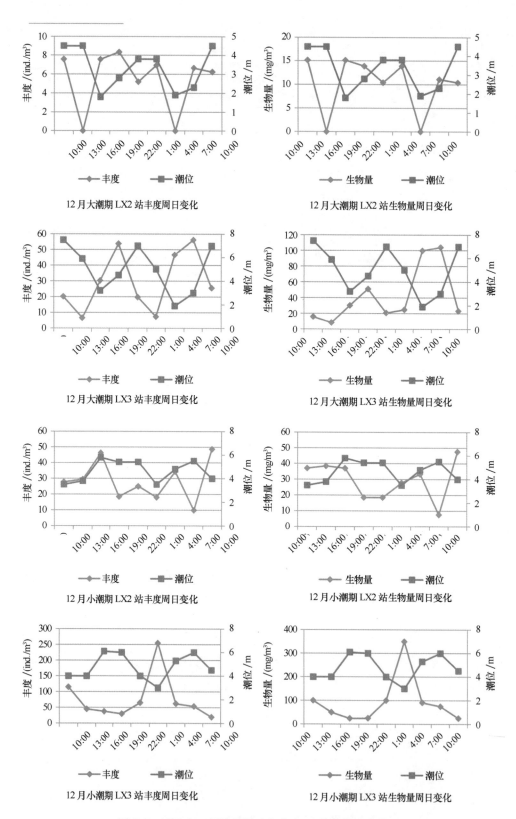

图 5.5　2009 年三门湾浮游动物丰度、生物量周日变化（2）

表 5.14　2009 年 7 月和 12 月三门湾浮游动物多样性指数(H')和均匀度(J')

站号	2009 年 7 月大潮		2009 年 7 月小潮		2009 年 12 月大潮		2009 年 12 月小潮	
	H'	J'	H'	J'	H'	J'	H'	J'
S1	2.63	0.59	1.94	0.56	3.39	0.95	2.32	0.83
S3	3.38	0.72	2.65	0.59	2.39	0.80	2.43	0.81
S5	3.12	0.69	2.29	0.48	1.92	0.74	2.26	0.88
S7	3.14	0.68	2.38	0.92	2.18	0.84	2.21	0.70
S10	1.86	0.41	1.12	0.48	1.96	0.84	2.40	0.72
S12	3.46	0.78	2.86	0.61	3.08	0.89	1.79	0.64
S14	3.01	0.66	1.58	1.00	2.50	0.97	2.47	0.78
S15	2.98	0.69	2.58	0.92	2.72	0.91	1.56	0.60
S16	3.26	0.81	2.11	0.49	2.83	0.89	2.36	0.79
S17	2.69	0.71	1.51	0.65	2.52	0.96	3.06	0.85
S18	3.12	0.84	2.66	0.58	3.07	0.89	2.53	0.80
平均值	2.97	0.69	2.15	0.66	2.60	0.88	2.31	0.76

表 5.15　2012 年 8 月和 9 月三门湾浮游动物多样性指数(H')和均匀度(J')

站号	2012 年 8 月大潮		2012 年 9 月小潮	
	H'	J'	H'	J'
2	3.38	0.78	3.32	0.78
3	2.89	0.68	3.48	0.80
14	2.65	0.61	2.97	0.69
18	2.93	0.69	3.04	0.73
20	2.70	0.62	3.71	0.80
平均值	2.91	0.68	3.30	0.76

5.3　大型底栖生物

底栖生物是海洋生态系统物质循环和能量流动的消费者和转移者,其通过生物沉降和生物扰动作用,在水层底栖耦合以及生物地球化学循环过程中扮演着重要角色,进而直接或间接影响海洋生态统。

5.3.1　种类组成

三门湾海域两次调查结果共鉴定出大型底栖生物 48 种(见附录 3)。其中 2009 年 7 月鉴定出大型底栖生物 30 种,平均每站出现 5.8 种,种类组成为多毛类 9 种(占 30.0%);软体动物 13 种(占 43.3%);甲壳类 4 种(占 13.3%);棘皮动物 2 种(占 6.7%);星虫动物和鱼类各 1 种(分别占 3.3%)。2009 年 12 月鉴定出大型底栖生物 30 种,平均每站出现 7 种,种类组成为多毛类 9 种(占 30.0%);软体动物 15 种(占 50.0%);甲壳类 3 种(10.0%);棘皮动物 2 种(占 6.7%);鱼类 1 种(占 3.3%)。2012 年 8 月鉴定出大型底栖生物 17 种,平均每站出现 5.2 种,种类组成为多毛类 5 种(占 29.0%);软体动物 4 种(占 24.0%);甲壳类 3 种(18.0%);棘皮动物、腔肠动物各 2 种(占 12%);鱼类 1 种(占 6.0%)。

5.3.2 优势种

三门湾大型底栖生物栖息密度优势种($Y > 0.02$)以软体动物为主,主要为红带织纹螺、婆罗囊螺,另外有不倒翁虫、棘刺锚参等(表 5.16)。

表 5.16 大型底栖生物优势种和优势度

主要种类	优势度		
	2009 年 7 月	2009 年 12 月	2012 年 8 月
不倒翁虫	0.025	0.055	0.041
婆罗囊螺	0.018	0.061	–
红带织纹螺	0.083	0.082	0.021
纵肋织纹螺	0.020	0.014	–
西格织纹螺	0.009	0.045	–
彩虹明樱蛤	0.040	0.014	–
棘刺锚参	–	–	0.123
圆筒原盒螺	–	–	0.041
半褶织纹螺	–	–	0.041

三门湾大型底栖生物生物量优势种以软体动物为主,主要为织纹螺类、棒槌螺和缢蛏等,另外个别站位棘皮动物的生物量也较大。

5.3.3 栖息密度和生物量

三门湾大型底栖生物栖息密度和生物量分布如表 5.17。

表 5.17 大型底栖生物栖息密度和生物量调查结果

站号	栖息密度/(个/m²)			生物量/(g/m²)		
	2009 年 7 月	2009 年 12 月	2012 年 8 月	2009 年 7 月	2009 年 12 月	2012 年 8 月
S1	55	55	–	5.57	21.00	–
S3	66	88	–	27.89	12.56	–
S5	77	88	–	6.90	21.33	–
S7	110	132	–	130.66	30.00	–
S10	55	132	–	8.00	18.88	–
S12	77	88	–	30.33	27.90	–
S14	88	121	–	56.00	50.68	–

站号	栖息密度/(个/m²)			生物量/(g/m²)		
	2009 年 7 月	2009 年 12 月	2012 年 8 月	2009 年 7 月	2009 年 12 月	2012 年 8 月
S15	132	121	–	111.44	51.33	–
S16	165	165	–	118.45	54.66	–
S17	55	277	–	25.56	43.01	–
S18	132	187	–	135.00	82.79	–
2	–	–	50	–	–	33.75
3	–	–	40	–	–	16.8
14	–	–	40	–	–	13.35
18	–	–	45	–	–	1.85
20	–	–	20	–	–	15.3
平均值	92	132	39	59.62	37.65	16.01

2009 年 7 月,三门湾大型底栖生物栖息密度变化范围在 55~165 个/m² 之间,平均为 92 个/m²,最高点在 S16 站,为 165 个/m²,多毛类数量较丰富。2009 年 12 月大型底栖生物栖息密度变化范围在 55~277 个/m² 之间,平均为 132 个/m²,高于 7 月,最高点在 S17 站,为 277 个/m²,软体动物螺类数量较大。2012 年 8 月,大型底栖生物栖息密度变化范围在 20~50 个/m² 之间,平均为 39 个/m²,低于 2009 年 7 月和 12 月。三门湾海域大型底栖生物栖息密度空间分布整体上由湾口向湾底逐渐增加,高密度区主要位于高塘岛西北侧和蛇蟠岛北侧海域。

2009 年 7 月,三门湾大型底栖生物的生物量变化范围在 5.57~135.00g/m² 之间,平均为 59.62g/m²,最高生物量出现在 S18 站,为 135.00 g/m²。2009 年 12 月大型底栖生物的生物量变化范围在 12.56~82.79g/m² 之间,平均为 37.65g/m²,低于 7 月,最高生物量出现在 S18 站,为 82.79 g/m²。2012 年 8 月,大型底栖生物的生物量变化范围在 1.85~33.75g/m² 之间,平均为 16.01g/m²,低于 2009 年 7 月和 12 月。大型底栖生物生物量的分布趋势与栖息密度相同,都是湾底海域大于湾口海域。

5.3.4　生物多样性指数和均匀度

三门湾大型底栖生物多样性指数、均匀度计算结果如表 5.18。

表 5.18　大型底栖生物生态指标统计

站号	多样性指数			均匀度		
	2009 年 7 月	2009 年 12 月	2012 年 8 月	2009 年 7 月	2009 年 12 月	2012 年 8 月
S1	1.92	1.92	–	0.96	0.96	–
S3	1.92	2.41	–	0.96	0.93	–
S5	2.24	2.41	–	0.96	0.93	–

站号	多样性指数			均匀度		
	2009 年 7 月	2009 年 12 月	2012 年 8 月	2009 年 7 月	2009 年 12 月	2012 年 8 月
S7	2.65	2.58	–	0.94	0.92	–
S10	1.92	2.52	–	0.96	0.97	–
S12	2.52	2.41	–	0.97	0.93	–
S14	2.50	2.85	–	0.97	0.95	–
S15	2.42	2.91	–	0.94	0.97	–
S16	3.11	2.87	–	0.94	0.96	–
S17	1.92	2.18	–	0.96	0.78	–
S18	2.86	3.34	–	0.95	0.97	–
2	–	–	2.17	–	–	0.93
3	–	–	3.00	–	–	1.00
14	–	–	2.25	–	–	0.97
18	–	–	2.20	–	–	0.95
20	–	–	2.00	–	–	1.00
平均值	2.36	2.58	2.32	0.96	0.93	0.97

2009 年 7 月,三门湾大型底栖生物多样性指数变化范围在 1.92~3.11 之间,平均为 2.36,最高点在 S16 站;7 月大型底栖生物均匀度变化范围不大,在 0.94~0.97 之间,平均为 0.96,个体数分布较均匀。

2009 年 12 月,三门湾大型底栖生物多样性指数变化范围在 1.92~3.34 之间,平均为 2.58,高于 7 月,最高点在 S18 站;12 月大型底栖生物均匀度变化范围在 0.78~0.97 之间,平均为 0.93,低于 7 月。

2012 年 8 月,三门湾大型底栖生物多样性指数变化范围在 2.00~3.00 之间,平均为 2.32;8 月大型底栖生物均匀度变化范围在 0.93~1.00 之间,平均为 0.97。

5.4　潮间带生物

潮间带处在陆地与海洋的过渡地带,蕴藏着极其丰富的生物资源,由于受到海洋与陆地两大生态系统的影响,因而水温、光照、波浪、潮汐、盐度等生态多变因子和人为干扰都直接影响着潮间带的生物群落,使潮间带的生态类型极具代表性。随着经济的发展,近岸富营养化程度不断加剧,海域环境质量普遍下降,海域和潮间带生物生态环境受到明显负面影响,因此,开展潮间带生物调查和监测,对保护该海域的生态环境有着十分重要的意义。

5.4.1 种类组成

三门湾海域两次调查结果共鉴定出潮间带生物77种(见附录4)。其中2009年7月鉴定出潮间带生物59种,种类组成为软体动物32种(占54.2%);甲壳类13种(占22.0%);多毛类8种(占13.6%)大型海藻2种(占3.4%);其他类4种(占6.8%)。2009年12月鉴定出64种,种类组成为软体动物34种(占53.1%);甲壳类12种(占18.8%);多毛类11种(占17.2%);棘皮动物和大型海藻各2种(分别占3.1%);其他类3种(占4.7%)。

5.4.2 优势种

T1断面潮间带底质类型为岩礁,优势种主要有短滨螺、粗糙滨螺、日本笠藤壶、团聚牡蛎、齿纹蜒螺、疣荔枝螺等;T2断面潮间带底质类型为泥,以珠带拟蟹手螺、绯拟沼螺、弧边招潮等为主;T3断面潮间带底质类型为泥,潮间带生物栖息密度和生物量都不高,优势种主要有珠带拟蟹守螺和绯拟沼螺以及粗腿厚纹蟹等;T4断面潮间带底质类型为泥,以珠带拟蟹手螺、绯拟沼螺、弹涂鱼为主;T5断面高潮区为岩礁,优势种主要有短滨螺、粗糙滨螺、齿纹蜒螺、团聚牡蛎和白脊藤壶、日本笠藤壶等,中低潮区为泥滩,优势种主要以珠带拟蟹守螺和绯拟沼螺等软体动物为主。

5.4.3 栖息密度和生物量

三门湾潮间带生物的栖息密度及生物量见图5.6~图5.9所示。

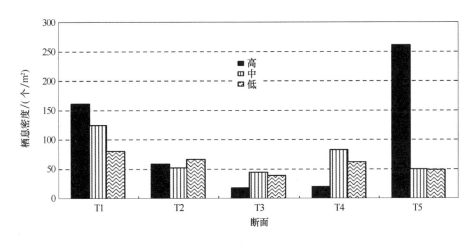

图5.6 潮间带生物栖息密度的分布(2009年7月)

2009年7月,三门湾潮间带生物栖息密度变化范围在18~260个/m²之间,平均栖息密度为77个/m²,其中,高潮区平均栖息密度为103个/m²,中潮区平均栖息密度为70个/m²,低潮区平均栖息密度为59个/m²。2009年12月,潮间带生物栖息密度变化范围在12~228个/m²之间,平均栖息密度为75个/m²,略低于7月,其中,高潮区平均栖息密度为112个/m²,中潮区平均栖息密度为77个/m²,低潮区平均栖息密度

71

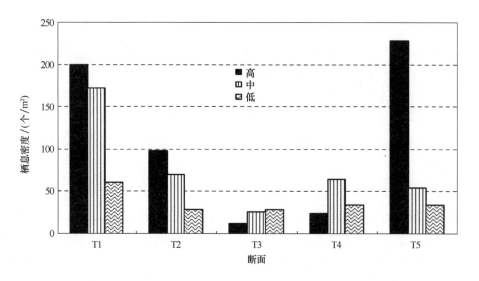

图 5.7 潮间带生物栖息密度的分布(2009 年 12 月)

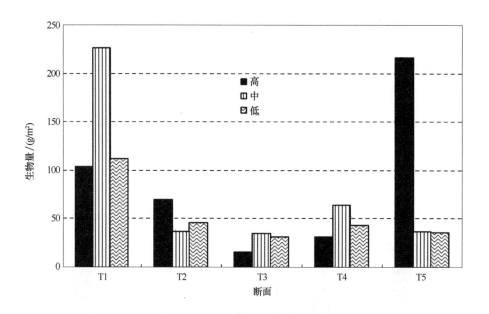

图 5.8 潮间带生物生物量的分布(2009 年 7 月)

为 37 个/m²。

2009 年 7 月,三门湾潮间带生物生物量变化范围在 15.22 ~ 225.76 g/m² 之间,平均生物量为 73.37 g/m²,其中,高潮区平均生物量为 87.17 g/m²,中潮区平均生物量为 79.42 g/m²,低潮区平均生物量为 53.50 g/m²。2009 年 12 月,三门湾潮间带生物生物量变化范围在 9.74 ~ 295.92 g/m² 之间,平均生物量为 66.87 g/m²,低于 7 月,其中,高潮区平均生物量为 72.38 g/m²,中潮区平均生物量为 87.77 g/m²,低潮区平均生物量为 40.47 g/m²。

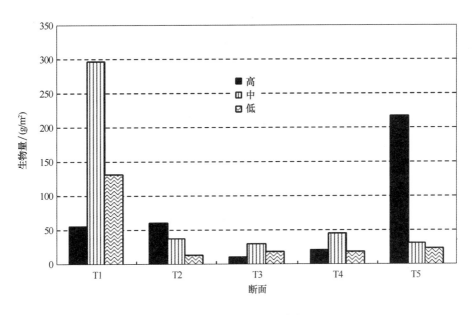

图 5.9　潮间带生物生物量的分布（12 月）

5.4.4　多样性分析

三门湾潮间带生物多样性指数、均匀度统计结果，如表 5.19 所示。

表 5.19　三门湾潮间带生物生态指标统计

断面	潮带	2009 年 7 月		2009 年 12 月	
		多样性指数	均匀度	多样性指数	均匀度
T1	高	2.29	0.82	2.38	0.92
	中	2.66	0.89	2.89	0.91
	低	2.12	0.82	2.18	0.94
T2	高	1.84	0.71	1.43	0.62
	中	2.67	0.80	2.26	0.68
	低	2.00	0.67	2.95	0.93
T3	高	1.75	0.88	1.46	0.92
	中	2.24	0.75	2.78	0.93
	低	2.58	0.86	2.81	0.94
T4	高	1.30	0.82	1.46	0.92
	中	2.00	0.71	2.07	0.69
	低	2.30	0.77	3.10	0.93
T5	高	2.94	0.89	3.25	0.91
	中	2.76	0.83	3.05	0.88
	低	3.15	0.91	3.10	0.93

2009 年 7 月,三门湾各断面潮间带生物多样性指数变化范围在 1.30~3.15 之间,平均为 2.31,各断面依次为 T5 > T1 > T3 > T2 > T4;2009 年 12 月,三门湾各断面潮间带生物多样性指数变化范围在 1.43~3.25 之间,平均为 2.48,大于 7 月,各断面依次为 T5 > T1 > T3 > T2 > T4。

2009 年 7 月,三门湾各断面潮间带生物均匀度变化范围在 0.67~0.91 之间,平均为 0.81,各断面依次为 T5 > T1 > T3 > T4 > T2;2009 年 12 月,三门湾各断面潮间带生物均匀度变化范围在 0.62~0.94 之间,平均为 0.87,大于 7 月,各断面依次为 T3 > T1 > T5 > T4 > T2。

5.5 小结

三门湾海洋生物生态现状有如下几个特点。

(1)三门湾海域浮游植物的种类数较少,密度较高。优势种有中肋骨条藻、虹彩圆筛藻等,优势度比较突出。全湾浮游植物多样性指数、均匀度和种类丰度 2009 年 7 月高于 2009 年 9 月、高于 2012 年。

(2)浮游动物中桡足类、浮游幼虫居多,优势种为针刺拟哲水蚤、背针胸刺水蚤、百陶箭虫等,种类组成以近海暖水种为主。浮游动物多样性指数和均匀度一般。

(3)大型底栖生物优势种主要为红带织纹螺、婆罗囊螺、不倒翁虫、棘刺锚参等。多毛类出现频率较高,各站底栖生物生物量以软体动物为主,主要有织纹螺类、棒槌螺和缢蛏等,另外个别站位棘皮动物的生物量也较大。

(4)潮间带生物 77 种,以软体动物、甲壳类和多毛类为主。平均栖息密度为 76 个/m^2,平均生物量为 70.12 g/m^2。

参考文献

高爱根,杨俊毅,曾江宁,等.玉环坎门排污口临近岩相潮间带生物分布特征.东海海洋,2004,22(12):24-30.

黄秀清,王金辉,蒋晓山,等.宁波市象山港海洋环境容量及污染物总量控制研究.北京:海洋出版社,2008.

宁修仁.乐清湾、三门湾养殖生态和养殖容量研究与评价.北京:海洋出版社,2005.

沈国英,施并章.海洋生态学.厦门:厦门大学出版社,1990.

寿鹿,曾江宁,廖一波,等.瓯江口海域大型底栖动物分布及其与环境的关系.应用生态学报,2009,20(8):1958-1964.

郑重,李少菁,许振祖.海洋浮游生物学.北京:海洋出版社,1984.

郑重,李松,李少菁,等.中国海洋浮游桡足类(上卷).上海:上海科学技术出版社,1965.

郑重,李松,李少菁,等.中国海洋浮游桡足类(下卷).上海:上海科学技术出版社,1982.

6 污染源调查与估算

掌握污染物入海源强是三门湾容量计算的基础。三门湾污染源按照来源可分为陆源污染和海源污染两大类。陆源污染源可分为点源(工业企业污染源)和面源(生活、畜禽养殖、农田径流污染),以汇水区为单元进行计算。其中工业企业排污数据由浙江省环境监测中心提供,面源污染则通过收集沿岸各县人口、畜禽养殖量、农田面积等统计数据(主要通过各县统计年鉴获取),再利用相应公式估算源强。海源污染主要为海水养殖污染,由三门湾沿岸各县海洋与渔业局提供海水养殖面积、方式、种类、产量等,再利用公式估算源强。各类污染源调查年份均为 2008 年。

6.1 污染源调查

6.1.1 陆源污染源调查

6.1.1.1 汇水区划分

地表径流是陆源污染物入海的主要途径,特别是不临海的内陆区域,其污染物多汇入河流,再通过河流入海。因此,需要根据水系划分汇水单元。

三门湾沿岸分属三门县、宁海县和象山县管辖,除三门县只濒临三门湾外,宁海县濒临三门湾和象山港,象山县濒临三门湾、象山港和大目洋,只有部分乡镇污染源汇入三门湾。

入三门湾河流主要为山溪性河流,源短流急,流域面积较小。河流主要分布在宁海县和三门县,象山县四周环海,没有大的河流。

1)宁海县水系

宁海县域内流域面积大于 10 km² 的独立水系共有 14 条,其中面积大于 50 km² 以上的有白溪、凫溪、清溪、中堡溪和颜公河。入三门湾河流主要有白溪、清溪、中堡溪、西仓溪、虎溪、茶院溪、力洋溪、东岙溪,控制集水面积约 1 200 km²,径流总量 10.2 × 10⁸ m³。

白溪发源于天台县华顶山,是宁海县境内第一大水系,主流长 66.5 km,流域面积 627 km²,其中宁海县境内 516 km²,年平均径流量约 7 × 10⁸ m³。大溪是其最大支流,主流长 37.2 km,流域面积 120 km²,溪床平均宽 120 m。

清溪发源于天台县苍山北麓,主流长 39.5 km,流域面积 164 km²,年平均径流量 3.89 × 10⁸ m³。上游在天台县境内称泳溪,从木坑头入宁海县境,宁海县境内长约 12 km,流域面积约 55 km²,自西至东穿过桑州镇进入三门县境内。

中堡溪发源于茶山东麓牛料岗,主流长 14 km,流域面积 78 km²,年平均径流量 0.8×10^8 m³。流经上韩、沙地下、国叶、大赖、岔路、中堡、胡陈入胡陈港水库。

2)三门县水系

三门县主要河流港湾有"五港八溪"之称。五港即旗门港、海游港、健跳港、浦坝港、洞港,八溪即清溪、珠游溪、亭旁溪、白溪、园里溪、头吞溪、花桥溪和山场溪。均属浙南沿海诸小河。

珠游溪是三门县最大的山溪性河流,发源于临海市的孔丘,河长 35 km,流域面积 202.5 km²,经海游镇注入海游港。

亭旁溪发源于大尖山,主河道长 29 km,流域面积 140 km²,注入海游港。

清溪发源于天台县,途经宁海县流入三门县境内,经沙柳镇,从旗门港注入三门湾。在三门县境内长约 8 km,流域面积约 27 km²。

白溪发源于银山,河道长 14.1 km,流域面积 115 km²,经横渡注入健跳港。

三门湾主要入海河流如表 6.1 所示。

表 6.1 三门湾主要入海河流

河流名称	流域面积 /km²	主流长度 /km	径流量 /×10⁸ m³	发源地	主流流经乡镇	出口
白溪(宁海县)	627	66.5	7	天台华顶山	岔路镇、前童镇、越溪乡、黄坛镇	力洋港
清溪	164	39.5	3.89	天台苍山	桑州镇、沙柳镇	旗门港
珠游溪	202.5	35		临海市 孔丘	高枧乡、珠岙镇、海游镇	海游港
亭旁溪	140	29		大尖山	亭旁镇	海游港
白溪(三门县)	115	14.1		银山	横渡镇	健跳港

注:因中堡溪注入胡陈港水库,用于农业灌溉等,不列入此表中。

依据三门湾水系分布和地形地貌等情况,将三门湾周边地区划分为 7 个单元进行污染源汇总。各汇水单元包括的乡镇如表 6.2、图 6.1,在本文的污染源计算中,只计算这些乡镇。

表 6.2 三门湾沿岸汇水单元

汇水区编号	汇水区名称	主要河流	包括乡镇	主要海港
1	浦坝单元	花桥溪、吴都溪、小雄溪	花桥镇、小雄镇、泗淋乡、里浦镇、沿赤乡	浦坝港、洞港
2	健跳单元	白溪、横渡溪	横渡镇、健跳镇	健跳港
3	海游单元	珠游溪、亭旁溪、头吞溪、园里溪	高枧乡、珠岙镇、海游镇、亭旁镇、六敖镇	海游港
4	旗门单元	清溪	桑州镇、沙柳镇、一市镇、蛇蟠乡	旗门港
5	力洋单元	白溪、茶院溪、力洋溪	岔路镇、前童镇、越溪乡、黄坛镇、茶院乡、力洋镇、跃龙街道	力洋港、青山港
6	白礁单元	无	长街镇、泗洲头镇、茅洋乡、新桥镇、定塘镇、晓塘乡	白礁水道
7	石浦单元	无	石浦镇、鹤浦镇、高塘岛乡	石浦港

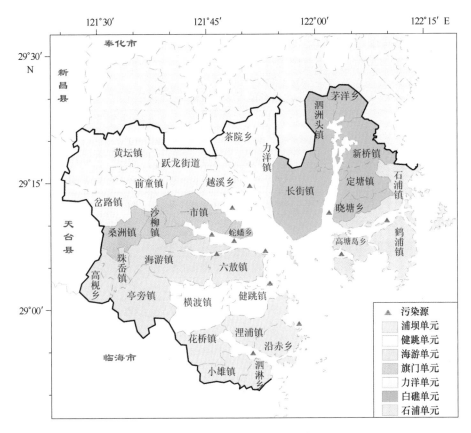

图 6.1　三门湾汇水区划分示意图

6.1.1.2　点源污染

点源污染又可分为工业企业排污口和市政污水处理厂排污口两种类型,按其是否入海排放又可分为直排海和非直排海。三门湾沿岸三县中,以三门县汇水区内排污点源数最多,废水和主要污染物则以象山县排放量最大(表6.3)。

表 6.3　三门湾沿岸点源排放量统计

县区	点源数	废水排放量 /(×10⁴t/a)	COD$_{Cr}$ /(t/a)	氨氮 /(t/a)	总磷 /(t/a)
三门县	195	263. 99	202. 27	8. 57	/
宁海县	16	137. 64	193. 05	0. 92	/
象山县	71	277. 27	480. 95	435. 87	19. 03
合计	282	678. 90	876. 27	445. 36	19. 03

注:表中仅统计排入三门湾的点源,包括直排和非直排。"/"表示无统计数据。

三门湾沿岸各县点源废水排放量和污染物排放量由浙江省环境监测中心提供,三门湾沿岸三县排污企业共计约465家,在此仅对排入三门湾的点源进行统计。

由表6.4、表6.5可见,2008年入三门湾的排污点源282个,主要为从事食品加工、造纸、电镀、塑胶、印染、机电、造船等企业,共计污水排放量 678.90×10^4 t,COD_{Cr} 排放量 876.27 t,氨氮排放量 445.36 t,总磷排放量 19.03 t。其中,直接排放入海的点源 11 个,包括工业企业排污口10 个,污水处理厂排污口 1 个;非直接排放入海的点源 271 个,全部为工业企业排污口。

表6.4　各汇水区乡镇点源排放量统计(直排海)

县区	企业名称	所属乡镇	企业类型	废水排放量 /($\times 10^4$t/a)	COD_{Cr} /(t/a)	氨氮 /(t/a)	总磷 /(t/a)
三门县	三门县银河纸业有限公司	三门县海游镇	工业污染源	12	6.00	0.26	
	三门县永泰纸业有限公司	三门县海游镇	工业污染源	52	26.00	0.82	
	三门县鹏龙纸业有限公司	三门县海游镇	工业污染源	20	11.80	0.33	
	三门县远征造纸厂	三门县海游镇	工业污染源	22	29.70	1.12	
	三门县正明化工有限公司	三门县海游镇	工业污染源	12	6.60	0.57	
	三门县华丽医药有限公司	三门县海游镇	工业污染源	2.6	9.31	0.03	
宁海县	宁海卡侬之食品有限公司	宁海县力洋镇	工业污染源	6	2.70		
	宁波市国盛食品有限公司	宁海县力洋镇	工业污染源	19	16.66		
	宁波海静食品有限公司	宁海县力洋镇	工业污染源	18	14.98		
	宁波市东腾纸业有限公司	宁海县茶院乡	工业污染源	22.5	18.25		
象山县	象山县石浦水产品工业园区开发有限公司	象山县石浦镇	污水处理厂	110	253.00	200.2	19.03
合计				296.1	395.00	203.33	19.03

表6.5　各汇水区乡镇点源排放量统计(工业企业,非直排海)

县区	乡镇	排污企业数	废水排放量 /($\times 10^4$t/a)	COD_{Cr} /(t/a)	氨氮 /(t/a)
宁海县	跃龙街道	5	26.44	31.06	0.54
	力洋镇	2	14.50	21.50	0.38
	长街镇	3	26.00	27.20	
	茶院乡	1	0.70	0.70	
	黄坛镇	1	4.50	60.00	
三门县	海游镇	97	63.72	45.28	1.12
	珠岙镇	19	3.92	2.96	0.18
	高枧乡	38	30.86	21.43	0.58
	亭旁镇	5	0.32	0.39	0.02
	沙柳镇	8	0.59	0.68	0.01
	六敖镇	4	3.48	2.08	0.02
	浬浦镇	1	21.00	19.95	0.74
	小雄镇	3	0.09	0.11	0.00
	健跳镇	5	0.57	0.51	0.04
	沿赤乡	8	18.75	19.38	2.75
	泗淋乡	1	0.08	0.09	0.00

县区	乡镇	排污企业数	废水排放量 /($\times 10^4$ t/a)	COD_{Cr} /(t/a)	氨氮 /(t/a)
象山县	石浦镇	56	153.01	203.27	233.46
	定塘镇	1	0.09	0.53	0.04
	茅洋乡	5	0.82	0.88	0.08
	新桥镇	1	0.01	0.02	0.00
	鹤浦镇	6	11.42	21.64	1.87
	晓塘乡	1	1.92	1.61	0.22
合计		271	382.79	481.27	242.05

6.1.1.3 生活污染

生活污染主要源于居民生活污水的排放,其主要污染物为COD_{Cr}、氮、磷。污染物产生量和人口数具有正相关性。据三门县、宁海县、象山县2008年统计年鉴,各汇水区乡镇人口数如表6.6,各汇水区人口统计见表6.7。按所属县市统计,见表6.8。

表6.6　各汇水区乡镇人口统计　　　　　　　　　　单位:人

汇水区编号	汇水区名称	乡镇	总人口	非农业人口	农业人口
1	浦坝单元	花桥镇	25 716	782	24 934
		小雄镇	30 449	804	29 645
		泗淋乡	20 442	354	20 088
		里浦镇	30 966	655	30 311
		沿赤乡	19 598	1 112	18 486
2	健跳单元	横渡镇	22 591	418	22 173
		健跳镇	33 488	1 860	31 628
3	海游单元	高枧乡	21 750	621	21 129
		珠岙镇	21 662	839	20 823
		海游镇	85 777	32 603	53 174
		亭旁镇	57 954	2 034	55 920
		六敖镇	33 478	1 072	32 406
4	旗门单元	桑洲镇	24 153	735	23 418
		沙柳镇	17 362	380	16 982
		一市镇	21 821	515	21 306
		蛇蟠乡	1 511	51	1 460
5	力洋单元	岔路镇	27 702	881	26 821
		前童镇	24 834	806	24 028
		黄坛镇	27 842	813	27 029
		跃龙街道	106 255	68 154	38 101
		茶院乡	24 586	460	24 126
		越溪乡	18 927	522	18 405
		力洋镇	36 588	2 151	34 437

汇水区编号	汇水区名称	乡镇	总人口	非农业人口	农业人口
		长街镇	69 715	3 239	66 476
		泗洲头镇	17 561	698	16 863
6	白礁单元	茅洋乡	13 844	450	13 394
		新桥镇	26 502	744	25 758
		定塘镇	34 350	1228	33 122
		晓塘乡	18 453	347	18 106
		石浦镇	81 415	27 053	54 362
7	石浦单元	鹤浦镇	32 453	1 911	30 542
		高塘岛乡	20 413	554	19 859

表 6.7　各汇水区人口统计　　　　　　　　　　　　　　　　　　　　　单位：人

汇水区编号	汇水区名称	总人口	非农业人口	农业人口
1	浦坝单元	127 171	3 707	123 464
2	健跳单元	56 079	2 278	53 801
3	海游单元	220 621	37 169	183 452
4	旗门单元	64 847	1 681	63 166
5	力洋单元	266 734	73 787	192 947
6	白礁单元	180 425	6 706	173 719
7	石浦单元	134 281	29 518	104 763

表 6.8　各县汇水区内人口统计　　　　　　　　　　　　　　　　　　　单位：人

县区	总人口	非农业人口	农业人口
三门县	422 744	43 585	379 159
宁海县	382 423	78 276	304 147
象山县	244 991	32 985	212 006

　　7 个汇水区中,力洋单元人口总数最多,健跳单元人口总数最少。三县中,以三门县汇水区内人口最多,象山县汇水区内人口最少。

6.1.1.4　畜禽养殖污染

　　畜禽养殖污染是农村面源污染的一个重要组成部分,畜禽养殖产生的主要污染物为COD_{Cr}、氮、磷等。依据 2008 年三县年鉴,各汇水区乡镇畜禽养殖数量见表 6.9,各汇水区畜禽养殖数量统计见表 6.10。按所属县市统计,见表 6.11。

表 6.9 各汇水区乡镇畜禽年末存栏数统计 单位:只

汇水区编号	汇水区名称	乡镇	牛	羊	猪	家禽	兔
1	浦坝单元	花桥镇	198	601	1 550	34 960	8 910
		小雄镇	205	1 113	1 803	6 860	12 600
		泗淋乡	117	291	2321	8191	4 920
		里浦镇	222	562	3 250	55 400	550
		沿赤乡	120	1 500	2 500	46 500	120
2	健跳单元	横渡镇	375	502	2 312	6 428	2 118
		健跳镇	194	978	2 780	62 500	110
3	海游单元	高枧乡	55	25	952	11 970	18
		珠岙镇	80	145	1 500	4 500	130
		海游镇	175	430	4 608	221 308	0
		亭旁镇	382	2 109	10 250	81 600	5 976
		六敖镇	101	1 070	7 340	202 588	1 318
4	旗门单元	桑洲镇	420	356	2 451	33 466	269
		沙柳镇	143	295	2 764	232 600	463
		一市镇	291	281	4 964	98 776	
		蛇蟠乡	2	232	246	4 307	0
5	力洋单元	岔路镇	571	785	7 018	43 754	240
		前童镇	442	930	5 179	219 398	
		黄坛镇	1 088	752	2 253	23 400	1 100
		跃龙街道	394	137	17 687	69 870	
		茶院乡	556	681	2 758	75 630	500
		越溪乡	119	209	1 600	35 696	
		力洋镇	252	1 103	15 603	2 377 418	1 400
6	白礁单元	长街镇	907	2 465	8 415	90 244	796
		泗洲头镇	115	900	7 950	90 000	
		茅洋乡	34	300	6 000	20 000	
		新桥镇	70	1 783	6 100	61 000	2 000
		定塘镇	100	185	4 280	91 156	1 540
		晓塘乡	76	365	12 893	428 000	2 851
7	石浦单元	石浦镇	174	377	6 026	39 160	
		鹤浦镇	58	1 300	4 360	132 000	15 800
		高塘岛乡	17	1 178	5 612	8 678	5 307

81

表 6.10　各汇水区畜禽年末存栏数统计　　　　　　　　　　　　单位:只

汇水区编号	汇水区名称	牛	羊	猪	家禽	兔
1	浦坝单元	862	4 067	11 424	151 911	27 100
2	健跳单元	569	1 480	5 092	68 928	2 228
3	海游单元	793	3 779	24 650	521 966	7 442
4	旗门单元	856	1 164	10 425	369 149	732
5	力洋单元	3 422	4 597	52 098	2 845 166	3 240
6	白礁单元	1 302	5 998	45 638	780 400	7 187
7	石浦单元	249	2 855	15 998	179 838	21 107

表 6.11　各县汇水区内畜禽年末存栏数统计　　　　　　　　　单位:只

县区	牛	羊	猪	家禽	兔
三门县	2 369	9 853	44 176	979 712	37 233
宁海县	5 040	7 699	67 928	3 067 652	4 305
象山县	644	6 388	53 221	869 994	27 498

各汇水区中,以力洋单元畜禽养殖量最多,健跳单元畜禽养殖量最少。三县中,以宁海县汇水区内畜禽养殖量最多,象山县畜禽养殖量最少。

6.1.1.5　农田径流污染

农田径流污染与农田面积成正比,依据 2008 年三县年鉴,三门湾各汇水区的乡镇农田面积如表 6.12,各汇水区农田面积统计见表 6.13。按所属县市统计,见表 6.14。

表 6.12　各汇水区乡镇水田、旱地和园地面积统计　　　　　　单位:hm²

汇水区编号	汇水区名称	乡镇	水田	旱地	园地
1	浦坝单元	花桥镇	668.8	446.9	405.8
		小雄镇	758.2	371.0	243.9
		泗淋乡	744.4	437.5	402.4
		里浦镇	1 045.2	513.6	833.8
		沿赤乡	663.1	354.9	510.3
2	健跳单元	横渡镇	514.1	266.8	492.5
		健跳镇	613.3	605.3	528.1
3	海游单元	高枧乡	219.7	86.1	225.5
		珠岙镇	239.0	100.0	282.8
		海游镇	385.8	321.6	314.9
		亭旁镇	1 128.8	161.0	1 420.3
		六敖镇	1 039.4	606.7	503.3

汇水区编号	汇水区名称	乡镇	水田	旱地	园地
4	旗门单元	桑洲镇	629.6	564.7	576.6
		沙柳镇	329.5	52.1	106.4
		一市镇	568.1	710.5	803.7
		蛇蟠乡	11.0	236.2	6.7
5	力洋单元	岔路镇	802.2	719.4	474.9
		前童镇	613.6	556.3	438.5
		黄坛镇	529.3	456.0	368.4
		跃龙街道	801.1	823.9	537.5
		茶院乡	827.3	1 243.6	696.3
		越溪乡	550.7	793.1	372.9
		力洋镇	700.1	2 674.5	1 456.9
6	白礁单元	长街镇	3 838.7	4 399.7	1 165.7
		泗洲头镇	701.0	663.3	845.8
		茅洋乡	268.7	182.8	521.8
		新桥镇	866.7	1 083.3	1 642.9
		定塘镇	1 366.9	395.7	1 483.1
		晓塘乡	236.9	409.1	1 607.5
7	石浦单元	石浦镇	733.3	406.0	1 317.0
		鹤浦镇	684.0	753.3	1 515.7
		高塘岛乡	577.3	451.3	901.5

表 6.13 各汇水区水田、旱地和园地面积统计　　　　单位:hm²

汇水区编号	汇水区名称	水田	旱地	园地
1	浦坝单元	3 879.7	2 123.9	2 396.2
2	健跳单元	1 127.4	872.1	1 020.6
3	海游单元	3 012.7	1 275.4	2 746.8
4	旗门单元	1 538.2	1 563.5	1 493.4
5	力洋单元	4 824.3	7 266.8	4 345.4
6	白礁单元	7 278.9	7 133.9	7 266.8
7	石浦单元	1 994.6	1 610.6	3 734.2

表 6.14 各县汇水区内水田、旱地和园地面积统计　　　　单位:hm²

县区	水田	旱地	园地
三门县	8 360.3	4 559.7	6 276.7
宁海县	9 860.7	12 941.7	6 891.4
象山县	5 434.8	4 344.8	9 835.3

各汇水区中,以白礁单元农田面积最大,健跳单元农田面积最小。三县中,以宁海县汇水区内农田面积最大,三门县和象山县农田面积相当。

6.1.2 海水养殖污染源调查

海水养殖污染主要来自于需要人工投饵的鱼虾蟹类养殖,过剩的饵料和鱼虾蟹的排泄物会增加海水中的COD_{Cr}、氮、磷含量。三门湾沿岸海水养殖以围塘养殖和滩涂养殖为主,兼有少量网箱养殖,围塘养殖多为虾蟹贝混养,养殖品种主要为青蟹、梭子蟹、南美白对虾、脊尾白虾、中国对虾、斑节对虾、缢蛏、泥蚶、蛤类等,滩涂养殖品种主要为泥蚶和缢蛏,网箱养殖品种主要为鲈鱼、大黄鱼、鲷鱼等。青蟹为三门县著名水产品,"三门青蟹"盛名远播。梭子蟹为象山县重要养殖品种,2010年象山县梭子蟹占全国养殖面积1/6,已成为全国最大的梭子蟹养殖、销售中心。

2008年三门湾内海水养殖方式、面积、种类、数量等如表6.15、表6.16。

表6.15　三门湾沿岸各乡镇海水养殖情况

县区	乡镇	网箱养殖		围塘养殖						滩涂养殖		苗种				
		面积/hm²	产量/(t/a)	面积/hm²	产量/(t/a)					面积/hm²	产量/(t/a)	面积/hm²	产量/(t/a)			
					鱼	青蟹	梭子蟹	虾	蚶、蛤、蛏				鱼苗	虾苗	蟹苗	贝苗
三门县	海游镇	0	0	396.4	0	183.2	0	76.91	986.3	0	0	0	0	0	0	0
	沙柳镇	0	0	530.0	0	198.4	0	580.6	324.5	0	0	0	0	0	0	0
	六敖镇	0	0	1 101.3	0	420.6	23.5	956.8	4 892.2	0	0	0	0	0	0	0
	健跳镇	0	0	792.9	0	247.4	0.15	454.3	2 196.8	7.5	0	4.2	1.8	20.9		
	横渡镇	0	0	83.5	0	62.8	0	41.2	226.9	198.7	387.7	0	0	0	0	0
	里浦镇	0	0	316.6	0	131.3	2.2	44.4	517	0	0	0	0	0	0	0
	花桥镇	0	0	607.9	0	325.6	0	215.3	1 825.6	0	0	0	0	0	0	0
	小雄镇	0	0	494.4	9.6	170.3	0	350.7	805.2	246.0	229.4	0	0	0	0	0
	沿赤乡	0	0	113.4	0	0.9	13.3	0	993.8	0	0	1.6	0	2.7	0.3	0
	泗淋乡	0	0	386.3	0	75.1	15.7	37.3	1102	0	0	0	0	0	0	0
	蛇蟠乡	0	0	920.7	0	121.1	146.3	311.3	1 571.1	0	0	0	0	0	0	0
宁海县	跃龙街道	0	0	254.6	0	57.6	10.8	145.6	831.3	0	0	0	0	0	0	0
	长街镇	0	0	3 963.1	0	85.4	2 007.7	123.6	12 046.2	0	0	0	0	0	0	0
	力洋镇	0	0	227.4	4.5	91.6	29.3	152.2	636.7	1 036.5	4 763.8	0	0	0	0	0
	茶院乡	0	0	119.7	0	79.04	0	97.2	339.7	0	0	0	0	0	0	0
	一市镇	0	0	552.3	0	203.7	0.1	1 434.1	648.0	36.7	56.0	0	0	0	0	0
	越溪乡	0	0	1 015.0	0	330.2	0	612.7	2 180.9	0	0	0	0	0	0	0
	桑洲镇	0	0	0	0	4.6	0	0	8.0	0	0	0	0	0	0	0
	黄坛镇	0	0	57.0	2.0	23.1	0	40.2	138.4	0	0	0	0	0	0	0

县区	乡镇	网箱养殖		围塘养殖						滩涂养殖		苗种				
		面积/hm²	产量/(t/a)	面积/hm²	产量/(t/a)					面积/hm²	产量/(t/a)	面积/hm²	产量/(t/a)			
					鱼	青蟹	梭子蟹	虾	蚶、蛤、蛏				鱼苗	虾苗	蟹苗	贝苗
象山县	高塘岛乡	0	0	568.2	0	0	675	461	0	0	0	0	0	0	0	0
	鹤浦镇	0	0	792.0	13	0	996	515	4 978	0	0	0	0	0	0	0
	晓塘乡	0.02	0.3	75.0	0	0	84.4	0	0	0	0	0	0	0	0	0
	定塘镇	0	0	118.9	0	0	106.6	33.3	0	0	0	0	0	0	0	0
	新桥镇	41.4	1 250	47.5	0	0	28.4	0	0	0	0	0	0	0	0	0
	石浦镇	2.7	5	319.1	33	0	301.2	1	0	0	0	0	0	0	0	0
	泗洲头镇	0	0	388.9	0	23.2	218.2	93	0	0	0	0	0	0	0	0
	茅洋乡	2.1	4	43.2	3	0	15	15	0	0	0	0	0	0	0	0

注:鱼类主要养殖品种为鲈鱼、大黄鱼、鲷鱼等;虾类养殖品种主要为凡纳滨对虾、脊尾白虾、中国对虾、斑节对虾等。

表 6.16　三门湾沿岸各县海水养殖情况统计

县区	网箱养殖		围塘养殖						滩涂养殖		苗种				
	面积/hm²	产量/(t/a)	面积/hm²	产量/(t/a)					面积/hm²	产量/(t/a)	面积/hm²	产量/(t/a)			
				鱼	青蟹	梭子蟹	虾	蚶、蛤、蛏				鱼苗	虾苗	蟹苗	贝苗
三门县	0	0	5 743.4	9.6	1 936.7	201.15	3 068.81	15 441.4	444.7	617.1	9.1	0	6.9	2.1	20.9
宁海县	0	0	6 189.1	2	875.24	2 047.9	2 605.6	16 829.2	1 073.2	4 819.8	0	0	0	0	0
象山县	46.22	1 259.3	2 352.8	49	23.2	2 424.8	603.3	4 978	0	0	0	0	0	0	0

注:鱼类主要养殖品种为鲈鱼、大黄鱼、鲷鱼等;虾类养殖品种主要为凡纳滨对虾、脊尾白虾、中国对虾、斑节对虾等。

6.2　污染源强估算

6.2.1　陆源污染源强估算

6.2.1.1　点源污染源强

点源污染源强估算时考虑其排放方式,直接排放入海的点源按照 100% 计算入海源强;非直接排放入海的点源由于其可能不完全汇入河流及在河流内存在污染物的吸附、降解等损失,则要考虑其入河系数和入海系数。

依据《全国地表水环境容量核定技术指南》,结合三门湾实际,非直接排放入海的点源其入河系数取 0.9。COD_{Cr} 在河流中的降解系数一般小于 0.2/d,考虑到三门湾流域河流较短小,在三门、宁海县境内不超过 30 km,河流流速一般为平原地区 1~3 m/s,山区 3~8 m/s,据此,污染物在河流中的降解系数取 0.05。此外,为避免污水处理厂和工业企业排污的重复计算,对于存在污水处理厂的工业园区,只将污水处理厂排放的污染物计入,不再计算园区内各家企业排污。例如,象山县石浦水产品工业园区污水处理厂主要处理石浦水产品工业园区内各家企业产生的污水,企业类型主要为水产品加工,日处理工业污水量 0.5×10^4 t,计算该工业园区源强时仅计入污水处理厂的源强。

据此计算,结果如表6.17~表6.19。以石浦单元点源入海源强最大,健跳单元点源入海源强最小。三县中以象山县点源入海源强最大,三门和宁海县相当。

表 6.17　各汇水区乡镇点源入海源强　　　　　　　　　　　　　　　　单位:t/a

汇水区编号	汇水区名称	乡镇	COD$_{Cr}$	氨氮
1	浦坝单元	花桥镇	0.00	0.00
		小雄镇	0.09	0.00
		泗淋乡	0.08	0.00
		浬浦镇	17.06	0.63
		沿赤乡	16.57	2.35
2	健跳单元	横渡镇	0.00	0.00
		健跳镇	0.44	0.03
3	海游单元	高枧乡	18.33	0.49
		珠岙镇	2.53	0.15
		海游镇	128.12	4.09
		亭旁镇	0.33	0.02
		六敖镇	1.78	0.01
4	旗门单元	桑洲镇	0.00	0.00
		沙柳镇	0.58	0.01
		一市镇	0.00	0.00
		蛇蟠乡	0.00	0.00
5	力洋单元	岔路镇	0.00	0.00
		前童镇	0.00	0.00
		黄坛镇	51.30	0.00
		跃龙街道	26.56	0.46
		茶院乡	18.85	0.00
		越溪乡	0.00	0.00
		力洋镇	52.72	0.32
6	白礁单元	长街镇	23.26	0.00
		泗洲头镇	0.00	0.00
		茅洋乡	0.75	0.07
		新桥镇	0.02	0.00
		定塘镇	0.45	0.04
		晓塘乡	1.38	0.19
7	石浦单元	石浦镇	390.50	344.82
		鹤浦镇	18.50	1.60
		高塘岛乡	0.00	0.00

注:各乡镇中仅石浦镇有总磷数据,为19.03 t/a,未在表中列出。

表 6.18　各汇水区点源入海源强　　　　　　　　　　　　　　单位:t/a

汇水区编号	汇水区名称	COD_{Cr}	氨氮
1	浦坝单元	33.796	2.985
2	健跳单元	0.438	0.030
3	海游单元	151.089	4.758
4	旗门单元	0.580	0.010
5	力洋单元	149.427	0.782
6	白礁单元	25.855	0.292
7	石浦单元	409.004	346.417

注:各汇水区中仅石浦单元有总磷数据,为 19.03 t/a,未在表中列出。

表 6.19　各县点源入海源强　　　　　　　　　　　　　　　　单位:t/a

县区	COD_{Cr}	氨氮	总磷
三门县	185.91	7.78	/
宁海县	172.69	0.78	/
象山县	411.6	346.72	19.03

6.2.1.2　生活污染源强

根据《全国地表水环境容量核定技术指南》,一般城市人均产污系数约为:COD_{Cr} 60～100 g/(人·d),氨氮 4～8 g/(人·d);农村人均产污系数约为:COD_{Cr} 40 g/(人·d),氨氮 4 g/(人·d);城市生活污水入河系数为 0.8～1.0,农村生活污水入河系数为 0.3～0.5。根据《第一次全国污染源普查城镇生活源产排污系数手册》,浙江省宁波、台州区域城镇生活污水产生系为:COD_{Cr} 79 g/(人·d),氨氮 9.7 g/(人·d),总氮 13.9 g/(人·d),总磷 1.16 g/(人·d);若直排则产生系即为排放系数,若经化粪池处理后,生活污水排放系数为:COD_{Cr} 63 g/(人·d),氨氮 9.4 g/(人·d),总氮 11.8 g/(人·d),总磷 0.98 g/(人·d)。根据《太湖流域农村生活污水产排污系数测算》,农村人口按高、中、低收入其生活污水排放系数为:COD_{Cr} 9.25～19.69 g/(人·d),氨氮 2.39～4.01 g/(人·d),总氮 3.15～5.25 g/(人·d),总磷 0.22～0.37 g/(人·d)。结合上述文献及技术规定,在此取三门湾城市人均排污系数为 COD_{Cr} 79 g/(人·d),总氮 13.9 g/(人·d),总磷 1.16 g/(人·d),入河系数为 0.9,农村人均排污系数为 COD_{Cr} 40 g/(人·d),总氮 5 g/(人·d),总磷 0.35 g/(人·d),入河系数为 0.5。取污染物在河流中的降解系数为 0.05,即入海系数为 0.95。

此外,生活污染源强的估算需考虑市政污水处理厂的处理量。据浙江省环境监测中心资料,2008 年宁海县污水处理厂 1 个,即位于桥头胡镇的宁海城北污水处理厂,主要处理梅林、桥头胡两个街道的市政污水;象山县 3 个污水处理厂,即位于爵溪街道的宁波爵溪污水处理厂、位于石浦镇的象山县石浦水产品工业园区污水处理厂、位于东陈乡的象山富春紫光污水处理有限公司,前两个污水处理厂主要处理工业园区的污水,后一个主要处理象山县中心城区的市政污水;三门县尚没有污水处理厂。由于上述4个污水处理厂均不用来处理三门湾汇水区乡镇的生活污水,在各汇水区生活污水源强计算时无需考虑污水处理厂处理部分。

经计算,各汇水区乡镇、汇水区、县区生活污染入海源强如表6.20~表6.22。各汇水区中,力洋单元生活污染源强最大,健跳单元最小。三县中,宁海县生活污染源强最大,象山县最小。

表6.20 各汇水区乡镇生活污染入海源强 单位:t/a

汇水区编号	汇水区名称	乡镇	COD_{Cr}	总氮	总磷
1	浦坝单元	花桥镇	192.20	25.01	1.80
		小雄镇	225.41	29.19	2.09
		泗淋乡	148.04	18.95	1.35
		浬浦镇	226.36	29.12	2.08
		沿赤乡	155.62	20.85	1.52
2	健跳单元	横渡镇	164.08	21.03	1.50
		健跳镇	265.20	35.49	2.59
3	海游单元	高枧乡	161.84	21.01	1.51
		珠岙镇	165.09	21.69	1.57
		海游镇	1 172.55	187.52	15.03
		亭旁镇	437.95	57.30	4.13
		六敖镇	251.16	32.74	2.35
4	旗门单元	桑洲镇	180.52	23.49	1.69
		沙柳镇	127.14	16.37	1.17
		一市镇	160.45	20.70	1.48
		蛇蟠乡	11.38	1.49	0.11
5	力洋单元	岔路镇	207.72	27.07	1.95
		前童镇	186.51	24.33	1.75
		黄坛镇	207.49	26.96	1.93
		跃龙街道	1 944.49	328.67	26.98
		茶院乡	178.65	22.91	1.63
		越溪乡	140.51	18.22	1.31
		力洋镇	291.85	39.18	2.87
6	白礁单元	长街镇	540.87	71.68	5.21
		泗洲头镇	134.15	17.65	1.28
		茅洋乡	103.98	13.56	0.98
		新桥镇	196.97	25.56	1.83
		定塘镇	259.98	34.04	2.45
		晓塘乡	134.12	17.20	1.22
7	石浦单元	石浦镇	1 043.96	164.48	13.09
		鹤浦镇	258.92	34.77	2.55
		高塘岛乡	151.38	19.62	1.41

表 6.21　各汇水区生活污染入海源强

单位:t/a

汇水区编号	汇水区名称	COD$_{Cr}$	总氮	总磷
1	浦坝单元	947.63	123.11	8.83
2	健跳单元	429.28	56.52	4.09
3	海游单元	2188.59	320.26	24.59
4	旗门单元	479.49	62.05	4.45
5	力洋单元	3157.22	487.34	38.42
6	白礁单元	1370.07	179.68	12.97
7	石浦单元	1454.26	218.86	17.04

表 6.22　各县生活污染入海源强

单位:t/a

县区	COD$_{Cr}$	总氮	总磷
三门县	3 704.02	517.76	38.80
宁海县	4 039.06	603.21	46.80
象山县	2 283.46	326.88	24.81

6.2.1.3　畜禽养殖污染源强

根据《全国地表水环境容量核定技术指南》,农村分散式养殖猪的产污系数约为:COD$_{Cr}$ 50 g/(头·d),氨氮 10 g/(头·d);对畜禽废渣以回收等方式进行处理的污染源,按产生量的 12% 计算污染物流失量。规模化畜禽养殖场必须执行《畜禽养殖业污染物排放标准》(GB 18596—2001),标准中对养殖场的排水量和污染物浓度均有规定,按标准折合每头猪的 COD$_{Cr}$ 排放量为 17.9 g/(头·d),氨氮排放量为 3.6 g/(头·d)。规模化畜禽养殖场没有污染治理设施的,可按照分散式畜禽源强系数进行估算。

根据国家环保总局文件《关于减免家禽业排污费等有关问题的通知》(环发〔2004〕43号)中附表 2 畜禽养殖排污系数表(如表 6.23,表 6.24),确定各类畜禽的污染物排放系数,见表 6.25 所示。

表 6.23　畜禽粪便排泄系数

项目	单位	牛	猪	鸡	鸭
粪	kg/d	20.0	2.0	0.12	0.13
	kg/a	7 300.0	398.0	25.2	27.3
尿	kg/d	10.0	3.3	—	—
	kg/a	3 650.0	656.7	—	—
饲养周期	d	365	199	210	210

表 6.24　畜禽粪便中污染物平均含量　　　　　　　　　　　　　　　　　单位:kg/t

项目	COD	$NH_3 - N$	总氮	总磷
牛粪	31.0	1.7	4.37	1.18
牛尿	6.0	3.5	8.0	0.40
猪粪	52.0	3.1	5.88	3.41
猪尿	9.0	1.4	3.3	0.52
鸡粪	45.0	4.78	9.84	5.37
鸭粪	46.3	0.8	11.0	6.20

表 6.25　各畜禽污染物排放系数　　　　　　　　　　　　　　　　　单位:kg/(a·头)

畜禽种类	COD_{Cr}	总氮	总磷
牛	248.20	61.10	10.07
羊	8.87	1.50	0.57
猪	26.61	4.51	1.70
家禽	1.20	0.27	0.15
兔	1.20	0.27	0.15

　　羊和兔因缺乏相关资料,根据浙江省地方标准《畜禽养殖业污染物排放标准》(DB 33/593—2005)中"对具有不同畜禽种类的养殖场和养殖区,其规模可将鸡、鸭、牛等畜禽种类的养殖量换算成猪的养殖量,换算比例为:30 只蛋鸡、30 只鸭、15 只鹅、60 只肉鸡、30 只兔、3 只羊分别可折算成 1 头猪,1 头奶牛折算成 10 头猪,1 头肉牛折算成 5 头猪。根据换算后的总养殖量确定畜禽养殖场和养殖区的规模级别,并按本标准的规定执行",在本文中将羊的污染物排放系数按猪的1/3 计算,将兔的排放系数按家禽的排放系数计算。

　　丁训静等在《太湖流域污染负荷模型研究》中通过调查和试验得到畜禽粪尿中污染物的流失率为5.06% ~19.44%,刘智慧在《畜牧业对大伙房水库水质的影响》研究中通过调查得出该水库上游地区畜禽粪尿总体流失率在10%左右。根据《全国地表水环境容量核定技术指南》,对畜禽废渣以回收等方式进行处理的污染源,按产生量的12%计算污染物流失量。关卉在《湛江市水环境容量分析与应用研究》中,将畜禽养殖污染源的入河系数取为0.1~0.4。参考上述文献及指南,考虑到三门湾周边地区畜禽养殖污染物处理水平不高,小河流较多,在此取畜禽污染源的入河系数为0.2;取污染物在河流中的降解系数为0.05,即入海系数为0.95;入海系数按照表6.26 计算。

表 6.26 各畜禽污染物入海系数 单位:kg/(a·头)

畜禽种类	COD$_{Cr}$	总氮	总磷
牛	47.16	11.61	1.91
羊	1.69	0.29	0.11
猪	5.06	0.86	0.32
家禽	0.23	0.05	0.03
兔	0.23	0.05	0.03

计算结果如表6.27~表6.29。各汇水区中,力洋单元畜禽养殖污染源强最大,健跳单元最小。三县中,宁海县畜禽养殖污染源强最大,象山县最小。

表 6.27 各汇水区乡镇畜禽养殖污染入海源强 单位:t/a

汇水区编号	汇水区名称	乡镇	COD$_{Cr}$	总氮	总磷
1	浦坝单元	花桥镇	28.29	6.00	2.26
		小雄镇	25.15	5.23	1.67
		泗淋乡	20.77	4.09	1.39
		涅浦镇	40.73	8.33	3.20
		沿赤乡	31.57	6.31	2.59
2	健跳单元	横渡镇	32.20	6.91	1.77
		健跳镇	39.27	8.06	3.25
3	海游单元	高枧乡	10.21	2.06	0.77
		珠岙镇	12.67	2.49	0.79
		海游镇	83.20	17.18	8.50
		亭旁镇	93.59	18.24	6.87
		六敖镇	90.61	17.99	8.78
4	旗门单元	桑洲镇	22.27	4.60	1.83
		沙柳镇	74.83	15.78	8.18
		一市镇	39.05	8.67	2.36
		蛇蟠乡	2.72	0.52	0.24
5	力洋单元	岔路镇	58.84	12.83	4.30
		前童镇	62.03	12.67	5.14
		黄坛镇	73.88	15.09	4.74
		跃龙街道	124.38	23.32	8.52
		茶院乡	186.08	38.09	20.17
		越溪乡	66.84	13.50	4.26
		力洋镇	639.83	135.61	76.96

汇水区编号	汇水区名称	乡镇	COD$_{Cr}$	总氮	总磷
6	白礁单元	长街镇	110.46	23.03	7.43
		泗洲头镇	67.87	12.93	5.56
		茅洋乡	37.07	6.64	2.62
		新桥镇	51.67	9.73	4.17
		定塘镇	48.01	9.53	4.36
		晓塘乡	168.54	33.62	17.24
7	石浦单元	石浦镇	48.34	9.27	3.48
		鹤浦镇	60.99	12.19	6.08
		高塘岛乡	34.41	6.06	2.38

表 6.28 各汇水区畜禽养殖污染入海源强　　　　　　　　　　单位:t/a

汇水区编号	汇水区名称	COD$_{Cr}$	总氮	总磷
1	浦坝单元	146.51	29.96	11.11
2	健跳单元	71.47	14.97	5.02
3	海游单元	290.28	57.96	25.71
4	旗门单元	138.87	29.57	12.61
5	力洋单元	1 211.88	251.11	124.09
6	白礁单元	483.62	95.48	41.38
7	石浦单元	143.74	27.52	11.94

表 6.29 各县畜禽养殖污染入海源强　　　　　　　　　　单位:t/a

县区	COD$_{Cr}$	总氮	总磷
三门县	585.81	119.19	50.26
宁海县	1 383.66	287.41	135.71
象山县	516.90	99.97	45.89

6.2.1.4　农田径流污染源强

根据《全国地表水环境容量核定技术指南》,标准农田指的是平原、种植作物为小麦、土壤类型为壤土、化肥施用量为 25 ~ 35 kg/(亩·a),降水量在 400 ~ 800 mm 范围内的农田。

标准农田源强系数为 COD_{Cr}150 kg/（$hm^2 \cdot a$），氨氮 30 kg/（$hm^2 \cdot a$）。根据《太湖流域主要入湖河流水环境综合整治规划编制技术规范》，标准农田总氮源强系数为 300 kg/（$hm^2 \cdot a$），总磷源强系数为 30 kg/（$hm^2 \cdot a$）。对于其他农田，对应的源强系数需要进行修正。根据中国环境规划院《全国地表水环境容量核定工作常见问题辨析（一）》，其修正方法为，旱田的修正系数取 1，水田取 1.5，其他类型取 0.7。其入河系数取 0.1。取污染物在河流中的降解系数为 0.05，即入海系数为 0.95。

据此计算，结果如表 6.30 ～ 表 6.32。各汇水区中，白礁单元农田径流污染源强最大，健跳单元最小。三县中，宁海县农田径流污染源强最大，象山县最小。

表 6.30　各汇水区乡镇农田径流入海污染源强　　　　　　单位：t/a

汇水区编号	汇水区名称	乡镇	COD_{Cr}	总氮	总磷
1	浦坝单元	花桥镇	24.71	49.42	4.94
		小雄镇	23.93	47.85	4.79
		泗淋乡	26.16	52.32	5.23
		涅浦镇	37.98	75.95	7.60
		沿赤乡	24.32	48.64	4.86
2	健跳单元	横渡镇	19.70	39.41	3.94
		健跳镇	27.00	54.01	5.40
3	海游单元	高枧乡	8.17	16.34	1.63
		珠岙镇	9.35	18.71	1.87
		海游镇	15.97	31.94	3.19
		亭旁镇	40.59	81.18	8.12
		六敖镇	35.88	71.77	7.18
4	旗门单元	桑洲镇	26.79	53.59	5.36
		沙柳镇	8.85	17.69	1.77
		一市镇	52.45	104.89	10.49
		蛇蟠乡	3.67	7.34	0.73
5	力洋单元	岔路镇	42.35	84.70	8.47
		前童镇	30.28	60.57	6.06
		黄坛镇	32.14	64.27	6.43
		跃龙街道	34.23	68.45	6.85
		茶院乡	37.03	74.06	7.41
		越溪乡	33.98	67.96	6.80
		力洋镇	67.61	135.22	13.52

汇水区编号	汇水区名称	乡镇	COD$_{Cr}$	总氮	总磷
6	白礁单元	长街镇	156.38	312.75	31.28
		泗洲头镇	32.87	65.75	6.57
		茅洋乡	13.55	27.11	2.71
		新桥镇	50.35	100.70	10.07
		定塘镇	49.65	99.30	9.93
		晓塘乡	26.93	53.86	5.39
7	石浦单元	石浦镇	34.60	69.19	6.92
		鹤浦镇	40.47	80.95	8.09
		高塘岛乡	27.76	55.53	5.55

表 6.31　各汇水区农田径流污染入海源强　　　　　　　　　　单位：t/a

汇水区编号	汇水区名称	COD$_{Cr}$	总氮	总磷
1	浦坝单元	137.1	274.18	27.42
2	健跳单元	46.7	93.42	9.34
3	海游单元	109.96	219.94	21.99
4	旗门单元	91.76	183.51	18.35
5	力洋单元	277.62	555.23	55.54
6	白礁单元	329.73	659.47	65.95
7	石浦单元	102.83	205.67	20.56

表 6.32　各县农田径流污染入海源强　　　　　　　　　　单位：t/a

县区	COD$_{Cr}$	总氮	总磷
三门县	306.28	612.57	61.25
宁海县	513.24	1 026.46	102.67
象山县	276.18	552.39	55.23

6.2.1.5　陆源污染源强汇总

将上述工业企业污染、生活污染、畜禽养殖污染、农田径流污染源强进行汇总，见表 6.33 ~ 表 6.35。

各汇水区乡镇中，COD$_{Cr}$ 陆源入海源强以跃龙街道最大，其次为石浦镇和海游镇，大于 1 300 t/a；以蛇蟠乡最小，其次为茅洋乡和珠岙镇，小于 200 t/a。总氮入海源强以石浦镇最大，其次为跃龙街道和长街镇，大于 400 t/a；以蛇蟠乡最小，其次为高枧乡和珠岙镇，小于 50 t/a。总磷入海源强以力洋镇最大，其次为长街镇和石浦镇，大于 40 t/a；以蛇蟠乡最小，其次为高枧乡和珠岙镇，小于 5 t/a(见图 6.2)。

表6.33 各汇水区乡镇陆源入海污染源强

汇水区编号	汇水区名称	乡镇	工业企业污染		生活污染			畜禽养殖污染			农田径流污染			合计		
			COD$_{Cr}$	氨氮	COD$_{Cr}$	总氮	总磷	COD$_{Cr}$	总氮	总磷	COD$_{Cr}$	总氮	总磷	COD$_{Cr}$	总氮	总磷
1	浦坝单元	花桥镇	0.00	0.00	192.20	25.01	1.80	28.29	6.00	2.26	24.71	49.42	4.94	245.20	80.43	9.00
		小雄镇	0.09	0.00	225.41	29.19	2.09	25.15	5.23	1.67	23.93	47.85	4.79	274.58	82.27	8.55
		润淋乡	0.08	0.00	148.04	18.95	1.35	20.77	4.09	1.39	26.16	52.32	5.23	195.05	75.36	7.97
		涅浦镇	17.06	0.63	226.36	29.12	2.08	40.73	8.33	3.20	37.98	75.95	7.60	322.13	114.03	12.88
		沿赤乡	16.57	2.35	155.62	20.85	1.52	31.57	6.31	2.59	24.32	48.64	4.86	228.08	78.15	8.97
2	健跳单元	横渡镇	0.00	0.00	164.08	21.03	1.50	32.20	6.91	1.77	19.70	39.41	3.94	215.98	67.35	7.21
		健跳镇	0.44	0.03	265.20	35.49	2.59	39.27	8.06	3.25	27.00	54.01	5.40	331.91	97.59	11.24
3	海游单元	高视乡	18.33	0.49	161.84	21.01	1.51	10.21	2.06	0.77	8.17	16.34	1.63	198.55	39.90	3.91
		珠岙镇	2.53	0.15	165.09	21.69	1.57	12.67	2.49	0.79	9.35	18.71	1.87	189.64	43.04	4.23
		海游镇	128.12	4.09	1 172.55	187.52	15.03	83.20	17.18	8.50	15.97	31.94	3.19	1399.84	240.73	26.72
		亭旁镇	0.33	0.02	437.95	57.30	4.13	93.59	18.24	6.87	40.59	81.18	8.12	572.46	156.74	19.12
		六敖镇	1.78	0.01	251.16	32.74	2.35	90.61	17.99	8.78	35.88	71.77	7.18	379.43	122.51	18.31
4	旗门单元	桑洲镇	0.00	0.00	180.52	23.49	1.69	22.27	4.60	1.83	26.79	53.59	5.36	229.58	81.68	8.88
		沙柳镇	0.58	0.01	127.14	16.37	1.17	74.83	15.78	8.18	8.85	17.69	1.77	211.40	49.85	11.12
		一市镇	0.00	0.00	160.45	20.70	1.48	39.05	8.67	2.36	52.45	104.89	10.49	251.95	134.26	14.33
		蛇蟠乡	0.00	0.00	11.38	1.49	0.11	2.72	0.52	0.24	3.67	7.34	0.73	17.77	9.35	1.08
5	力洋单元	岔路镇	0.00	0.00	207.72	27.07	1.95	58.84	12.83	4.30	42.35	84.70	8.47	308.91	124.60	14.72
		前童镇	0.00	0.00	186.51	24.33	1.75	62.03	12.67	5.14	30.28	60.57	6.06	278.82	97.57	12.95
		黄坛镇	51.30	0.00	207.49	26.96	1.93	73.88	15.09	4.74	32.14	64.27	6.43	364.81	106.32	13.10
		跃龙街道	26.56	0.46	1 944.49	328.67	26.98	124.38	23.32	8.52	34.23	68.45	6.85	2 129.66	420.90	42.35
		茶院乡	18.85	0.00	178.65	22.91	1.63	186.08	38.09	20.17	37.03	74.06	7.41	420.61	135.06	29.21
		越溪乡	0.00	0.00	140.51	18.22	1.31	66.84	13.50	4.26	33.98	67.96	6.80	241.33	99.68	12.37
		力洋镇	52.72	0.32	291.85	39.18	2.87	639.83	135.61	76.96	67.61	135.22	13.52	1 052.01	310.33	93.35
6	白礁单元	长街镇	23.26	0.00	540.87	71.68	5.21	110.46	23.03	7.43	156.38	312.75	31.28	830.97	407.46	43.92
		泗洲头镇	0.00	0.00	134.15	17.65	1.28	67.87	12.93	5.56	32.87	65.75	6.57	234.89	96.33	13.41
		茅洋乡	0.75	0.07	103.98	13.56	0.98	37.07	6.64	2.62	13.55	27.11	2.71	155.35	47.38	6.31
		新桥镇	0.02	0.00	196.97	25.56	1.83	51.67	9.73	4.17	50.35	100.70	10.07	299.01	135.99	16.07
		定塘镇	0.45	0.04	259.98	34.04	2.45	48.01	9.53	4.36	49.65	99.30	9.93	358.09	142.91	16.74
		晓塘乡	1.38	0.19	134.12	17.20	1.22	168.54	33.62	17.24	26.93	53.86	5.39	330.97	104.87	23.85
7	石浦单元	石浦镇	390.50	344.82	1 043.96	164.48	13.09	48.34	9.27	3.48	34.60	69.19	6.92	1 517.40	587.76	42.52*
		鹤浦镇	18.50	1.60	258.92	34.77	2.55	60.99	12.19	6.08	40.47	80.95	8.09	378.88	129.51	16.72
		高塘岛乡	0.00	0.00	151.38	19.62	1.41	34.41	6.06	2.38	27.76	55.53	5.55	213.55	81.21	9.34

注：工业企业污染数据由环保提供，氨氮为总氮的一部分，表中合计时将氨氮作为总氮计入；

"*"为工业污染中，仅石浦水产品工业园区污水处理厂有总磷的数据，为19.03 t/a，直排海，表中合计时将其计入石浦镇总磷中。

单位:t/a

表 6.34 各汇水区入海污染源强

汇水区编号	汇水区名称	工业企业污染		生活污染			畜禽养殖污染			农田径流污染			合计		
		COD$_{Cr}$	氨氮	COD$_{Cr}$	总氮	总磷	COD$_{Cr}$	总氮	总磷	COD$_{Cr}$	总氮	总磷	COD$_{Cr}$	总氮	总磷
1	浦坝单元	33.80	2.98	947.63	123.12	8.84	146.51	29.96	11.11	137.1	274.18	27.42	1 265.04	430.24	47.37
2	健跳单元	0.44	0.03	429.28	56.52	4.09	71.47	14.97	5.02	46.7	93.42	9.34	547.89	164.94	18.45
3	海游单元	151.09	4.76	2 188.59	320.26	24.59	290.28	57.96	25.71	109.96	219.94	21.99	2 739.92	602.92	72.29
4	旗门单元	0.58	0.01	479.49	62.05	4.45	138.87	29.57	12.61	91.76	183.51	18.35	710.70	275.14	35.41
5	力洋单元	149.43	0.78	3 157.22	487.34	38.42	1 211.88	251.11	124.09	277.62	555.23	55.54	4 796.15	1 294.46	218.05
6	白礁单元	25.86	0.3	1 370.07	179.69	12.97	483.62	95.48	41.38	329.73	659.47	65.95	2 209.28	934.94	120.3
7	石浦单元	409.00	346.42	1 454.26	218.87	17.05	143.74	27.52	11.94	102.83	205.67	20.56	2 109.83	798.48	68.58

表 6.35　各县陆源污染入海源强   单位:t/a

县区	COD_{Cr}	总氮	总磷
三门县	4 782.02	1 257.3	150.31
宁海县	6 108.65	1 917.86	285.18
象山县	3 488.14	1 325.96	144.96

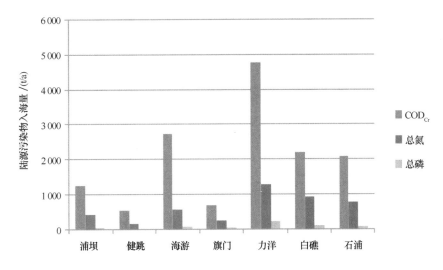

图 6.2　各汇水单元陆源污染物入海量比较

各汇水区中,COD_{Cr}、总氮、总磷陆源入海源强均以力洋单元最大,健跳单元最小。三县中,COD_{Cr}、总氮、总磷陆源入海源强均以宁海县最大;COD_{Cr}、总磷陆源入海源强以象山县最小;总氮以三门县最小,但三门县和象山县相差不大(图 6.3)。

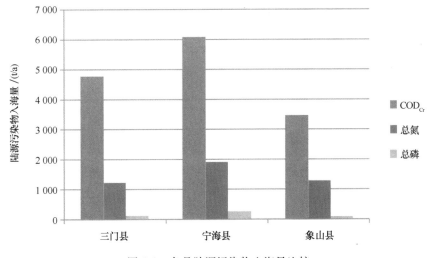

图 6.3　各县陆源污染物入海量比较

在三门湾陆源入海源强中，COD$_{Cr}$占总源强比例按从大到小顺序为生活污染（69.7%）、畜禽养殖污染（17.3%）、农田径流污染（7.6%）、工业企业污染（5.4%），总氮为农田径流污染（48.7%）、生活污染（32.2%）、畜禽养殖污染（11.2%）、工业企业污染（7.9%），总磷为畜禽养殖污染（39.9%）、农田径流污染（37.8%）、生活污染（19.0%）、工业企业污染（3.3%）（表6.36，图6.4）。

表6.36　三门湾陆源入海源强分类汇总

项目	COD$_{Cr}$		总氮		总磷	
	源强/(t/a)	占比/%	源强/(t/a)	占比/%	源强/(t/a)	占比/%
工业企业污染	770.2	5.4	355.28	7.9	19.03	3.3
生活污染	10 026.54	69.7	1 447.85	32.2	110.41	19.0
畜禽养殖污染	2 486.37	17.3	506.57	11.2	231.86	39.9
农田径流污染	1 095.7	7.6	2 191.42	48.7	219.15	37.8
合计	14 378.81	100.0	4 501.12	100.0	580.45	100.0

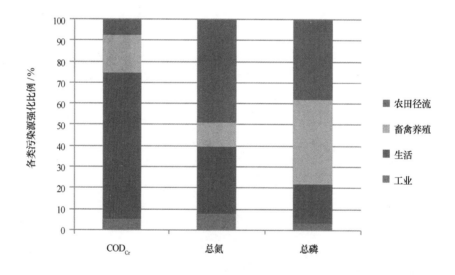

图6.4　陆源污染源强分类占比情况

6.2.2　海水养殖污染源强估算

根据《第一次全国污染源普查水产养殖业污染源产排污系数手册》（全国污染源普查水产养殖业污染源产排污系数测算项目组），浙江省水产养殖业污染源排污系数见表6.37。

表 6.37 浙江省海水养殖排污系数

养殖方式	养殖品种	排污系数/（g/kg）		
		COD$_{Cr}$	总氮	总磷
池塘养殖	鲈鱼、鲷鱼、大黄鱼	17.407	17.330	0.963
	南美白对虾	34.511	2.119	0.353
	斑节对虾、日本对虾	34.548	2.122	0.353
	中国对虾	34.456	2.116	0.352
	青蟹	17.148	2.841	0.114
	梭子蟹	39.221	2.449	1.062
	螺	7.572	8.791	0.749
网箱养殖	鲈鱼、鲷鱼、大黄鱼、美国红鱼	72.343	72.023	12.072
滩涂养殖	牡蛎、蚶、蛤、蛏	6.335	−7.355	−0.558
苗种培育	鱼苗	8.683	2.311	0.791
	虾苗	11.775	0.905	0.517
	蟹苗	11.081	1.597	0.138
	贝苗	5.709	1.177	0.219

根据该排污系数进行计算各沿海乡镇海水养殖污染源强,如表 6.38 和表 6.39。三县中,COD$_{Cr}$海水养殖污染源强以宁海县最大,象山县最小;总氮海水养殖污染源强以三门县最大,宁海县最小;总磷海水养殖污染源强以象山县最大,三门县最小(见图 6.5)。

表 6.38 三门湾各沿海乡镇海水养殖污染源强 单位:t/a

县区	乡镇	COD$_{Cr}$	总氮	总磷
三门县	海游镇	13.26	9.35	0.79
	沙柳镇	25.90	4.65	0.47
	六敖镇	78.20	46.29	4.07
	健跳镇	36.75	21.01	1.84
	横渡镇	6.67	−0.59	−0.02
	里浦镇	7.78	5.02	0.42
	花桥镇	26.84	17.43	1.48
	小雄镇	22.74	6.78	0.63
	沿赤乡	8.10	8.77	0.76
	泗淋乡	11.54	10.02	0.86
	蛇蟠乡	30.45	15.17	1.46

县区	乡镇	COD$_{Cr}$	总氮	总磷
宁海县	跃龙街道	12.73	7.81	0.69
	长街镇	175.69	111.32	11.21
	力洋镇	43.05	−28.71	−2.08
	茶院乡	7.28	3.42	0.30
	一市镇	58.25	8.90	0.98
	越溪乡	43.32	21.41	1.89
	桑洲镇	0.14	0.08	0.01
	黄坛镇	2.87	1.40	0.12
象山县	高塘岛乡	42.38	2.63	0.88
	鹤浦镇	76.98	46.43	4.80
	晓塘乡	3.33	0.23	0.09
	定塘镇	5.33	0.33	0.12
	新桥镇	91.54	90.10	15.12
	石浦镇	12.78	1.67	0.41
	泗洲头镇	12.17	0.80	0.27
	茅洋乡	1.45	0.41	0.07

表 6.39　各县海水养殖污染源强　　　　单位：t/a

县区	COD$_{Cr}$	总氮	总磷
三门县	268.23	143.90	12.76
宁海县	343.33	125.63	13.12
象山县	245.96	142.60	21.76

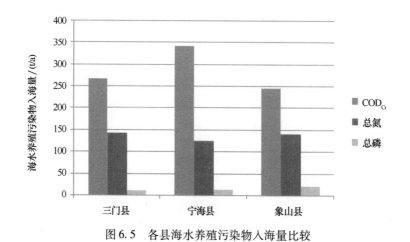

图 6.5　各县海水养殖污染物入海量比较

6.2.3 各乡镇陆源、海源总污染源强估算

根据各乡镇陆源、海源源强估算结果,计算入海总源强,如表6.40和表6.41。

表6.40 三门湾汇水区内各乡镇入海污染总源强 单位:t/a

汇水区编号	汇水区名称	乡镇	陆源源强			海源源强			总源强		
			COD_{Cr}	总氮	总磷	COD_{Cr}	总氮	总磷	COD_{Cr}	总氮	总磷
1	浦坝单元	花桥镇	245.20	80.43	9.00	26.84	17.43	1.48	272.04	97.86	10.48
		小雄镇	274.58	82.27	8.55	22.74	6.78	0.63	297.32	89.05	9.18
		泗淋乡	195.05	75.36	7.97	11.54	10.02	0.86	206.59	85.38	8.83
		浬浦镇	322.13	114.03	12.88	7.78	5.02	0.42	329.91	119.05	13.30
		沿赤乡	228.08	78.15	8.97	8.10	8.77	0.76	236.18	86.92	9.73
2	健跳单元	横渡镇	215.98	67.35	7.21	6.67	−0.59	−0.02	222.65	66.76	7.19
		健跳镇	331.91	97.59	11.24	36.75	21.01	1.84	368.66	118.60	13.08
3	海游单元	高枧乡	198.55	39.90	3.91	0	0	0	198.55	39.90	3.91
		珠岙镇	189.64	43.04	4.23	0	0	0	189.64	43.04	4.23
		海游镇	1 399.84	240.73	26.72	13.26	9.35	0.79	1 413.10	250.08	27.51
		亭旁镇	572.46	156.74	19.12	0	0	0	572.46	156.74	19.12
		六敖镇	379.43	122.51	18.31	78.20	46.29	4.07	457.63	168.80	22.38
4	旗门单元	桑洲镇	229.58	81.68	8.88	0.14	0.08	0.01	229.72	81.76	8.89
		沙柳镇	211.40	49.85	11.12	25.90	4.65	0.47	237.30	54.50	11.59
		一市镇	251.95	134.26	14.33	58.25	8.90	0.98	310.20	143.16	15.31
		蛇蟠乡	17.77	9.35	1.08	30.45	15.17	1.46	48.22	24.52	2.54
5	力洋单元	岔路镇	308.91	124.60	14.72	0	0	0	308.91	124.60	14.72
		前童镇	278.82	97.57	12.95	0	0	0	278.82	97.57	12.95
		黄坛镇	364.81	106.32	13.10	2.87	1.40	0.12	367.68	107.72	13.22
		跃龙街道	2 129.66	420.90	42.35	12.73	7.81	0.69	2 142.39	428.71	43.04
		茶院乡	420.61	135.06	29.21	7.28	3.42	0.30	427.89	138.48	29.51
		越溪乡	241.33	99.68	12.37	43.32	21.41	1.89	284.65	121.09	14.26
		力洋镇	1 052.01	310.33	93.35	43.05	−28.71	−2.08	1 095.06	281.62	91.27
6	白礁单元	长街镇	830.97	407.46	43.92	175.69	111.32	11.21	1 006.66	518.78	55.13
		泗洲头镇	234.89	96.33	13.41	12.17	0.80	0.27	247.06	97.13	13.68
		茅洋乡	155.35	47.38	6.31	1.45	0.41	0.07	156.80	47.79	6.38
		新桥镇	299.01	135.99	16.07	91.54	90.10	15.12	390.55	226.09	31.19
		定塘镇	358.09	142.91	16.74	5.33	0.33	0.12	363.42	143.24	16.86
		晓塘乡	330.97	104.87	23.85	3.33	0.23	0.09	334.30	105.10	23.94
7	石浦单元	石浦镇	1 517.40	587.76	42.52	12.78	1.67	0.41	1 530.18	589.43	42.93
		鹤浦镇	378.88	129.51	16.72	76.98	46.43	4.80	455.86	175.94	21.52
		高塘岛乡	213.55	81.21	9.34	42.38	2.63	0.88	255.93	83.84	10.22

表 6.41　各县入海污染总源强　　　　　　　　　　　　　　　　　　　　单位:t/a

县区	COD$_{Cr}$	总氮	总磷
三门县	5 050.25	1 401.20	163.07
宁海县	6 451.98	2 043.49	298.3
象山县	3 734.10	1 468.56	166.72

各乡镇 COD$_{Cr}$ 入海总源强以跃龙街道最大,总氮以石浦镇最大,总磷以力洋镇最大,蛇蟠乡 COD$_{Cr}$、总氮、总磷入海总源强都最小。

三县中,COD$_{Cr}$ 入海总源强以宁海县最大,象山县最小;总氮、总磷总源强均以宁海县最大,三门县最小(图 6.6)。

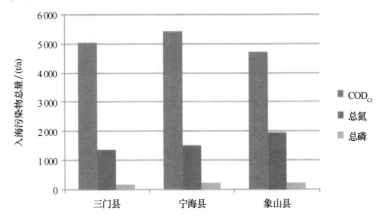

图 6.6　各县海陆污染物入海总量比较

6.3　小结

(1)将三门湾污染源强分为陆源污染(包括工业点源污染、生活污染、畜禽养殖污染、农田径流污染)和海水养殖污染进行估算,并依据三门湾水系分布和地形地貌情况,可将三门湾周边地区划分为 7 个汇水单元进行陆源污染源强汇总。

(2)各汇水区中,COD$_{Cr}$、总氮、总磷陆源入海源强均以力洋单元最大,健跳单元最小。

(3)COD$_{Cr}$、总氮和总磷的陆源入海源强分别为 14 378.81 t/a、4 501.12 t/a 和 580.45 t/a。三门县、宁海县和象山县的 COD$_{Cr}$ 陆源入海源强占比分别为 33.2%、42.5% 和 24.3%,总氮占比分别为 27.9%、42.6% 和 29.5%,总磷占比分别为 25.9%、49.1% 和 25.0%。

(4)陆源入海源强中,COD$_{Cr}$ 按大小排序为生活污染、畜禽养殖污染、农田径流污染和工业点源污染,分别占其总量的 69.7%、17.3%、7.6% 和 5.4%;总氮按大小排序为农田径流污染、生活污染、畜禽养殖污染和工业点源污染,分别占其总量的 48.7%、32.2%、11.2% 和7.9%;总磷按大小排序为畜禽养殖污染、农田径流污染、生活污染和工业点源污染,分别占其总量的 39.9%、37.8%、19.0% 和 3.3%。

（5）COD$_{Cr}$、总氮和总磷的海源源强分别为 857.52 t/a、412.13 t/a 和 47.64 t/a。三门县、宁海县和象山县的 COD$_{Cr}$ 海源源强占比分别为 31.3%、40.0% 和 28.7%，总氮占比分别为 34.9%、30.5% 和 34.6%，总磷占比分别为 26.8%、27.5% 和 45.7%。

（6）COD$_{Cr}$、总氮和总磷的入海总源强分别为 15 236.33 t/a、4 913.25 t/a 和 628.09 t/a，其中 COD$_{Cr}$ 陆源、海源占比为 94.4% 和 5.6%，总氮陆源、海源占比为 91.6% 和 8.4%，总磷陆源、海源占比为 92.4% 和 7.6%。三门县、宁海县和象山县的 COD$_{Cr}$ 入海总源强占比分别为 33.1%、42.3% 和 24.6%，总氮占比分别为 28.5%、41.6% 和 29.9%，总磷占比分别为 26.0%、47.5% 和 26.5%。

参考文献

丁训静. 太湖流域污染负荷模型研究. 水科学进展,2003,14(2):189 – 192.

关卉. 湛江市水环境容量分析与应用研究. 北京:中国环境科学出版社,2005.

国家环境保护总局,国家质量监督检验检疫总局. 畜禽养殖业污染物排放标准(GB18596 – 2001). 2001.

国家环境保护总局. 关于减免家禽业排污费等有关问题的通知(环发〔2004〕43号). 2004.

国务院第一次全国污染源普查领导小组办公示室. 第一次全国污染源普查城镇生活源产排污系数手册. 2008.

黄秀清,等. 乐清湾海洋环境容量及污染物总量控制研究. 北京:海洋出版社,2011.

黄秀清,王金辉,蒋晓山,等. 象山港海洋环境容量及污染物总量控制研究. 北京:海洋出版社,2008.

江苏省环境科学研究院. 太湖流域主要入湖河流水环境综合整治规划编制技术规范. 2008.

刘智慧. 畜牧业对大伙房水库水质的影响. 环境保护科学,2004,30(4):21 – 23.

宁海县水利志编纂委员会. 宁海县水利志. 1992.

宁海县统计局. 2008 年宁海县统计年鉴.

全国污染源普查水产养殖业污染源产排污系数测算项目组. 第一次全国污染源普查水产养殖业污染源产排污系数手册. 2007.

三门县统计局. 2008 年三门县统计年鉴.

王文林,胡孟春,唐晓燕. 太湖流域农村生活污水产排污系数测算. 生态与农村环境学报,2010,26(6):616 – 621.

象山县统计局. 2008 年象山县统计年鉴.

浙江省环境保护局,浙江省质量技术监督局. 畜禽养殖业污染物排放标准(DB33/593 – 2005). 2006.

中国环境规划院. 全国地表水环境容量核定工作常见问题辨析(一). 2004.

中国环境规划院. 全国地表水环境容量核定技术指南. 2003.

7 主要污染物降解特征研究

在海域主要污染物环境容量计算中,污染物降解速率的选择对于保证污染物浓度场模型的准确性具有非常重要的作用,而如何确定该参数是一个研究的盲点和难点。目前使用经验公式确定降解速率系数是常用方法,这种方法使得容量计算值与实际值之间存在差距,增加了容量计算值的误差和模型验证的工作量。为保证三门湾 COD、无机氮、活性磷酸盐降解速率系数率定的准确性,开展 COD、无机氮、活性磷酸盐三种因子的降解转化速率海上围隔实验。

7.1 实验简介

7.1.1 实验装置

围隔实验装置为顶部开放式围隔,外部为采用钢骨架支撑的透明聚乙烯袋,直径 1 m,长度 2 m,装水体积约 1.5 m³。围隔实验设置对照组 1 个、实验组 4 个,共 5 个围隔袋,编号依次为 M1、M2、M3、M4、M5。

实验地点设在水流畅通,风浪条件适宜的三门湾健跳港外侧海域(39°03′N,121°41′E),利用水桶等工具将现场海水分装入各围隔袋中,确保各围隔袋的初始状态基本一致(图7.1)。

图 7.1　围隔装置及现场灌装海水图

7.1.2 实验药品

高浓度 COD 样品:市政排污口(图 7.2)水样,浓度为 100~200 mg/L。

无机氮:硝酸钾(KNO_3)。

无机磷:磷酸二氢钾(KH_2PO_4)。

图 7.2 高浓度 COD 样品采集点(市政污水排放口)

围隔安装完毕后分别加入生活污水、硝酸钾(KNO_3)和磷酸二氢钾(KH_2PO_4)水溶液,各围隔袋添加情况如下(表 7.1)。

表 7.1 各围隔袋添加药品量

围隔编号	COD/g	无机氮/μmol	无机磷/μmol
M1	0	0	0
M2	19.0	0	0
M3	0	12.5	0.625
M4	0	25.0	1.25
M5	0	50.0	2.50

M1 不添加任何物质,为空白对照围隔。

M2 中一次性加入生活污水,使其 COD 浓度达到 5 mg/L。取三门湾附近排污口废水 100 L,经测定其初始 COD 浓度为 190 mg/L。

M3、M4、M5 中加入营养盐,方法如下。

M3 同时加入硝酸钾(KNO_3)和磷酸二氢钾(KH_2PO_4),加入的浓度为:硝酸盐浓度 25 $\mu mol/L$,磷酸盐浓度 1.25 $\mu mol/L$。取硝酸钾 3.788 g,磷酸二氢钾 0.255 g,溶解于

500 mL 纯水中,实验开始时,全量加入 M3 围隔袋。

M4 同时加入硝酸钾(KNO$_3$)和磷酸二氢钾(KH$_2$PO$_4$),加入的浓度为:硝酸盐浓度 50 μmol/L,磷酸盐浓度 2.50 μmol/L。取硝酸钾 7.575 g,磷酸二氢钾 0.510 g,溶解于 500 mL 纯水中,实验开始时,全量加入 M4 围隔袋。

M5 同时加入硝酸钾(KNO$_3$)和磷酸二氢钾(KH$_2$PO$_4$),加入的浓度为:硝酸盐浓度 100 μmol/L,磷酸盐浓度 5.00 μmol/L。取硝酸钾 15.15 g,磷酸二氢钾 1.02 g,溶解于 500 mL 纯水中,实验开始时,全量加入 M5 围隔袋。

在 5 个围隔之外,同步采集围隔袋外海水分析海水环境的自然变化,为便于统计,暂定为 M0。

7.1.3 实验项目与分析方法

水质:水温、盐度、pH、溶解氧、COD$_{Mn}$、氨盐、硝酸盐、亚硝酸盐、活性磷酸盐。

生物生态:叶绿素 a、浮游植物。

实验项目与分析方法如表 7.2 所示。

表 7.2 实验项目与分析方法

实验项目	分析方法	引用标准或文件
pH	pH 计法	GB 17378.4—2007
溶解氧	碘量法	GB 17378.4—2007
盐度	实验室盐度计法	GB 17378.4—2007
温度	表层水温表法	GB 17378.4—2007
硝酸盐	锌-镉还原法	GB 17378.4—2007
亚硝酸盐	萘乙二胺分光光度法	GB 17378.4—2007
氨盐	次溴酸盐氧化法	GB 17378.4—2007
活性磷酸盐	磷钼蓝分光光度法	GB 17378.4—2007
COD	碱性高锰酸钾法	GB 17378.4—2007
叶绿素 a	可见分光光度法	GB 17378.4—2007
浮游植物	镜检法	GB 17378.7—2007

7.1.4 取样时间与取样方法

将水体搅拌均匀后取样,营养盐用玻璃纤维滤膜过滤后贮存于聚乙烯瓶中,冷藏保存,于 3 h 内带回实验室分析。叶绿素 a 现场用玻璃纤维滤膜过滤,使用 2100 型可见分光光度计测定。取样时间见表 7.3。

表 7.3　围隔实验样品采集时间

采样日期	采样时间
9 月 3 日	8:00,10:00, 14:00, 20:00
9 月 4 日	8:00,10:00,14:00,20:00
9 月 5 日	8:00,14:00,20:00
9 月 6 日	8:00,14:00,20:00
9 月 7 日	8:00,20:00
9 月 8 日	8:00,20:00
9 月 9 日	8:00

叶绿素 a:取表层水样 500 mL,用 0.45 μm 滤膜在抽滤装置上过滤后,滤膜在暗处低温干燥保存,带回实验室。

所采样品冷藏保存(30 L 保温箱),每日中午和晚上送国家海洋局大陈海洋站分析。

7.1.5　实验期间天气情况

围隔实验于 2009 年 9 月 3—9 日进行,实验第二日阵雨,降雨量小,其他均为晴天或多云。

7.1.6　分析方法

7.1.6.1　计算 COD 降解速率

COD 降解过程基本上符合一级反应动力学模式,降解速率方程为:

$$\frac{\mathrm{d}C}{\mathrm{d}t} = -k_c C \tag{7.1}$$

即:

$$C = C_0 \cdot \mathrm{e}^{-k_c t} \tag{7.2}$$

式中,C_0 为初始浓度,mg/L;C 为 t 时刻浓度,mg/L;t 为反应时间,d;k_c 为降解速率系数,d^{-1}。

第一步是线性化,对式(7.2)两边取对数,得

$$\ln C = \ln C_0 - k_c t \tag{7.3}$$

令

$$y = \ln C, \ x = t, \ a = \ln C_0, \ b = -k_c \tag{7.4}$$

将式(7.3)化为线性形式:

$$y = a + bx \tag{7.5}$$

第二步是对数据进行线性回归分析,对已知浓度的 n 组数据 $(t_i, C_i)(i = 1, 2, \cdots, n)$,由式(7.4)可以转化为 n 组数据 $(x_i, y_i) = (t_i, \ln C_i)(i = 1, 2, \cdots, n)$。应用最小二乘法原理,对式(7.5)一元线性回归,得

$$a = \frac{\sum\limits_{i=1}^{n} x_i^2 \sum\limits_{i=1}^{n} y_i - \sum\limits_{i=1}^{n} x_i y_i \sum\limits_{i=1}^{n} x_i}{n \sum\limits_{i=1}^{n} x_i^2 - \left(\sum\limits_{i=1}^{n} x_i \right)^2} \tag{7.6}$$

$$b = \frac{n\sum\limits_{i=1}^{n} x_i y_i - \sum\limits_{i=1}^{n} x_i \sum\limits_{i=1}^{n} y_i}{n\sum\limits_{i=1}^{n} x_i^2 - (\sum\limits_{i=1}^{n} x_i)^2} \qquad (7.7)$$

第三步是降解速率的确定,由式(7.4)可得,$k_c = -b$。

7.1.6.2　计算磷酸盐转化系数

海水中的溶解无机磷的转化速率遵循一级动力学方程,

$$\ln C = k_{1P} t + B \qquad (7.8)$$

式中,C 为某一时刻磷酸盐浓度,mg/L;k_{1P} 为活性磷酸盐的转化速率(线性化转化过程同 COD)。

7.1.6.3　数据分析方法

本次实验结果利用 SPSS 16.0 软件进行分析,绘图软件使用 Origin 7.0。

7.2　实验结果

7.2.1　环境因子的变化

7.2.1.1　温度的变化

从图 7.3 来看,围隔内外的温度变化趋势一致,6 d 的试验时间内,温度变化区间为 28.81～29.98℃。

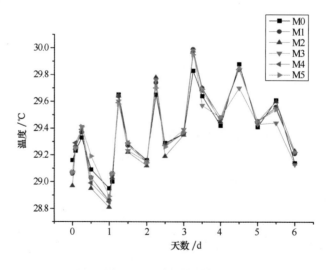

图 7.3　温度变化趋势

7.2.1.2　盐度的变化

M0 号站位,为围隔外数据,因张落潮的关系,盐度呈明显的规律性变化;变化范围在 24.99～27.81 之间。M1、M3、M4、M5 号围隔因海水与外界不产生交换,盐度变化不大,变化范围在 24.63 ~ 25.79 之间,呈现缓慢上升的趋势。M2 号围隔因加入大量的生活污水(淡水),盐度比其他围隔低,变化范围在 22.02 ~ 23.81 之间(图 7.4)。

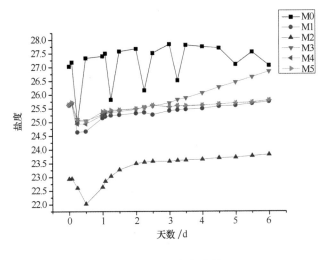

图 7.4　盐度变化趋势

7.2.1.3　pH 值的变化

围隔外海水 M0 号站位的 pH 值变化不大,随着涨落潮的变化,M0 号站位 pH 值的变化范围在 7.89 ~ 8.05 之间,pH 值比较稳定。围隔内海水的 pH 值变化显著,在实验前两天(0 ~ 2 d)围隔内海水的 pH 值的大小和围隔外海水相近,pH 值大小在 7.69 ~ 8.03 范围之内,但 pH 值在实验第 3 天开始呈现快速增长的趋势, M1 号围隔内海水 pH 值在实验进行到第 4 天(4.5 d)达到最高值 9.07,M2 号围隔内海水 pH 值在实验进行到第 5 天(5.5 d)达到最高值 8.92, M3 号围隔内海水 pH 值在实验进行到第 4 天(3.25 d)达到最高值 9.12,M4 号围隔内海水 pH 值在实验进行到第 5 天(5.5 d)达到最高值 9.02,M5 号围隔内海水 pH 值在实验进行到第 5 天(5.5 d)达到最高值 9.04(图 7.5)。

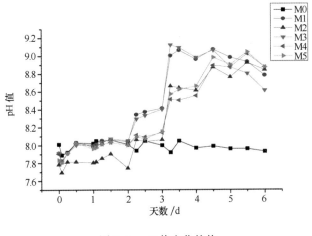

图 7.5　pH 值变化趋势

围隔海水内的 pH 变化可能是因为围隔内浮游植物的急剧增加引起海水变碱性。

7.2.1.4 叶绿素 a 的变化

在实验初期,围隔内叶绿素 a 的浓度变化不大,但两天后,叶绿素 a 的浓度快速增长,4 天后叶绿素 a 的浓度维持在较高的水平,并呈下降趋势。在时间上,叶绿素 a 含量的升高与营养盐浓度的降低相吻合。在实验第 3 天各围隔袋内叶绿素 a 浓度普遍超过 0.04 mg/L,最高达 0.16 mg/L(图 7.6),已超出赤潮预警浓度,可判定各围隔袋内已暴发赤潮。

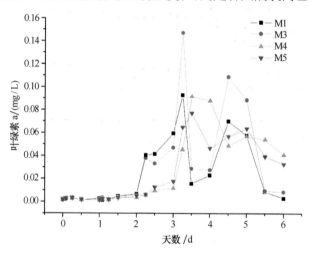

图 7.6 叶绿素 a 变化趋势

7.2.2 主要污染物降解系数分析

7.2.2.1 COD 降解速率研究

围隔内外海水中 COD_{Mn} 的浓度变化见图 7.7 所示,M0 号站位为围隔外海水的 COD_{Mn} 浓度变化图,COD_{Mn} 浓度变化不大,变化范围在 0.58 ~ 1.16 mg/L 之间。M1 号围隔为空白对照围隔,在实验进行的前两天,围隔内 COD_{Mn} 的浓度变化不大,在第 2 天后,M1 号围隔内的 COD_{Mn} 浓度突然增加,最高值达到 4.18 mg/L,随后又明显下降,最终浓度为 1.87 mg/L。

M2 号围隔加入生活污水,COD_{Mn} 浓度较高,在实验前两天 COD_{Mn} 浓度呈现缓慢下降的趋势,但在实验进行到第 3 天开始,M2 号围隔内的 COD_{Mn} 浓度显著提高,至实验结束的第 6 天,COD_{Mn} 浓度依旧很高,达到 4.95 mg/L,相比于实验周期的设定,COD_{Mn} 降解速率较慢。由于各围隔袋内暴发赤潮,水体有机成分增加,导致 COD_{Mn} 含量升高。

7.2.2.2 无机氮降解实验结果

无机氮降解实验结果可见图 7.8、图 7.9。

本次实验结果表明三门湾无机氮转化速率系数范围在 0.060 ~ 0.489 d^{-1} 之间,均值为 0.257 d^{-1}(表 7.4)。由于实验后期暴发赤潮,赤潮生物大量吸收营养盐,导致 DIN 降解速率较快。

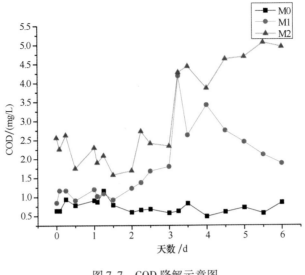

图 7.7　COD 降解示意图

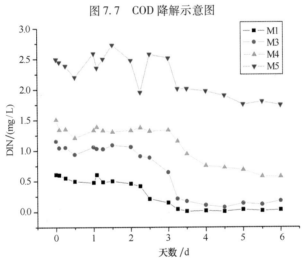

图 7.8　无机氮降解示意图

表 7.4　无机氮降解实验数据及处理结果

单位:mg/L

取样时间	M1	M3	M4	M5
2009 – 09 – 03 08:00	0.609	1.148	1.507	2.490
2009 – 09 – 04 08:00	0.477	1.054	1.334	2.586
2009 – 09 – 05 08:00	0.459	1.055	1.332	2.473
2009 – 09 – 06 08:00	0.149	0.640	1.337	2.510
2009 – 09 – 07 08:00	0.019	0.103	0.755	1.971
2009 – 09 – 08 08:00	0.037	0.132	0.684	1.751
2009 – 09 – 09 08:00	0.032	0.173	0.574	1.74
衰减常数 k	0.489	0.322	0.157	0.060
相关系数 R^2	0.923	0.827	0.950	0.876

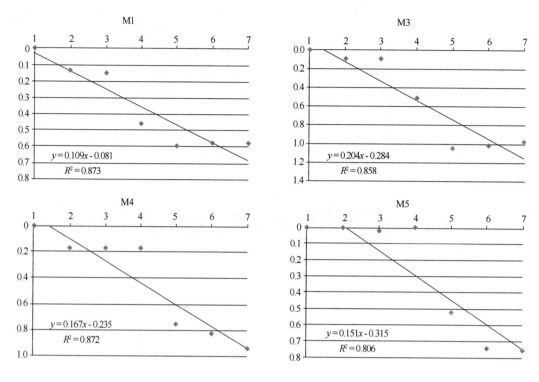

图 7.9　各围隔袋无机氮降解结果

7.2.2.3　活性磷酸盐降解实验结果

活性磷酸盐降解实验结果如图 7.10、图 7.11。

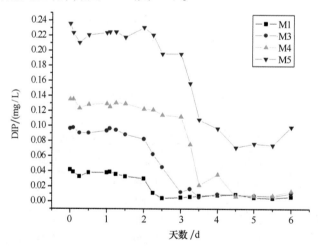

图 7.10　活性磷酸盐降解示意图

本次实验结果表明三门湾活性磷酸盐转化速率系数范围在 $0.173 \sim 0.469$ d^{-1} 之间,均值为 0.356 d^{-1}(见表 7.5)。由于实验后期暴发赤潮,赤潮生物大量吸收营养盐,导致 DIP 降解速率较快。

112

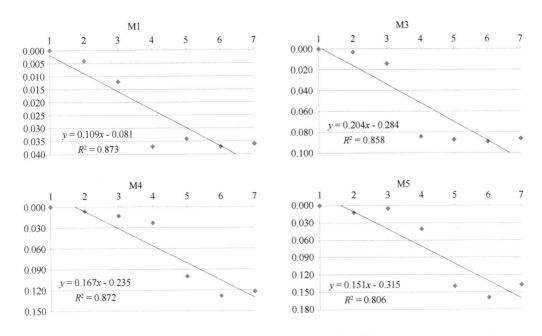

图 7.11　各围隔袋活性磷酸盐降解结果

表 7.5　活性磷酸盐降解实验数据及处理结果　　　　　　　单位:mg/L

取样时间	M1	M3	M4	M5
2009 – 09 – 03 08:00	0.042	0.096	0.135	0.235
2009 – 09 – 04 08:00	0.038	0.093	0.129	0.223
2009 – 09 – 05 08:00	0.030	0.082	0.122	0.230
2009 – 09 – 06 08:00	0.005	0.012	0.112	0.195
2009 – 09 – 07 08:00	0.008	0.009	0.035	0.096
2009 – 09 – 08 08:00	0.005	0.007	0.007	0.076
2009 – 09 – 09 08:00	0.006	0.010	0.013	0.098
衰减常数 k	0.362	0.469	0.420	0.173
相关系数 R^2	0.914	0.791	0.813	0.787

7.3　小结

(1)本次实验结果表明三门湾活性磷酸盐转化速率系数范围在 0.173 ~ 0.469 d^{-1} 之间,均值为 0.356;无机氮转化速率系数范围在 0.060 ~ 0.489 d^{-1} 之间,均值为 0.257 d^{-1};本次实验 COD 的降解规律不明显,使用国家海洋局第二海洋研究所 2010 年 5 月在三门湾海域的研究成果,取 COD 降级速率系数均值 0.049 5 d^{-1}。

（2）营养盐是浮游植物生长、繁殖不可缺少的条件，在自然海区营养盐的含量对浮游植物数量变动影响很大，也直接影响叶绿素 a 的含量变化。本次实验结果显示，叶绿素 a 含量的增长和营养盐浓度的降低在时间上基本吻合，反映出由于浮游植物的生长，叶绿素 a 含量升高，同时消耗营养盐，叶绿素 a 的增量与 DIN、DIP 的减少量有很好的线性关系（$P < 0.05$）。

8 潮流模拟及水动力特性分析

本章将建立一个包含三门湾、台州湾在内的二维水动力数学模型,对三门湾的潮流场进行模拟研究,并以此为基础分析其余流、纳潮量及水体交换能力等环境水力特征,为估算三门湾环境容量提供技术基础。

8.1 潮流场数值模拟

8.1.1 数值模型简介

本章选择了 Delft 3D 来建立三门湾海域的二维水动力模型。Delft 3D 由荷兰 Delft 水力研究所开发,是目前世界上先进的水动力 – 水质模型系统之一,尤其独一无二地支持曲面格式。Delft 3D 能非常精确地进行大尺度的水流(Flow)、水动力(Hydrodynamics)、波浪(Waves)、泥沙(Morphology)、水质(Waq)和生态(Eco)的计算。各模块之间完全在线动态耦合;整个系统按照目前最新的"即插即用"的标准设计,完全实现开放,满足用户二次开发和系统集成的需求。Delft 3D 采用 Delft 计算格式,快速而稳定,完全保证质量、动量和能量守恒,实现了与 GIS 的无缝链接,有强大的前后处理功能。

本章主要运用了其中的水流(Flow)模块,采用不可压缩流体、浅水、Boussinesq 假设下的 Navier – Stokes 方程为控制方程。具体的控制方程表达式和计算求解方法可参见《Deltf 3D – FLOW User Manual(Version 3. 14. 9772,2009)》。

对模型边界条件的处理,主要涉及垂向边界条件和开边界条件。垂向边界条件包括运动学边界和底床边界,运动学边界是指自由表面和底部的垂向流速计算处理,底床边界在二维垂向平均模型和三维模型中也有不同的处理方式。开边界实际上就是水 – 水边界,根据拥有的数据资料的类型,有多种靠边界驱动方式可选,如水位、流速、流量等,具体亦可参见《Deltf 3D – FLOW User Manual(Version 3. 14. 9772,2009)》。本次模型的开边界根据相关资料分析 $K_1 + O_1 + P_1 + Q_1 + M_2 + S_2 + K_2 + N_2 + M_4 + MS_4 + M_6$ 分潮调和常数,进而以预报的潮位过程来给定。

8.1.2 模拟流程

8.1.2.1 研究区域的确定

根据研究的主要内容,本次数值模拟计算区域较大,包括三门湾、猫头洋、台州湾及其邻近海域,外海开边界南至台州湾南侧、黄礁涂北侧的同头嘴(28°31′N),北至象山长嘴头附近(29°26′N),东至122°27′E(图8.1),径流开边界取椒江口。

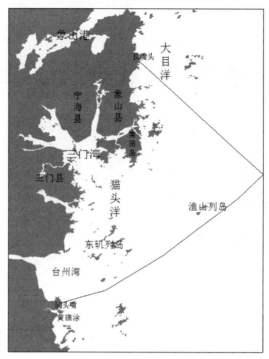

图8.1 计算区域示意图

8.1.2.2 模型网格和模型地形概化

根据图8.1界定的计算区域,采用平面二维水动力模型,对区域采用正交曲线网格进行离散。模型区域南北长约100 km,东西长约110 km,网格数629×674,三门湾内网格最小边长约为50 m,湾外海域网格最大边长约220 m(见图8.2),潮流场计算时间步长取60 s。

模型所用地形资料大部分取自各种历史海图,通过矢量化的方法从历史海图得到计算区域水深数据的采样点,与实测水深数据结合插值获得网格点上的水深数据,部分水深对照2009年卫星海图进行修正(见图8.3)。

其中,三门湾内地形资料主要取自中国人民解放军海军司令部航海保证部制作的《三门湾》海图,比例尺1∶50 000,图编号13581,2006年8月第二版;湾内西侧旗门港和海游港内,使用实测数据和2009年卫星海图对水深进行修正。

以下分析计算中,水深基准面均采用1985国家高程基准。由图8.3可见,三门湾内港汊与滩涂间隔排列,大部分海域水深介于5~15 m之间,部分水道内分布有深坑,其局部深度可达50 m以上。

8.1.2.3 模型定解条件

模型的初始条件、闭边界条件、开边界条件的给定如8.1.1所述,在此不再重复说明。

8.1.2.4 计算方法

模型主要采用的是 ADI 法(Alternating Direction Implicit Method),它是一种隐、显交替

116

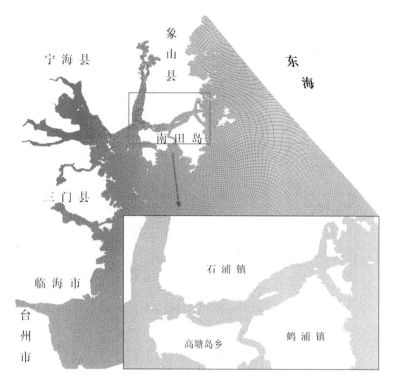

图 8.2　计算区域网格

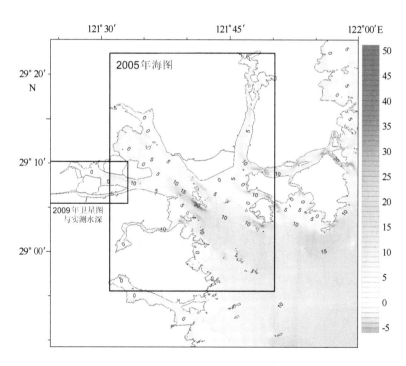

图 8.3　三门湾海域水深

求解的有限差分格式。ADI 算法将一个时间步长剖分为两步,每一步为 1/2 个时间步长,前半个步长对 X 方向进行隐式处理,后半步则对 Y 方向进行隐式处理。

8.1.2.5　模型验证

为研究整个三门湾的水环境容量,在湾内布设潮位和潮流验证点,根据现有的潮汐资料,选择典型大潮和小潮作为潮流模型的验证潮型。验证计算采用有同步实测资料(2009年12月1—31日)的健跳及港底潮位站作为潮位验证点,以同期实测潮流的 L1、L2、L3 站作为潮流验证点(图 1.1)。

1)潮位验证

潮位的验证采用 2009 年 12 月 3—12 日健跳、港底两个潮位站的潮位实测资料,验证结果如图 8.4 和图 8.5 所示。由图可知,潮位过程的计算结果与实测结果基本吻合,整个过程的相对误差可以控制在 10% 以内。从大、小潮的验证结果来看,计算结果可以基本反映三门湾的潮波变化过程。

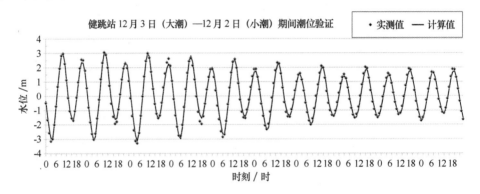

图 8.4　健跳站潮位验证结果

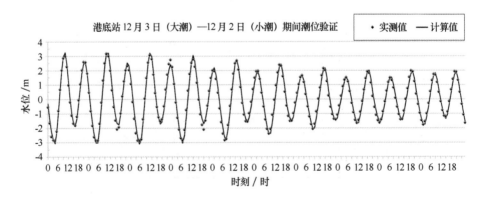

图 8.5　港底站潮位验证结果

2)潮流验证

据图 1.1 中潮流验证点分布,水动力模型的潮流验证分别选取与潮位实测过程同期的大潮期(2009 年 12 月 3—4 日)和小潮期(2009 年 12 月 11—12 日)L1 ~ L3 测站实测数据,对三门湾潮流模型进行验证。图 8.6 和图 8.7 为 2009 年 12 月大、小潮期的潮流验证结果。由于调查期间 L1 测站风浪较大，考虑安全因素被迫放弃调查，因此 L1 测站仅有 12 月小潮期间的数据供潮流验证。

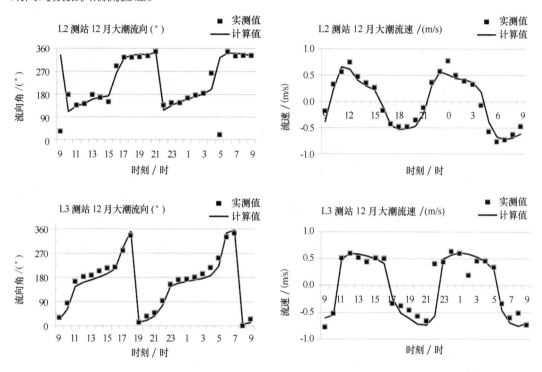

图 8.6　各测站大潮期(2009 年 12 月 3—4 日)流速、流向验证结果

从图中可以看出，各个验证点的计算流速、流向过程与实测的过程总体吻合良好，流速峰值和转流时刻两者也比较接近，误差基本可以控制在 20% 以内。因此，从整个水动力模型对于三门湾海域潮流的模拟情况来看，可以认为模拟的流场基本能反映这两个时期计算区域水动力的情况，其计算结果可以进一步作为三门湾水交换以及水环境容量研究的基础。

8.1.3　模拟结果分析

图 8.8～图 8.15 分别给出了 2009 年 12 月的大、小潮期计算区域全域以及三门湾内局部海域的涨、落潮急流流矢的分布。从流场模拟结果及以下全域、局域的急流流矢分布图来看，三门湾内流场具有如下特点。

(1)外海潮波自东南向西北传入三门湾后，在湾内形成驻波为主的潮流运动特征，且涨落潮历时差别不大。三门湾内潮流基本上为往复流性质，流向受地形影响较为明显，湾口流入的涨潮流以西北方向为主，落潮流以东南方向为主，各水道、港汊内则基本沿纵轴方向，其中石浦港涨潮流向西，落潮流向东；湾口至湾外较开阔海域呈现出不同程度的旋转流特征。

(2)涨潮时，东海潮波由大区域东南侧沿西北方向传播，主要经三门湾湾口传入湾内。

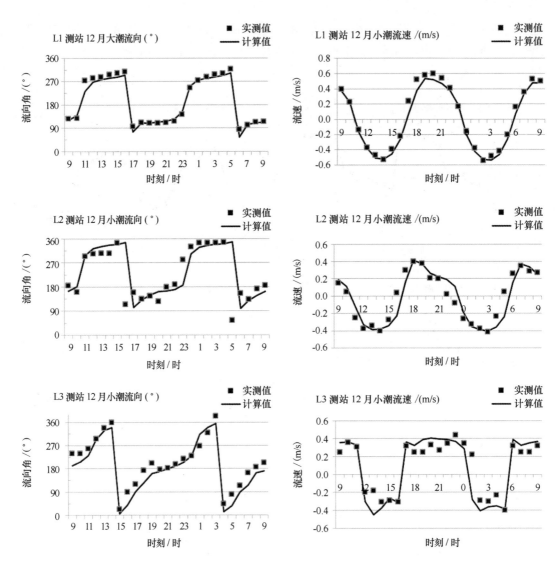

图 8.7　各测站小潮期(2009 年 12 月 3—4 日)流速、流向验证结果

大部分涨潮流通过猫头洋后经湾口沿西北方向流入湾内,小部分自东向西经石浦港流入湾内,两股涨潮流在湾内汇合后分为四股流向湾顶:第一股流入健跳港,第二股经蛇蟠水道流入旗门港及海游港,第三股流入力洋港、青山港,第四股流入白礁水道。各港汊内涨潮流流向基本与港汊纵轴平行,且保持与外海涨潮流相近的流速,在与港汊间隔排列的大面积浅滩上,水流漫滩呈缓流扩散状态。

(3)落潮时,流向基本与涨潮流向相反,主流为东南向。湾顶水流归槽外泄,各港汊流出的落潮流汇聚后,大部分沿东南方向流出三门湾湾口,小部分经石浦港自西向东流出。计算区域东南角的鱼山列岛及西南部的东矶列岛附近,受水下地形影响,涨、落潮流向均发生一定变化,局部潮流流向相对复杂。

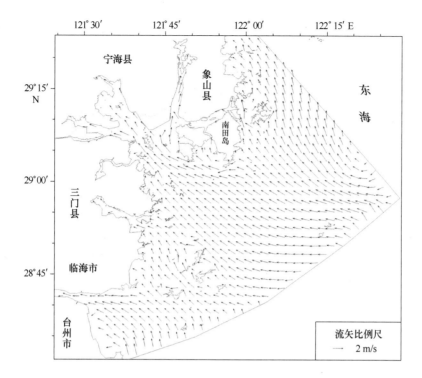

图 8.8　2009 年 12 月大潮涨急垂线平均流矢图（全域）

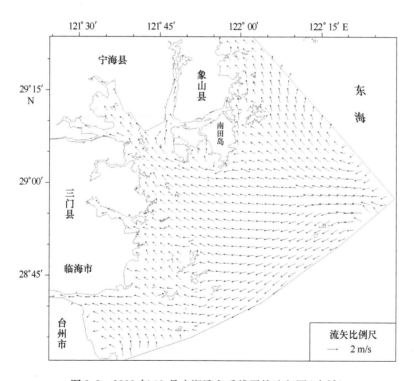

图 8.9　2009 年 12 月小潮涨急垂线平均流矢图（全域）

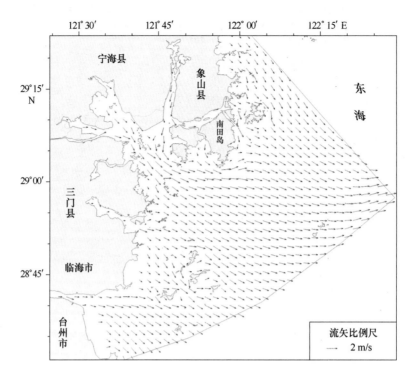

图 8.10　2009 年 12 月大潮落急垂线平均流矢图(全域)

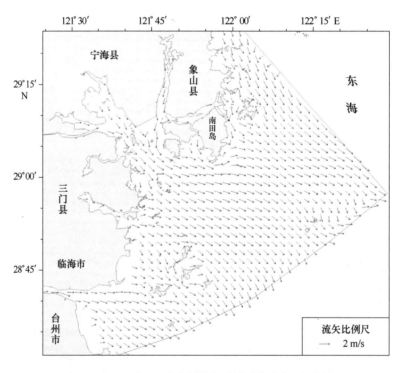

图 8.11　2009 年 12 月小潮落急垂线平均流矢图(全域)

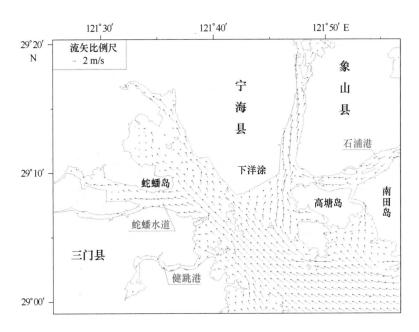

图 8.12　2009 年 12 月大潮涨急垂线平均流矢图(局部)

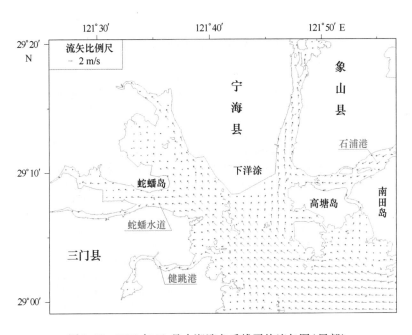

图 8.13　2009 年 12 月小潮涨急垂线平均流矢图(局部)

8.2　水体交换能力数值计算与分析

1996 年,Luff 等引入了半交换时间的概念(Half – life – time),定义为某海域保守物质浓

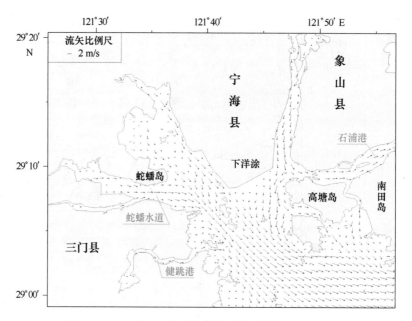

图 8.14　2009 年 12 月大潮落急垂线平均流矢图(局部)

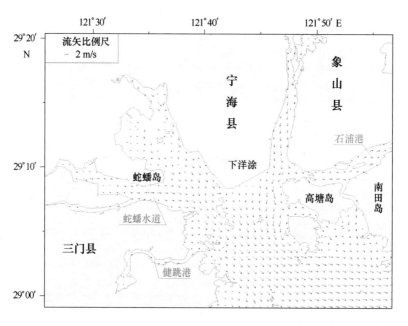

图 8.15　2009 年 12 月小潮落急垂线平均流矢图(局部)

度通过对流扩散稀释为初始浓度一半所需的时间。该定义基于这样一个事实:海域内某物质的最终浓度为零几乎是不可能的,稀释的快慢代表了水质变化的速率,即代表了该海域的水体交换能力。

　　本研究在此半交换时间的概念的基础上,利用保守物质的输移扩散模型,计算三门湾海域内每个格点保守物质的扩散输移以及稀释的快慢,从而研究三门湾海域的水体交换能力。

8.2.1 水体交换数值模型的建立

在前文水动力模型的基础上建立区域保守物质浓度输运的水交换模型。

8.2.1.1 边界条件

模型的闭边界条件流量为零,输移为零,即:开边界流入流出采用不同的处理方式,流入物质浓度为0,流出物质浓度由模型计算得到。水流条件自动从水流模型中得到。

8.2.1.2 初始条件

根据海湾志对三门湾范围划定的分析,三门湾湾口为青峙山经三门岛至南田岛南端南山岛的连线,在研究三门湾水体交换时,三门湾的范围:以湾口为南界,东界为石浦港东端的对面山、东门岛连线。模型的初始条件情况(图8.16)设三门湾湾内水浓度分布为1个单位(图中显示为红色),湾外和边界入水均设为0(图中显示为深蓝色)。

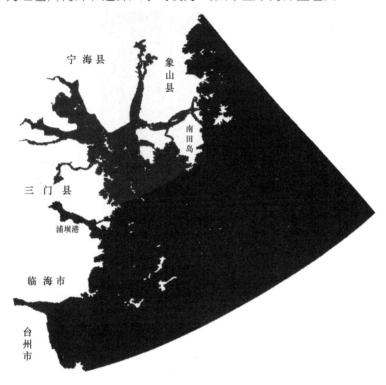

图 8.16　水交换模型初始条件示意图

8.2.1.3 其他条件

网格分布与水动力模型相同,计算时间步长为 10 min。

8.2.2 计算结果与分析

8.2.2.1 保守物质分布

根据上述保守物质模型,采用计算时期大、中、小完整的连续潮汐过程作为计算潮型,连续计算得到保守物质在计算水域中的扩散输移以及稀释过程。图 8.17～图 8.21 显示了模拟计算 3 个月内不同时间的保守物质分布情况,其中图 8.17 为第 5 天的分布,图 8.18～图 8.21 为 15～60 d 里每半个月的分布。需要指出的是,每个格点上保守物质的浓度值代表的不仅是其本身的浓度高低,同时也是此时当地水体交换程度的重要指标。可以看出,整个三门湾水体(包括各港汊)交换率基本达到 95%的周期约为 60 d。

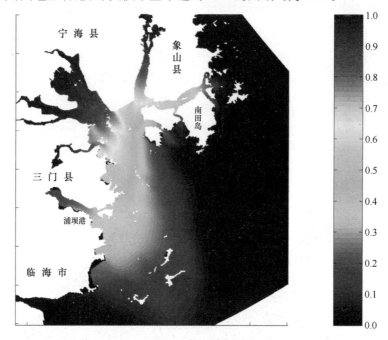

图 8.17　5 天后保守物质分布

由图 8.17 可见,5 天后,湾内各区域的水交换程度差别较大。整体上保守物质浓度由湾顶向湾口呈梯度降低,说明湾内水体越接近湾口交换程度越高;同时,湾口断面自西向东水交换程度呈梯度升高,湾口附近浓度等值线方向大致为 NNE—SSW 方向,其东侧第 5 天水交换率即可达 90%以上;湾内西侧诸港汊水交换程度也略低于相对靠东侧的白礁水道,前者水交换率基本在 20%以下,后者也基本在 30%以下;石浦港水交换能力较强,其西端至东端水交换率从 40%升至 80%左右;南田岛、高塘岛、花岙岛南部的小岙湾内多为滩涂,大部分时间无水流经过,因此基本未能得到交换,保守物质浓度为初始的 1 个单位。

半个月后(见图 8.18),湾中 5 天前未得到交换的水域除部分高程较高的滩涂外,绝大部分水域都得到一定程度的交换,浓度值降到 0.9 个单位以下,蛇蟠水道以西的旗门港、海游港水交换程度较低,水交换率介于 20%～35%之间,其余各港汊、水道的水交换率:蛇蟠水道及青山港、力洋港、健跳港均介于 30%～50%之间,白礁水道介于 30%～70%之间,石浦港及整个湾口断面水交换率均已达到 70%以上。湾口浓度等值线向湾内推移,水域水体交换程度增大。

1 个月后(见图 8.19),除小岛岙湾内部分高程较高的小范围滩涂外,三门湾绝大部分

126

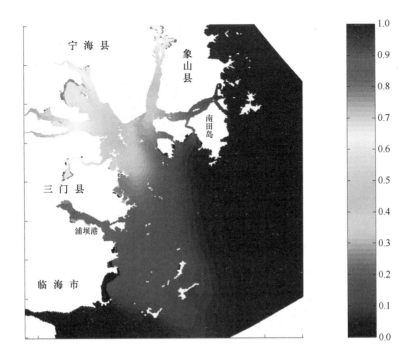

图 8.18　半个月后保守物质分布

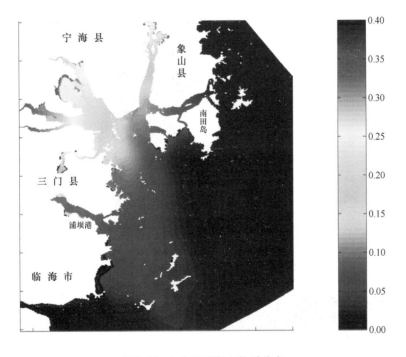

图 8.19　1 个月后保守物质分布

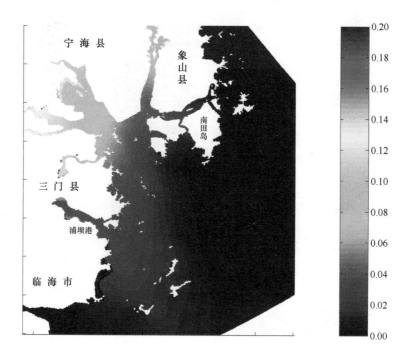

图 8.20　1 个半月后保守物质分布

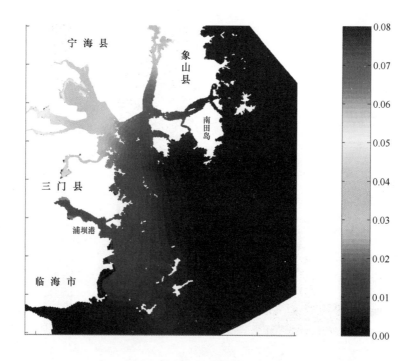

图 8.21　2 个月后保守物质分布

水体均已完成半交换,湾内水交换率基本达到60%以上。为便于观察湾内浓度分布,图中浓度显示上限改为0.4个单位。图中可以看出,湾顶及湾口的浓度等值线继续向湾内推移,并且浓度梯度明显降低,但整体水交换程度分布趋势仍与之前相近,湾内西部浓度等值线大致沿 NE—SW 方向,相对高浓度的水域主要出现在旗门港和海游港内,其浓度值基本介于 0.25～0.35 之间,而东部的石浦港内,浓度已降至 0.1 个单位以下。

图 8.20 与图 8.21 中,湾内浓度分布趋势及等值线走向接近,而整体浓度下降、浓度等值线继续内推;1 个半月后,湾内水体的交换率全体达到85%以上;两个月后,湾内水体的交换率全体达到90%以上,除湾内西侧湾顶部分水域外,绝大部分水体交换率达到95%,由于 100% 交换不可能达到,可以认为此时三门湾内水体已基本完成交换。

8.2.2.2　水体交换时间

通过以上保守物质浓度计算的结果,进一步统计湾内水体交换率达到50%的时间(称为水体半交换时间),以及水体交换率达到95%的时间,后者可以代表湾内水基本完成交换所需的时间。计算结果如图 8.22 和图 8.23 所示。

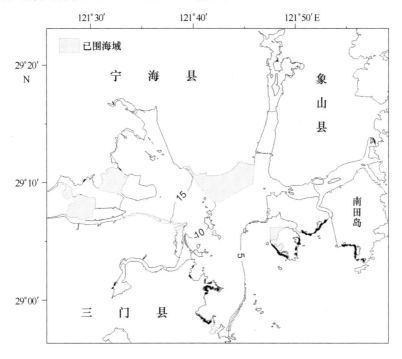

图 8.22　水体半交换时间分布(单位:d)

从图中可以看出,三门湾水体交换能力的分布在湾内各区域差别较大,总体上呈现为石浦港及湾口水域水体交换时间较短,湾顶水交换时间较长,且湾内西部水体交换能力整体上弱于东部水域的特点。

由图 8.22 可见,水体半交换时间的变化由湾口向湾顶呈梯度降低,且湾内西部半交换时间相对长于东部同纬度海域。湾口断面的半交换时间自西向东由 5 d 降至 1 d 以下,猫

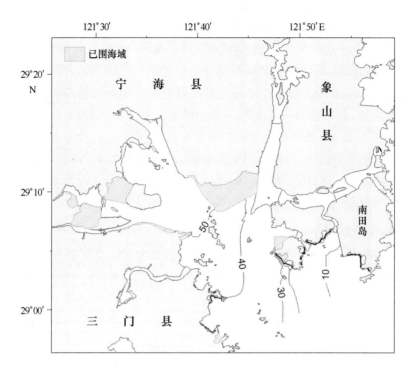

图 8.23　水体交换达到 95% 所需时间分布(单位:d)

头水道与满山水道的半交换时间为 10 d 左右,向其西北侧则逐渐增加,湾内半交换时间最长的水域位于旗门港及海游港顶部,约为 23 d;白礁水道内的半交换时间由水道口门至顶部,从 8 d 增加至 19 d;健跳港内的半交换时间为 10 ~ 20 d,石浦港的半交换时间在 7 d 以下。以上可以看出,全湾的水体半交换时间最长不超过 23 d,湾内相对开阔的主体海域半交换时间不超过 15 d。

由图 8.23 可见,湾内各区域水体交换率达到 95% 所需时间的分布规律及等值线走向与半交换时间分布相近,全湾水体交换率几乎完全达到 95% 的水交换周期约为 60 d,湾内相对开阔的主体水域 95% 水交换时间约为 50 d。其中湾内西部诸港汊顶部水交换周期最长,旗门港、海游港水体交换率达到 95% 所需的时间超过 55 d;石浦港内 95% 的水交换周期自西向东从 40 d 降至 10 d 左右;湾口断面 95% 的水交换周期自西向东从 35 d 降至 5 d 以下。

8.3　纳潮量的计算与分析

纳潮量是一个海湾可以接纳的潮水的体积,它是海湾环境评价的重要指标,也是反映湾内外海水交换的一个重要参数。纳潮量的大小对海洋环境、海湾的水体交换及港汊、航道内水深的维持等都具有重要意义。三门湾是一个典型的半封闭型海湾,且注入湾内的河流主要为山溪性河流,因此计算三门湾纳潮量时,忽略从沿岸河口流出计算区域的潮通量,仅考虑三门湾与外海的两个潮流通道断面:三门湾湾口断面及石浦港内垂直于主水道纵轴的石浦断面。

本次计算将纳潮量定义为在任意一个潮周期内,从低潮时刻到高潮时刻累计进入到湾内的新增潮水量。则一个潮周期的纳潮量可表示为:

$$Q = \int_{T_{\text{low}}}^{T_{\text{high}}}\int_{A_1} U_1 D_1 \, \mathrm{d}A_1 \, \mathrm{d}t + \int_{T_{\text{low}}}^{T_{\text{high}}}\int_{A_2} U_2 D_2 \, \mathrm{d}A_2 \, \mathrm{d}t \tag{8.1}$$

式中,T_{low}、T_{high} 分别对应一个潮周期的低潮和高潮时刻;A_1、A_2 分别为湾口断面及石浦断面的宽度;U_1、U_2 分别为垂直于湾口断面和石浦断面的法向的垂向平均流速,以流入湾内为正,流出为负;$D_1 = H_1 + \eta_1$,$D_2 = H_2 + \eta_2$,其中 H_1,η_1 分别为湾口断面的平均水深和瞬时水位,H_2,η_2 分别为石浦断面的平均水深和瞬时水位。

在前文潮流模型计算的基础上,计算了三门湾 2009 年 11 月 28 日—2009 年 12 月 12 日纳潮量变化过程,结果如图 8.24 所示。计算表明,三门湾纳潮量较大,经过一个全潮,三门湾的纳潮量基本在 $15 \times 10^8 \sim 30 \times 10^8 \text{ m}^3$ 之间,其中大潮期为 $20 \times 10^8 \sim 30 \times 10^8 \text{ m}^3$,小潮期为 $15 \times 10^8 \sim 18 \times 10^8 \text{ m}^3$,全潮平均纳潮量约为 $20.78 \times 10^8 \text{ m}^3$。

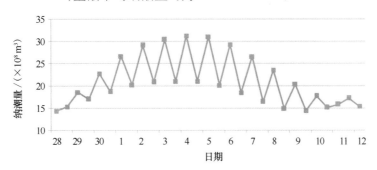

图 8.24 2009 年 11 月 28 日—12 月 12 日纳潮量变化过程

8.4 小结

(1)水动力模型对区域潮汐和潮流过程的模拟结果较为理想,模拟的流场基本能反映计算区域水动力的情况,计算结果能够作为三门湾水交换以及水环境容量研究的基础。

(2)从流场模拟结果来看,三门湾内潮流基本为往复流性质,运动特征以驻波为主,且涨落潮历时差别不大。潮流流向受地形影响较为明显,湾口流入的涨潮流以西北方向为主,落潮流以东南方向为主,石浦港内涨潮流向西,落潮流向东,各水道、港汊内潮流流向基本沿水道主轴方向。湾内诸港汊与舌状潮滩相间分布,浅滩上涨潮时水流漫滩呈缓流扩散状态,落潮时湾顶水流归槽外泄。以上特征与三门湾实测水动力特性相符。

(3)三门湾纳潮量较大,经过一个全潮,其值基本在 $15 \times 10^8 \sim 30 \times 10^8 \text{ m}^3$ 之间,其中大潮期为 $20 \times 10^8 \sim 30 \times 10^8 \text{ m}^3$,小潮期为 $15 \times 10^8 \sim 18 \times 10^8 \text{ m}^3$,全潮平均纳潮量约为

$20.78 \times 10^8 \ m^3$。

（4）根据水体交换数值计算的结果,三门湾水体半交换能力的分布在湾内各区域的差别较大,总体上呈现湾口及石浦港水域水体交换能力强,且湾内西侧水体交换相对东侧较慢的特点。从整体上看,三门湾内水体半交换时间在 23 d 以内,相对开阔的主体水域 95% 水交换周期在 50 d 以内;诸港汊内大部分区域水体半交换时间需要 10 d 以上,95% 的水交换周期在 50 d 以上;石浦港西端水体交换时间较东端长,其半交换周期在 8 d 以下,95% 的水交换周期在 40 d 以下。

9 主要污染物输移扩散模拟

三门湾主要污染物为氮、磷等营养盐类,而排入三门湾的污染源中除营养盐外,化学需氧量(COD)也是一个重要的污染因子。同时,化学需氧量是表征水体有机污染的一个综合污染物,也是描述污染源的重要指标之一,在水环境评价、管理和规划中被普遍采用。因此,根据三门湾水质现状和入湾污染源现状,分别建立 COD、氮和磷的水质模型,为下一步研究三门湾环境容量奠定基础。

9.1 污染物扩散数学模型

9.1.1 模型简介

本章主要运用了 Delft 3D 中的水质(Waq)模块,采用物质对流扩散方程为控制方程,具体的控制方程表达式和计算求解方法可参见《Deltf 3D – FLOW User Manual (Version 3.14.9772,2009)》。

模型的初始设物质浓度为常数。闭边界使其沿法线方向的浓度梯度为零,即:水边界流出的物质浓度由模型计算得到,流入物质浓度通过参考实际调查数据给定一个常数。

污染物扩散模型计算采用与水动力相同的网格,见图 8.2。

9.1.2 计算参数

9.1.2.1 降解系数

国内外研究认为河口海湾地区 COD 的降解系数要小于河流湖泊,一般小于 0.1 d^{-1}。如王泽良在渤海湾的研究中发现 COD 降解系数在 0.023 ~ 0.076 d^{-1} 之间,刘浩在辽东湾取 COD 降解系数 0.03 d^{-1},林卫青等在长江口及毗邻海域水质和生态动力学模型中,取 COD 降解系数 0.05 d^{-1},象山港环境容量计算时 COD 降解系数取为 0.032 d^{-1}(其中 10℃ 和 16℃ 下分别为 0.023 d^{-1} 和 0.047 d^{-1}),乐清湾环境容量计算时 COD 降解系数取 0.025 d^{-1},杭州湾容量计算时 COD 降解系数取 0.04 ~ 0.05 d^{-1}。综合考虑国内各学者研究成果,本书通过模型率定,COD 降解系数取 0.015 d^{-1}。

水体中营养盐的输入主要通过水平输运、垂直混合和大气沉降三种途径,其在水体中的分布与变化不仅与其来源、水动力条件、沉积、矿化等过程有关,还与海水中的细菌、浮游动植物等有着密切的关系。其主要物质过程有浮游植物的吸收,在各级浮游动物及鱼类等食物链中传递,生物溶出、死亡、代谢排出等重新回到水体中,不同形态之间的化学转化,水体中营养盐的沉降,沉积物受扰动引起的再悬浮及沉积物向水体的扩散和释放等等。

因此营养盐在海水中的物质过程十分复杂,用降解系数反映上述所有过程实属不易。在莱州湾环境容量研究(国家海洋局第一海洋研究所报告)、宁波—舟山海域环境容量研究(中国海洋大学研究报告)时,均将污染物作为保守物质处理。刘浩在研究辽东湾时分别取总磷的降解系数为 0.1 d^{-1} 和 0.01 d^{-1} 进行模拟后,认为降解系数取为 0.01 d^{-1} 更接近实测值。Wei H 等 1998—1999 年调查渤海生态系统时发现,将渤海中的无机氮视为保守物质和考虑无机氮的生物过程所得到的年平均浓度之间的误差不超过 20%。乐清湾环境容量计算时活性磷酸盐降解系数取 0.0075 d^{-1},无机氮降解系数取 0.005 d^{-1}。杭州湾环境容量计算时活性磷酸盐降解系数在 0.01 ~ 0.02 d^{-1} 之间取值,无机氮降解系数在 0.008 ~ 0.009 d^{-1} 之间取值。考虑到三门湾悬浮物浓度较高,浮游植物对营养盐的吸收相对较慢,综合考虑降解系数试验结果及国内各学者研究成果,本次研究通过数模率定,活性磷酸盐的降解系数取 0.008 d^{-1},无机氮的降解系数取 0.006 d^{-1},与上述成果中采用的降解系数接近。

9.1.2.2 扩散系数

本次研究扩散系数取 150 m^2/s。

9.1.2.3 初始条件

初始条件对计算结果的影响一般在开始阶段,在计算稳定后,初始条件对计算结果的影响可忽略。本次研究水质模型采用冷启动方式,即 COD、无机氮、活性磷酸盐初始浓度均取 0 mg/L。

9.1.2.4 边界条件

水质模型的水边界条件的确定是在三门湾水质现状及外海水质现状的基础上,由模型率定。

根据大榭—象山海域 2008 年 8 月及 2009 年 8 月水质调查资料中 2 站、14 站、15 站、16 站、17 站的实测数据,模型东北水边界靠近象山港附近海域 COD 浓度在 0.28 ~ 2.05 mg/L 之间,平均浓度为 0.73 mg/L;磷酸盐浓度在 0.005 2 ~ 0.037 9 mg/L 之间,平均浓度为 0.024 mg/L;无机氮浓度在 0.101 ~ 0.500 mg/L 之间,平均浓度为 0.345 mg/L。参考上述数据,通过数模率定,取 COD 水质模型的东北水边界条件大潮为 0.7 ~ 0.8 mg/L,小潮为 0.85 ~ 1 mg/L,磷酸盐为 0.04 mg/L,无机氮为 0.45 mg/L。

根据 2011 年台州湾大陈岛附近的一个数模研究报告,大陈岛附近海域环境本底 COD 浓度为 3.94 mg/L,磷酸盐为 0.067 mg/L,无机氮为 0.62 mg/L。模型东南水边界参考大陈岛附近海域浓度,通过模型率定,取 COD 水质模型的东南水边界条件大潮为 0.7 ~ 0.8 mg/L,小潮为 0.85 ~ 3 mg/L,活性磷酸盐为 0.05 mg/L,无机氮为 0.80 mg/L。

9.2 污染源概化

9.2.1 主要污染物源强分布

根据第 6 章的污染源调查结果,本章按三门湾沿岸汇水区分布设置相应的计算源点。

134

模型计算中污染源位置及计算污染源点的设置见图6.1。

三门湾污染源主要分为两部分：一是陆域污染源，包括各工业企业、居民生活、农业生产、畜禽养殖和水土流失来源；二是海水养殖源，主要有鱼类养殖、甲壳类养殖和贝类养殖来源。

9.2.1.1 化学需氧量(COD)

污染源调查时根据《污水综合排放标准(GB 8978—1996)》，化学需氧量采用重铬酸钾法测定，因此本书中化学需氧量源强采用下标 Cr(COD_{Cr})以示区别。根据污染源调查结果，各汇水区 COD_{Cr} 入海总源强力洋单元最大，达到 4 905.40 t/a，其次为海游单元，2 831.38 t/a，健跳单元最小，仅591.31 t/a。各汇水区 COD_{Cr} 源强组成有所不同，但基本以生活污染、禽畜养殖污染和农业面源污染为主，工业污染和渔业养殖污染所占比例较小。本次研究对土壤流失污染不做计算。

化学需氧量是表征水体有机污染的一个综合污染物，也是描述污染源的重要指标之一，在水环境评价、管理和规划中被普遍采用，本次研究选择 COD_{Cr} 作为三门湾水环境容量的计算污染物。各汇水区污染源源点的源强按照污染物调查结果确定，COD_{Cr} 污染源源强按沿岸各汇水区分配结果如表 9.1。

表 9.1   各汇水区化学需氧量(COD_{Cr})污染源调查源强   单位:t/a

汇水区编号	汇水区名称	陆源源强	海源源强	总源强
1	浦坝单元	1 265.04	77.00	1 342.04
2	健跳单元	547.89	43.42	591.31
3	海游单元	2 739.92	91.46	2 831.38
4	旗门单元	710.70	114.74	825.44
5	力洋单元	4 796.15	109.25	4 905.40
6	白礁单元	2 209.28	289.51	2 498.79
7	石浦单元	2 109.83	132.14	2 241.97
合　计		14 378.81	857.52	15 236.33

9.2.1.2 总氮(TN)

根据污染源调查结果，氮类营养盐是三门湾污染排放中的主要污染物。污染源调查时，以总氮表征氮类营养盐。在三门湾沿岸各汇水区中，总氮入海量最大的为力洋单元，达到 1 299.79 t/a，其次为白礁单元，1 138.13 t/a；总氮入海量最小的为健跳单元，仅185.36 t/a。各汇水区总氮源强组成有所不同，但基本以农业面源污染和禽畜养殖污染所占比例最大。

根据环境质量现状结果，三门湾水体中总氮含量较高。本次研究选择总氮作为削减量计算污染物，从削减总氮排放量角度出发，分析源强削减对三门湾水环境的影响，进行削减控制。各汇水区污染源源点的源强按照污染物调查结果确定，总氮污染源源强按沿岸各汇水区分配结果见表 9.2。

表9.2　各汇水区总氮(TN)污染源调查源强 单位:t/a

汇水区编号	汇水区名称	陆源源强	海源源强	总源强
1	浦坝单元	430.24	48.02	478.26
2	健跳单元	164.94	20.42	185.36
3	海游单元	602.92	55.64	658.56
4	旗门单元	275.14	28.8	303.94
5	力洋单元	1 294.46	5.33	1 299.79
6	白礁单元	934.94	203.19	1 138.13
7	石浦单元	798.48	50.73	849.21
合　计		4 501.12	412.13	4 913.25

9.2.1.3　总磷(TP)

根据污染源调查结果,磷类营养盐亦是三门湾污染排放中的主要污染物。污染源调查时,以总磷表征磷类营养盐。在三门湾沿岸各汇水区中,总磷入海量最大的为力洋单元,达到218.97 t/a,其次为白礁单元,147.18 t/a;总磷入海量最小的为健跳单元,仅20.27 t/a。各汇水区总磷源强组成有所不同,但基本以农业面源污染和禽畜养殖污染所占比例最大。

根据环境质量现状结果,三门湾水体中总磷含量较高。本次研究选择总磷作为削减量计算污染物,从削减总磷排放量角度出发,分析源强削减对三门湾水环境的影响,进行削减控制。各汇水区污染源源点的源强按照污染物调查结果确定,总磷污染源源强按沿岸各汇水区分配结果如表9.3。

表9.3　各汇水区总磷(TP)污染源调查源强 单位:t/a

汇水区编号	汇水区名称	陆源源强	海源源强	总源强
1	浦坝单元	47.37	4.15	51.52
2	健跳单元	18.45	1.82	20.27
3	海游单元	72.29	4.86	77.15
4	旗门单元	35.41	2.92	38.33
5	力洋单元	218.05	0.92	218.97
6	白礁单元	120.30	26.88	147.18
7	石浦单元	68.58	6.09	74.67
合　计		580.45	47.64	628.09

9.2.2　主要污染物换算关系

本书选择 COD_{Cr}、总氮和总磷用于进行环境容量或削减量的计算。在污染物源强调查与估算中,对 COD_{Cr}、总氮和总磷进行了分析,但《海水水质标准(GB 3097—1997)》中未列出三者的水质标准,故难以阐明 COD_{Cr}、总氮和总磷源强增加或削减对三门湾水体的影响。

136

《海水水质标准(GB3097—1997)》中采用碱性高锰酸钾法测定化学需氧量(记为 COD_{Mn},下同),并使用无机氮和活性磷酸盐来表征海水中氮类和磷类营养盐,但此三者缺乏污染源强的调查资料和估算结果。若能确定三门湾 COD_{Cr} 和 COD_{Mn}、总氮和无机氮、总磷和活性磷酸盐源强与水体中浓度分布之间的换算关系,则可以通过两者之间的换算,以 COD_{Mn}、无机氮和活性磷酸盐阐述污染物源强增加或削减对海水水质的影响,从而确定三门湾海域主要污染物的环境容量。

三门湾 COD_{Cr} 和 COD_{Mn}、总氮和无机氮、总磷和活性磷酸盐之间的换算系数,拟根据三门湾水体中,各污染物的现状浓度分布,采用模型计算与实测相结合的方法进行对比分析来确定。

9.2.2.1 COD_{Cr} 和 COD_{Mn}

COD_{Cr} 和 COD_{Mn} 是由不同测定方法求得的化学需氧量数值,在陆上以及污染源排放时化学需氧量以由重铬酸钾法测定的 COD_{Cr} 表达;在海水中化学需氧量以由碱性高锰酸钾法测定的 COD_{Mn} 表达。一般认为水体中 COD_{Cr} 的浓度是 COD_{Mn} 浓度的 2.5 倍。本次研究在涉及二者之间换算时采用此换算系数。

9.2.2.2 总氮和无机氮

要确定总氮和无机氮之间的换算系数则较为困难,在排放的污染源中,无机氮占总氮比例受污染物的来源、气温、气压等多种因素的影响而随时随地变化,因此难以确定。在海水中,氮类营养盐的存在形式与物质过程也十分复杂,氮的各种形式占总氮的比例一直没有令人信服的研究成果。

对于三门湾总氮和无机氮之间的换算系数,本书拟采用对三门湾水体中总氮和无机氮的现状浓度分布进行对比分析的方法来确定。2009 年 7 月和 12 月的 4 个航次的调查结果中,大面站采用全湾平均值,连续站采用全时段平均值进行对比分析(表9.4)。根据实测资料显示,三门湾总氮和无机氮平均浓度的比值范围在 2.35 ~ 7.43 之间,其中 2009 年 7 月第一航次的连续站 LX3 的比值较其他时段偏大较多,视作异常值处理,不作计算,其余比值取平均值为 3.18。综合统计,总氮与无机氮水体中平均浓度值的比值取 3.18,即在本次计算中,涉及总氮与无机氮的源强和浓度二者之间换算时,采用此换算系数。

表9.4　2009 年三门湾无机氮、总氮调查统计结果

调查项目		无机氮平均浓度/(mg/L)	总氮平均浓度/(mg/L)	总氮/无机氮
2009 年 7 月第一航次	大面站	0.47	1.20	2.56
	连续站 LX2	0.51	2.31	4.56
	连续站 LX3	0.30	2.24	7.43
2009 年 7 月第二航次	大面站	0.46	1.44	3.12
	连续站 LX2	0.72	1.89	2.63
	连续站 LX3	0.55	1.99	3.59

调查项目		无机氮 平均浓度/(mg/L)	总氮 平均浓度/(mg/L)	总氮/无机氮
2009 年 12 月 第三航次	大面站	0.70	1.65	2.35
	连续站 LX2	0.69	2.47	3.57
	连续站 LX3	0.69	2.35	3.42
2009 年 12 月 第四航次	大面站	0.64	1.57	2.44
	连续站 LX2	0.67	2.16	3.24
	连续站 LX3	0.59	2.10	3.54
总平均值				3.18

9.2.2.3 总磷和活性磷酸盐

与总氮和无机氮之间的换算系数一样,要确定总磷和活性磷酸盐之间的换算系数也较为困难。在排放的污染源中,活性磷酸盐占总磷的比例受各种因素的影响而随时随地变化,因此难以确定。在海水中,磷类营养盐的存在形式与物质过程十分复杂,海水中磷类营养盐的各种形式占总氮的比例一直没有令人信服的研究成果。虽然已有部分研究成果,如黄自强在长江口的研究认为水体中无机磷占总磷约20%。但三门湾与长江口的条件不一样,不能直接引用。

对于三门湾总磷和磷酸盐之间的换算系数,本书拟采用对三门湾水体中总磷和磷酸盐的现状浓度分布进行对比分析的方法来确定。2009 年 7 月和 12 月的 4 个航次的调查结果中(表9.5),大面站采用全湾平均值,连续站采用全时段平均值进行对比分析。根据实测资料显示,三门湾总磷和磷酸盐平均浓度的比值范围在 1.25 ~ 2.38 之间,总磷和磷酸盐平均浓度的比值较为平衡,平均值为 1.78。综合统计,总磷和磷酸盐水体中平均浓度值的比值取 1.78,即在本次计算中,涉及总磷和磷酸盐的源强和浓度二者之间换算时,采用此换算系数。

表9.5　2009 年三门湾磷酸盐、总磷调查统计结果

调查项目		磷酸盐 平均浓度/(μg/L)	总磷 平均浓度/(μg/L)	总磷/磷酸盐
2009 年 7 月 第一航次	大面站	36.64	66.32	1.81
	连续站 LX2	45.23	61.93	1.37
	连续站 LX3	52.30	85.78	1.64
2009 年 7 月 第二航次	大面站	48.96	83.70	1.71
	连续站 LX2	41.12	88.10	2.14
	连续站 LX3	52.39	124.59	2.38

调查项目		磷酸盐平均浓度/(μg/L)	总磷平均浓度/(μg/L)	总磷/磷酸盐
2009 年 12 月第三航次	大面站	51.48	64.40	1.25
	连续站 LX2	47.78	107.40	2.25
	连续站 LX3	48.42	100.44	2.07
2009 年 12 月第四航次	大面站	43.82	76.54	1.75
	连续站 LX2	42.96	61.01	1.42
	连续站 LX3	42.81	65.51	1.53
总平均值				1.78

9.2.3 主要污染物源强换算

9.2.3.1 COD$_{Mn}$

根据 COD$_{Cr}$ 和 COD$_{Mn}$ 之间的换算系数,最终可得到三门湾沿岸各汇水区 COD$_{Mn}$ 排放源强,如表 9.6 所示。

表 9.6 COD$_{Mn}$ 水质模型各汇水区污染源源强 单位:t/a

汇水区编号	汇水区名称	陆源源强	海源源强	总源强
1	浦坝单元	506.02	30.80	536.82
2	健跳单元	219.16	17.37	236.52
3	海游单元	1 095.97	36.58	1 132.55
4	旗门单元	284.28	45.90	330.18
5	力洋单元	1 918.46	43.70	1 962.16
6	白礁单元	883.71	115.80	999.52
7	石浦单元	843.93	52.86	896.79
合 计		5 751.53	343.01	6 094.54

9.2.3.2 无机氮

根据无机氮和总氮之间的换算系数,最终可得到三门湾沿岸各汇水区无机氮排放源强,如表 9.7 所示。

表 9.7 无机氮水质模型各汇水区污染源源强 单位:t/a

汇水区编号	汇水区名称	陆源源强	海源源强	总源强
1	浦坝单元	135.30	15.10	150.40
2	健跳单元	51.87	6.42	58.29
3	海游单元	189.60	17.50	207.09
4	旗门单元	86.52	9.06	95.58

汇水区编号	汇水区名称	陆源源强	海源源强	总源强
5	力洋单元	407.06	1.68	408.74
6	白礁单元	294.01	63.90	357.90
7	石浦单元	251.09	15.95	267.05
合　计		1 415.45	129.61	1 545.05

9.2.3.3　磷酸盐

根据磷酸盐和总磷之间的换算系数,最终可得到三门湾沿岸各汇水区磷酸盐排放源强,如表9.8所示。

表9.8　磷酸盐水质模型各汇水区污染源源强　　　　　　　　　　单位:t/a

汇水区编号	汇水区名称	陆源源强	海源源强	总源强
1	浦坝单元	26.61	2.33	28.94
2	健跳单元	10.37	1.02	11.39
3	海游单元	40.61	2.73	43.34
4	旗门单元	19.89	1.64	21.53
5	力洋单元	122.50	0.52	123.02
6	白礁单元	67.58	15.10	82.69
7	石浦单元	38.53	3.42	41.95
合　计		326.09	26.76	352.86

9.3　主要污染物数值模拟

水质模拟结果必须符合实际情况,因此需对水质模型进行验证。根据水质实测资料,从三个角度进行验证:一是将实测的三门湾水质总体分布与模拟的水质总体分布进行对比分析;二是将各验证点(见图1.1)的实测值与计算值进行对比分析;三是将模拟的三门湾全潮平均值与实测平均结果进行对比分析。

三门湾污染物扩散模型是在潮流场模拟计算基础上进行的,经过多次计算验证,约两个月能达到稳定,因此根据潮流场的计算时间,以2009年12月的实测资料对污染物扩散模型计算3个月后所得结果进行验证。

9.3.1　化学需氧量

2009年12月三门湾 COD_{Mn} 实测值分布见图9.1所示。实测结果中,由于各水质验证站取样时间不一致,导致结果并非同一时刻 COD_{Mn} 浓度在三门湾内的准确分布;但由湾口附近的浓度分布等值线弧顶向湾内伸展,可以推测至少有一部分测站采样时处于涨潮期,取不同潮时模型计算的总体分布也证明了涨潮期三门湾内浓度分布与实测浓度分布较为接近。因此,对水质总体分布的验证,选取涨潮期接近高潮时刻的污染物浓度分布进行验证分析。

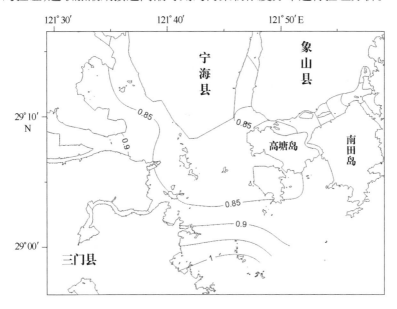

图 9.1　2009 年 12 月 COD$_{Mn}$实测浓度等值线分布(单位:mg/L)

模拟得到的三门湾高潮时刻 COD$_{Mn}$浓度分布见图9.2。由图可见,COD$_{Mn}$浓度在三门湾湾口附近及湾内中部总体呈外高内低、西高东低的趋势,湾口西端及旗门港、海游港等污染源相对集中的水域浓度较高,可达 0.9 mg/L 以上,白礁水道内浓度相对较低,在 0.78 ~ 0.84 之间,石浦水道内 COD$_{Mn}$浓度东高西低。据此,可以认为三门湾中部相对开阔的海域及石浦水道内的 COD$_{Mn}$污染主要受外海控制,湾顶水域主要受污染源影响。虽然 COD$_{Mn}$计算值最大值略低于实测 COD$_{Mn}$浓度最大值,但整体上看,计算结果与实测值等值线分布趋势相近。分析产生偏差的原因,除模型本身未能完全模拟三门湾局部的源强和污染物物质过程外,还可能与水质调查时未能做到完全同步采样以及因滩涂宽广,水深浅,采样时扰动底泥导致实测值存在误差等有关。

将三门湾湾内 18 个水质调查站的实测值与模型计算结果进行比较,结果列于表9.9。从表9.9 中可以看出,湾口附近的验证点浓度值相对较高,且湾口断面上西侧浓度稍高于东侧;从不同站位一个潮周期内的时均浓度值来看,计算得到的最大浓度值略小于实测最大浓度值,计算得到的最小浓度值也稍大于实测最小浓度值,但计算的结果和实测结果的空间分布均较为均匀,且变化趋势较为一致。从总体上看,各个水质调查站的实测值与模型计算结果之间相对误差均小于15%,其中 16 个站位计算值与实测值的误差小于10%,占所有站位的比例接近90%,这不仅表明模型基本符合三门湾的水动力条件和污染物物质输移扩散的情况,而且说明污染源的统计和估算与实际情况差别不大。全海区全潮平均浓度计算值与实测值相比较,两者也较为接近,表明水质模型在总体上较成功地模拟了三门湾 COD$_{Mn}$的浓度分布。

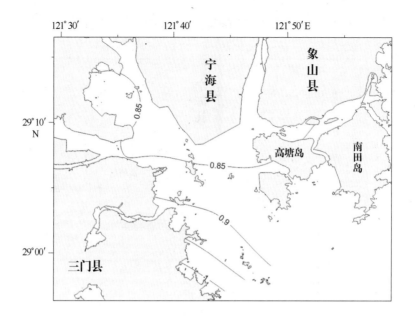

图 9.2　数值模拟高潮期 COD_{Mn} 浓度等值线分布(单位:mg/L)

表 9.9　COD_{Mn} 水质模型计算值与实测值对照　　　　　　　　　单位:mg/L

站位	计算值			实测值	相对误差 /%
	高潮	低潮	平均值		
S1	0.957	0.920	0.940	1.07	−12.15
S2	0.944	0.921	0.936	1.04	−9.95
S3	0.907	0.923	0.927	0.92	0.78
S4	0.866	0.923	0.900	0.87	3.47
S5	0.862	0.893	0.874	0.86	1.60
S6	0.875	0.851	0.859	0.86	−0.07
S7	0.897	0.847	0.869	0.83	4.73
S8	0.901	0.865	0.885	0.83	6.68
S9	0.848	0.842	0.842	0.82	2.64
S10	0.847	0.836	0.840	0.83	1.16
S11	0.850	0.816	0.831	0.84	−1.07
S12	0.830	0.815	0.820	0.8	2.50
S13	0.876	0.830	0.845	0.96	−11.99
S14	0.850	0.880	0.865	0.94	−7.97
S15	0.839	0.851	0.844	0.86	−1.89
S16	0.828	0.811	0.817	0.86	−4.96
S17	0.854	0.853	0.854	0.83	2.89
S18	0.814	0.813	0.812	0.83	−2.18
全海区平均值	0.869	0.861	0.808 3	0.839 7	−3.75

注:平均值为全潮平均值。

142

9.3.2 无机氮

2009 年 12 月三门湾无机氮实测值分布如图 9.3 所示。模拟得到的三门湾高潮时刻无机氮浓度分布见图 9.4。由图可见,无机氮浓度在三门湾内由西侧向东侧递变,总体呈现西高东低的趋势。湾内东部水域浓度较低,大部分区域浓度小于 0.60 mg/L,湾内西部和顶部港汊等水域浓度较高,浓度大部分都超过 0.65 mg/L,靠近西侧沿岸一带,无机氮浓度超过 0.70 mg/L。将模拟结果与实测分布进行对比,三门湾内无机氮浓度等值线整体分布趋势基本一致。模拟所得结果中石浦港内浓度分布与实测结果稍有偏差,实际测量时石浦港内无机氮浓度大于 0.60 mg/L,而模拟得到浓度分布中,石浦港内无机氮浓度从西向东减小,西半边海域浓度小于 0.60 mg/L。三门湾港汊顶端浓度实测与模拟结果也不甚一致,分析产生偏差的原因,港汊顶端受污染物源强排放的影响,模拟中出现较高浓度,而外海开边界条件相对较小使得石浦港内模拟浓度比实测较低。除此之外,还可能与水质调查时未能做到完全同步采样以及因滩涂宽广,水深浅,采样时扰动底泥导致实测值存在误差等有关。

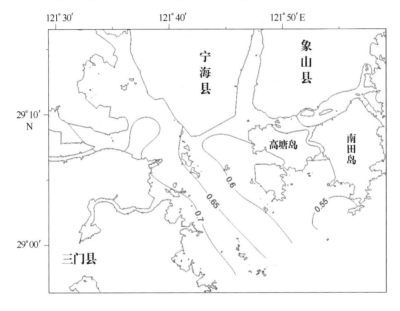

图 9.3　2009 年 12 月无机氮实测浓度等值线分布(单位:mg/L)

将三门湾湾内 18 个水质调查站的实测值与模型计算结果进行比较,结果列于表 9.10。由表 9.10 可见,低潮期间验证点浓度一般大于高潮期间的浓度值,全潮平均浓度则介于高、低潮浓度值之间。计算的最大浓度值和最小浓度值与实测最大、最小浓度值相差不大,说明计算的结果较为均匀。18 个调查站的计算值与实测值基本吻合,误差较小,最小误差仅为 0.9%,最大误差为 16.51%,其中 17 个站位计算值与实测值的误差小于 15%,占所有站位的比例超过 90%,14 个站位误差不超过 10%,占所有站位的比例达到 77%,两者误差较大的区域主要位于三门湾东部珠门港外海域及石浦港内海域,计算值与实测值出现偏差,除去实测资料在测量时可能存在的误差之外,计算中的因素也不能忽略,模型中石浦港内

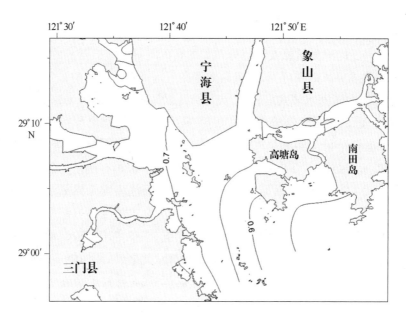

图 9.4　数值模拟高潮期无机氮浓度等值线分布(单位:mg/L)

海域浓度场分布受东部外海影响较大,相对较低的外海开边界条件使石浦港内无机氮浓度略低于实测值。从总体上看,三门湾无机氮模型基本符合三门湾的动力条件和污染物物质过程的情况,说明污染源的统计和估算与实际情况差别不大。全海区全潮平均浓度计算值与实测值相比较,两者也较为接近,误差仅为1.96%,表明水质模型在总体上较成功地模拟了三门湾无机氮的浓度分布。

表 9.10　无机氮水质模型计算值与实测值对照　　　　　　　　　　单位:mg/L

站位	计算值			实测值	相对误差 /%
	高潮	低潮	平均值		
S1	0.677 7	0.705 5	0.691 6	0.717	-3.60
S2	0.622 5	0.674 9	0.648 7	0.661	-1.91
S3	0.567 3	0.636 0	0.601 6	0.640	-5.93
S4	0.539 9	0.594 2	0.567 1	0.556	2.06
S5	0.537 6	0.548 3	0.543 0	0.535	1.49
S6	0.696 3	0.707 8	0.702 0	0.728	-3.51
S7	0.653 9	0.699 7	0.676 8	0.630	7.43
S8	0.610 5	0.673 9	0.642 2	0.583	10.25
S9	0.698 6	0.702 0	0.700 3	0.660	6.06
S10	0.686 5	0.696 5	0.691 5	0.594	16.51
S11	0.664 6	0.667 5	0.666 0	0.602	10.66
S12	0.612 1	0.632 6	0.622 4	0.657	-5.32
S13	0.581 9	0.597 7	0.589 8	0.667	-11.60

站位	计算值			实测值	相对误差
	高潮	低潮	平均值		/%
S14	0.699 3	0.696 3	0.697 8	0.692	0.90
S15	0.701 4	0.701 0	0.701 2	0.711	−1.34
S16	0.663 9	0.668 1	0.666 0	0.616	8.09
S17	0.702 2	0.703 2	0.702 7	0.686	2.51
S18	0.661 2	0.679 0	0.670 1	0.621	7.96
全海区平均值	0.643 2	0.665 8	0.654 5	0.642	1.96

注:平均值为全潮平均值。

9.3.3 磷酸盐

2009 年 12 月三门湾活性磷酸盐实测值分布见图 9.5 所示。模拟得到的三门湾高潮时刻活性磷酸盐浓度分布见图 9.6。由图可见,活性磷酸盐浓度分布在三门湾总体呈现自湾口到湾内浓度增大的趋势。外湾浓度较低,大部分区域浓度小于 0.045 mg/L,内湾港汊中浓度较高,存在浓度大于 0.05 mg/L 的水域。将模拟结果与实测分布进行对比,等值线分布趋势基本一致,均从湾口向湾顶递增。模拟所得力洋港海域浓度与实测分布稍有不一致,实测分布中 0.045 mg/L 的等值线呈南北走向,在模拟结果中力洋港海域浓度均超过 0.045 mg/L,该浓度值等值线呈东西走向并向北突出呈弧形,东部与白礁水道及石浦港口外相连。另外,三门湾港汊顶端浓度实测和模拟结果均不甚一致,分析产生偏差的原因,由于模拟时港汊内有污染源排入海域,导致浓度等值线分布上有大浓度值出现,而水质调查站位未能深入到港汊内部或顶部,因而浓度的分布较为平缓。除模型本身未能完全模拟三门湾局部的源强和污染物物质过程外,还可能与水质调查时未能做到完全同步采样以及因滩涂宽广,水深浅,采样时扰动底泥导致实测值存在误差等有关。

将三门湾湾内 18 个水质调查站的实测值与模型计算结果进行比较,结果列于表 9.11。由表 9.11 可见,低潮期间验证点浓度一般大于高潮期间的浓度值,全潮平均浓度则介于高、低潮浓度值之间。计算的最大浓度值略小于实测值,最小浓度值略大于实测值,说明计算结果的变化范围比实测结果较小。调查站的计算值与实测值基本吻合,误差较小,最大误差 17.79%,最小误差 1.17%,其中 17 个站位计算值与实测值的误差小于 15%,占所有站位的比例超过 90%。这不仅表明模型基本符合三门湾的动力条件和污染物物质过程的情况,而且说明污染源的统计和估算与实际情况差别不大。全海区全潮平均浓度计算值与实测值相比较,两者也较为接近,误差仅为 4.41%,表明水质模型在总体上较成功地模拟了三门湾活性磷酸盐的浓度分布。

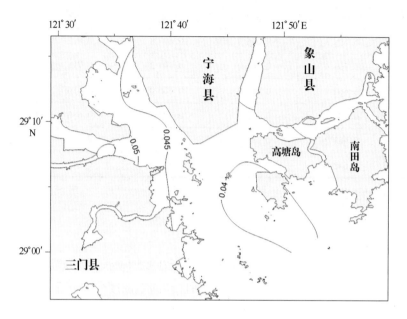

图 9.5　2009 年 12 月活性磷酸盐实测浓度等值线分布(单位:mg/L)

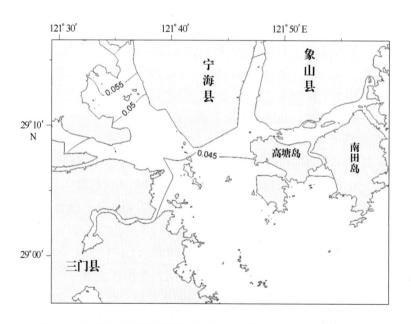

图 9.6　数值模拟高潮期活性磷酸盐浓度等值线分布(单位:mg/L)

表 9.11　活性磷酸盐水质模型计算值与实测值对照　　　　　　　　单位:mg/L

| 站位 | 计算值 | | | 实测值 | 相对误差 |
	高潮	低潮	平均值		/%
S1	0.044 2	0.044 6	0.044 4	0.043 4	2.24
S2	0.043 7	0.044 3	0.044 0	0.042 8	2.73
S3	0.043 5	0.043 9	0.043 7	0.040 6	7.63
S4	0.043 9	0.043 7	0.043 8	0.039 1	11.95
S5	0.044 3	0.043 9	0.044 1	0.042 2	4.45
S6	0.044 5	0.044 8	0.044 6	0.043 4	2.87
S7	0.044 1	0.044 8	0.044 5	0.040 3	10.30
S8	0.043 8	0.044 5	0.044 2	0.037 5	17.79
S9	0.044 9	0.046 3	0.045 6	0.043 6	4.61
S10	0.044 8	0.045 1	0.045 0	0.043 4	3.64
S11	0.044 8	0.046 1	0.045 4	0.040 9	11.04
S12	0.045 2	0.044 9	0.045 1	0.045 8	−1.48
S13	0.046 2	0.045 4	0.045 8	0.046 4	−1.17
S14	0.047 4	0.049 8	0.048 6	0.055 8	−12.93
S15	0.045 6	0.048 0	0.046 8	0.046 2	1.33
S16	0.045 3	0.046 8	0.046 0	0.044 3	3.93
S17	0.049 2	0.050 3	0.049 7	0.043 4	14.57
S18	0.045 9	0.050 0	0.048 0	0.045 5	5.17
全海区平均值	0.045 1	0.045 9	0.045 5	0.043 6	4.41

注:平均值为全潮平均值。

通过将实测的三门湾水质总体分布与模拟的水质总体分布进行对比分析,各验证点的实测值与计算值进行对比分析,模拟的分海区全潮平均值与实测平均值进行对比分析,无机氮水质模型模拟的结果与实测值稍有偏差,COD_{Mn}、活性磷酸盐水质模型模拟的结果与实测值极为接近,但总体都保持在20%误差范围内。这不仅表明模型基本符合三门湾的动力条件和污染物物质过程的情况,而且说明污染源的统计和估算与实际情况差别不大,较好地模拟了三门湾海域的水环境现状。

9.4　小结

(1)经化学需氧量(COD_{Mn})水质模型计算结果表明,三门湾 COD_{Mn} 的浓度分布总体呈现湾口较高、湾内腹地较低的趋势,湾口断面 COD_{Mn} 浓度西高东低,诸港汊内有一定区别:西区港汊(旗门港、海游港)浓度较高,白礁水道内浓度相对较低,石浦水道 COD_{Mn} 浓度东高西低。模拟结果总体分布与实测 COD_{Mn} 浓度等值线分布基本一致,仅局部区域略有偏差。

水质调查站的实测值与模型计算结果之间相对误差均小于15%,全海区全潮平均值与测站实测平均值相对误差为－3.75%,水质模型总体上较成功地模拟了三门湾COD_{Mn}的浓度分布。

(2)经无机氮水质模型计算结果表明,三门湾无机氮分布在总体呈现由西侧向东侧递变,总体呈现西高东低的趋势。湾内东部水域浓度较低,大部分区域浓度小于0.60 mg/L,湾内西部和顶部港汊等水域浓度较高,浓度大部分都超过0.65 mg/L,靠近西侧沿岸一带,无机氮浓度超过0.70 mg/L。总体分布与实测无机氮浓度等值线分布基本一致,仅局部区域稍有偏差。水质调查站的实测值与模型计算结果之间相对误差小于15%的比例达90%,水质模型在总体上较成功地模拟了三门湾无机氮的浓度分布。

(3)经活性磷酸盐水质模型计算结果表明,活性磷酸盐浓度分布在三门湾总体呈现自湾口到湾内浓度增大的趋势。外湾浓度较低,大部分区域浓度小于0.045 mg/L,内湾港汊中浓度较高,存在浓度大于0.05 mg/L的水域;总体分布与实测活性磷酸盐浓度等值线分布基本一致,仅局部区域略有偏差。水质调查站的实测值与模型计算结果之间相对误差小于15%的比例达90%,水质模型在总体上较成功地模拟了三门湾活性磷酸盐的浓度分布。

参考文献

国家环境保护局. 海水水质标准(GB 3097—1997). 北京:中国标准出版社,1997.

国家环境保护局. 污水综合排放标准(GB 8978—1996). 北京:中国标准出版社,1996.

黄秀清,等. 乐清湾海洋环境容量及污染物总量控制研究. 北京:海洋出版社,2011.

黄秀清,王金辉,蒋晓山,等. 象山港海洋环境容量及污染物总量控制研究. 北京:海洋出版社,2008.

黄自强,暨卫东. 长江口水中总磷、有机磷、磷酸盐的变化特征及相互关系. 海洋学报,1994,16(1):51－60.

林卫青,卢士强,矫吉珍. 长江口及毗邻海域水质和生态动力学模型与应用研究. 水动力学研究与进展 A辑. 2009,23(5):522－531.

刘浩,尹宝树. 辽东湾氮、磷和COD环境容量的数值计算. 海洋通报. 2006,25(2):46－54.

王泽良,陶建华,季民,等. 渤海湾中化学需氧量(COD)扩散、降解过程研究. 海洋通报. 2004,23(1):27－31.

Wei H. , Sun J. , Molla, et al. Plankton dynamics in the Bohai Sea－observations and modeling. Journal of Marine System. 2004,44:233－251.

10 环境容量计算

三门湾环境容量研究利用水动力模型得到的流场结果、三门湾污染源调查和水质现状监测结果,建立三门湾主要污染物浓度场模型,在模型验证良好的基础上,根据海域污染源及水质现状的特点确定环境容量或削减量计算方案;对各方案计算结果采用分单元控制法,给出三门湾海域主要污染物环境容量或削减量的总量,为海域污染物的排放总量控制和空间细化分配奠定基础。

10.1 基本概念

环境容量的大小取决于以下三个因素:第一,海洋环境本身的水文地质条件,如海洋环境空间大小,地理位置,潮流状况,自净能力等自然条件以及海洋生态系统的种群特征等。第二,人们对特定海域使用功能的规定,不同的海域功能区执行不同的水质标准,从而水环境容量不同。第三,污染物的理化特性,污染物的理化特性不同,被海洋净化的能力不同,其环境容量不同;不同污染物对海洋生物和人类健康的毒性不同,允许存在的浓度不同,环境容量随之变化。

三门湾环境容量研究采用响应系数法,按剩余容量最大原则,对三门湾海洋环境容量的确定及分配进行计算。

10.1.1 响应系数法原理

在流速和扩散系数已知的前提下,对流扩散方程可视为线性方程,满足叠加原理,从而多个污染源共同作用下所形成的平衡浓度场,等于各个污染源单独存在时形成的浓度场的线性叠加,即

$$C(x,y,z) = \sum_{i=1}^{m} C_i(x,y,z) \tag{10.1}$$

其中,$C(x,y,z)$ 为各位置点的浓度,mg/L;$C_i(x,y,z)$ 为第 i 个污染源在各位置点的浓度,mg/L。

每个点源单独形成的浓度场,又可以看做该点源单位源强排放时,所形成的浓度场(响应系数场)的倍数,即

$$C_i(x,y,z) = Q_i \cdot \alpha_i(x,y,z) \tag{10.2}$$

式中,Q_i 为第 i 个污染源排放量;α_i 为第 i 个污染源的响应系数场,表示在单位源强下点 (x,y,z) 的浓度,它反映了该点对第 i 个污染源的响应程度。

根据各污染源的响应系数和各控制点的控制目标,采用线性规划方法求出环境容量。此法求环境容量的主要计算步骤如下:

(1)计算各污染源的响应系数场,提取各控制点对每个污染源的响应系数值。

(2)求出各控制点满足水质目标条件下,采用线性规划方法计算剩余总排放量最大时的量值及此时各污染源的允许排放量。

10.1.2 技术路线

环境容量和削减量计算采用的技术路线如下:

(1)根据三门湾海域水体主要污染物特性及主要污染源特点,确定环境容量和削减量计算污染物。

(2)根据三门湾海域环境功能区划,确定水质控制目标;结合三门湾海域水体污染现状与三门湾水体交换特点,确定环境容量计算污染物的控制指标。

(3)根据三门湾污染源的季节变化特点、海域水质的年内变化特点以及水动力变化特点,确定环境容量计算基准期。

(4)根据三门湾周边地区汇水单元的划分、污染源计算点的分布及污染源调查结果,利用已建立的污染物浓度场模型,计算三门湾海域各汇水单元环境容量计算污染物排放的响应系数场,分析三门湾环境容量计算污染物排放源强变化与海域浓度场变化之间的响应规律。

(5)针对不同环境容量计算污染物在海湾中现状浓度的不同特点,未超过海水水质标准的规定、尚有一定排放空间的污染物,允许增加一定程度的污染源排放量,即为环境容量;已经超过海水水质标准的规定、无排放空间,为改善海域水环境质量,需要对入海污染源进行适当减排,即为削减量。

采用线性规划方法,以剩余总排放量最大为目标,根据海域污染源及水质现状的特点,计算三门湾主要污染物的环境容量及其在各单元的分布。进行污染物削减量计算:首先进行污染物削减量预计算,分析三门湾各区污染源强变化对海域浓度场分布的影响;然后以满足三门湾环境容量计算分区分期控制指标要求为依据,确定各海区分期污染物削减量。

10.1.3 环境容量和减排量计算因子的确定

对三门湾的主要污染物进行总量控制和减排管理是本书的一个核心任务。环境容量是海洋环境管理的主要依据之一,对三门湾主要污染物进行环境容量计算是本书技术路线中一个不可或缺的环节。进行环境容量计算的污染物要能反映三门湾水质现状、污染程度以及环境容量管理和污染控制的可操作性等方面。根据污染源和三门湾水质现状以及与陆源污染物控制指标的衔接,三门湾主要污染物为氮、磷等营养盐类物质,化学需氧量(COD)为描述水体污染程度的一个综合指标。根据我国污染源调查和排放标准中的有关规定,应选取化学需氧量(COD_{Cr})、总氮(TN)和总磷(TP)进行环境容量或削减量的计算。然而根据三门湾海域环境调查结果和海水水质标准的有关规定,进行环境容量或削减量的计算需要通过对海水中的化学需氧量(COD_{Mn})、无机氮和活性磷酸盐含量进行控制的方法。

因此,本书最终选择化学需氧量(COD_{Mn})、无机氮和活性磷酸盐进行环境容量或削减量的计算,最终计算结果根据主要污染物的换算关系,换算得到化学需氧量(COD_{Cr})、总氮(TN)和总磷(TP)的环境容量或削减量。

10.1.3.1 化学需氧量(COD_{Mn})

化学需氧量是表征水体有机污染的一个综合指标,也是描述污染源的重要指标之一,在水环境评价、管理和规划中被普遍采用。化学需氧量含量间接地与营养盐总含量相关,由于化学需氧量的这种隐含的作用,许多研究将化学需氧量也作为海域富营养化的重要指标之一。而且化学需氧量受生物活动的影响相对来说比营养盐小,它的生化降解作用也比较容易确定。因此,选择化学需氧量作为环境容量的主要因子对评价海域污染、建立有效的海域环境质量模型来说都是较适宜的。

根据水质现状调查结果,枯水期三门湾COD_{Mn}浓度范围为 0.61 ~ 1.07 mg/L,平均值大潮期为 0.8 mg/L,小潮期为 0.88 mg/L,高值区出现于口门西部和石浦港东部水域,低值区出现在白礁水道及湾中的北部相对开阔海域,整体呈湾口高于湾内的趋势。全部测站COD_{Mn}浓度符合一类海水水质标准。因此,三门湾水体中COD_{Mn}含量较少,现状浓度低于水质目标要求,仍然有排放的空间,可以进行环境容量计算。

10.1.3.2 无机氮

营养盐类在海水中的分布及其变化不仅与污染物来源、水动力条件、沉积与矿化等过程有关,而且与海水中的细菌、浮游植物、浮游动物、鱼类等有着密切的关系。含氮物质根据水体、悬浮物、沉积相的不同及实验提取手段的差异,有不同的存在形态和表征方法,海水中含氮类营养盐存在形式有溶解的无机态(NO_3^-、NO_2^-、NH_4^+)和颗粒、溶解的有机态及气态。无机氮是浮游植物生长和繁殖不可缺少的营养元素,也是反映水体富营养化的重要指标之一。

根据前文环境质量现状调查分析结果,三门湾水体中营养盐类含量较高,目前主要的环境问题为水体富营养化。枯水期三门湾无机氮浓度范围为 0.535 ~ 0.834 mg/L,平均值大潮期为 0.708 mg/L,小潮期为 0.640 mg/L,超过《海水水质标准》(GB 3097—1997)四类海水水质标准限值。

营养盐类超标带来三门湾各种生态与环境问题,因此,为改善三门湾海域水质,本书从削减排放量角度出发,分析无机氮源强削减对三门湾水环境的影响,进行削减控制。

10.1.3.3 活性磷酸盐

含磷物质根据水体、悬浮物、沉积相的不同及实验提取手段的差异,有不同的存在形态和表征方法,主要有总磷(TP)、溶解态磷(DP)、颗粒态磷(PP)、溶解无机磷(DIP)和溶解有机磷(DOP);或者分为总磷(TP)、颗粒态磷(PP)、溶解活性磷(SRP)和溶解态非活性磷(SNRP);悬浮物中的磷分为 HCl 可提取(P_{HCl})、NH_4Cl 可提取(P_{NaOH})的无机磷和有机结合态磷。与无机氮一样,活性磷酸盐是浮游植物生长和繁殖不可缺少的营养元素,也是反映水体富营养化的重要指标之一。

枯水期三门湾活性磷酸盐浓度范围为 0.038 ~ 0.059 mg/L,平均值大潮期为 0.051 mg/L,小潮期为 0.044 mg/L,超过《海水水质标准》(GB 3097—1997)三类海水水质标准限值,部分超过四类海水水质标准限值。营养盐类超标带来三门湾各种生态与环境问题,因此,为改善三门湾海域水质,本书从削减排放量角度出发,分析活性磷酸盐源强削减对三门湾水环境的影响,进行削减控制。

10.1.3.4　其他污染物

在三门湾其他主要污染物中,油类污染来源主要是船舶的压舱水、洗舱水或者事故漏油,具有不确定性,在容量管理上难以控制,不具可操作性,因此油类不作环境容量计算;重金属为严禁排海的污染物,无环境容量之说,因此不能作环境容量计算。

综上所述,本书选取化学需氧量(COD_{Mn})作环境容量计算,用于进行环境容量分配,选用无机氮和活性磷酸盐作削减量计算,用于进行源强的削减控制。

10.1.4　水质控制点设置及控制目标确定

10.1.4.1　控制点设置

浙江省海洋开发与保护坚持以海引陆、以陆促海、海陆联动、协调发展,注重发挥不同区域的比较优势,优化重点海域的基本功能区。根据《浙江省海洋功能区划(2011—2020年)》,三门湾是浙江省的重点海域之一,基本功能为滨海旅游、湿地保护和生态型临港工业等,主要包括 4 个农渔业区、2 个港口航运区、3 个工业与城镇用海区、1 个矿产能源区、2 个旅游休闲区、1 个特殊利用区及 1 个保留区。不同的功能区和水质标准所对应的控制指标是不同的,浙江省海洋功能区划功能区管理要求明确指出:农渔业区执行不劣于二类海水水质标准,港口区执行不劣于四类海水水质标准,航道区和锚地区执行不劣于三类海水水质标准,工业与城镇用海区执行不劣于三类海水水质标准,矿产与能源区执行不劣于四类海水水质质量标准,旅游休闲娱乐区执行不劣于二类海水水质标准,保留区海水水质质量标准维持现状水平。

控制点的设置应以反映海域功能区的管理要求为原则,全局控制海域海水水质。三门湾水域潮差较大,潮强流急,动力条件好,污染物易随水流在不同的功能区输移扩散,若根据功能区的不同而制定不同的控制指标,在实际操作时难以保证各控制目标的实现,因为海水水质是连续变化的,不可能由四类海水水质突变成二类海水水质。因此三门湾内严格根据海域功能制定不同的控制目标不具有可操作性,考虑管理上的方便,本书根据三门湾的主要功能考虑,在有明确水质要求的功能区按要求执行规定海水水质标准,相邻功能区交界处按较高水质标准执行:健跳和石浦港口航运区执行不劣于四类海水水质标准,其余湾内水域整体执行不劣于二类海水水质标准。

综合考虑,三门湾内共设置 18 个水质控制点,其中 15 个二类水质控制点,3 个四类水质控制点,具体位置分布见图 10.1 所示。

10.1.4.2　控制目标

本次三门湾水环境容量计算控制项目主要涉及化学需氧量(COD_{Mn})、活性磷酸盐和无

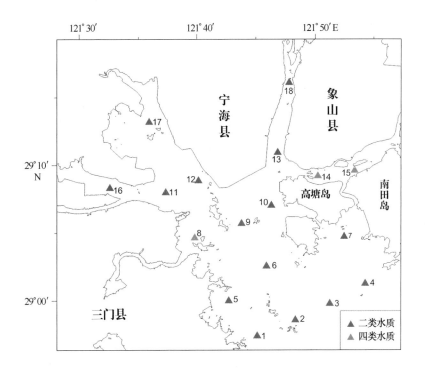

图 10.1　三门湾水质控制点分布示意图

机氮三项。根据《海水水质标准》(GB 3097—1997),上述三个控制项在各类海水水质标准下的控制目标如表 10.1 所示。

表 10.1　各类水质标准

单位:mg/L

控制项	一类	二类	三类	四类
化学需氧量(COD$_{Mn}$)	≤2	≤3	≤4	≤5
活性磷酸盐(以 P 计)	≤0.015	≤0.030	≤0.030	≤0.045
无机氮(以 N 计)	≤0.20	≤0.30	≤0.40	≤0.50

其中,三门湾海域 COD$_{Mn}$浓度本底值完全符合一类海水水质标准,在环境容量计算中以完全达标作为约束条件;无机氮与活性磷酸盐排放量需进行削减,削减量控制目标如下。

1)无机氮

由于三门湾海水中无机氮含量高,且湾外进入的海水无机氮浓度也较高,要显著改善环境质量,不仅需大幅度削减污染源强,还要依赖湾外进入的海水水质的改善,难以短期内实现明显改善水质的期望。因此无机氮因子削减量的控制分为三期目标:通过削减各汇水单元源强,使近期三门湾海域无机氮浓度小于 0.65 mg/L 的海域面积增加至约 60.0%,中期增加至约 70.0%,远期增加至 80.0%。根据水质模型模拟结果,三门湾海域无机氮现状全潮平均浓度小于 0.65 mg/L 的海域面积约为 345.45 km^2,占全湾总面积的 55.06%,结合三期目标,无机氮因子削减量的控制目标如下。

（1）近期:无机氮浓度小于 0.65 mg/L 的海域面积约占全湾总面积的 60.0%，约 380.0 km^2；

（2）中期:无机氮浓度小于 0.65 mg/L 的海域面积约占全湾总面积的 70.0%，约 440.0 km^2；

（3）远期:无机氮浓度小于 0.65 mg/L 的海域面积约占全湾总面积的 80.0%，约 500.0 km^2。

2）活性磷酸盐

由于三门湾海水中活性磷酸盐含量高,要显著改善环境质量,不仅需大幅度削减污染源强,还要依赖湾外进入的海水水质,难以短期内实现明显改善水质的期望。因此活性磷酸盐因子削减量的控制分为三期目标:通过削减各海区源强,使近期三门湾海域活性磷酸盐满足四类海水水质标准的海域面积增加至 60%,中期增加至 70%,远期增加至 80%。根据水质模型模拟结果,三门湾海域活性磷酸盐现状全潮平均浓度满足四类海水水质标准的海域面积约为 337.96 km^2,占全湾总面积的 53.87%,结合三期目标,活性磷酸盐因子削减量的控制目标如下。

（1）近期:活性磷酸盐达标面积约占全湾总面积的 60%,约 380.0 km^2；

（2）中期:活性磷酸盐达标面积约占全湾总面积的 70%,约 440.0 km^2；

（3）远期:活性磷酸盐达标面积约占全湾总面积的 80%,约 500.0 km^2。

综上所述,三门湾环境容量计算控制指标和控制目标如表 10.2 所示。

表 10.2 海域水质控制指标和控制目标

评价因子	控制指标	分期	控制目标	占全湾百分比
无机氮	≤0.65 mg/L	近期	小于 0.65 mg/L 的面积约 380.0 km^2	约 60.0%
		中期	小于 0.65 mg/L 的面积约 440.0 km^2	约 70.0%
		远期	小于 0.65 mg/L 的面积 500.0 km^2	约 80.0%
活性磷酸盐	≤0.045 mg/L	近期	达标面积约 380.0 km^2	约 60.0%
		中期	达标面积约 440.0 km^2	约 70.0%
		远期	达标面积约 500.0 km^2	约 80.0%

10.1.5 计算基准期的确定

环境容量的计算基于实际的水动力条件和水环境现状,不同时期的水动力条件与水质状况不同,对应的环境容量也不一样,因此必须确定一个典型时期进行三门湾环境容量计算并进行分析。项目于 2009 年 7 月和 12 月分别进行了水环境现状调查与海洋水文观测,对两次调查期间的水环境质量现状、水动力条件进行比较,并参考文献中其他时期三门湾的水质状况,确定三门湾环境容量计算的基准期。

10.1.5.1 水环境现状实测分析

分析三门湾主要污染物 2009 年 7 月和 12 月两次水质监测的结果(见表 10.3),可以看出,三门湾7月与12月的活性磷酸盐及CODₘₙ浓度平均值相近,无机氮浓度12月明显大于7月,从总体上看,12月水质现状差于7月。

参考海湾志中根据1982—1983年浙江省海岸带和海涂资源综合调查资料及1987年9月调查资料作出的分析,化学耗氧量不同水域季节变化有一定差异,但其所列出的3个站位中,其一冬季略低于夏季,另外两个站位冬季均明显高于夏季(冬季约1.5~2 mg/L,夏季约0.8 mg/L);无机氮浓度值冬夏季相差不大,夏季略高;活性磷酸盐冬季平均值为0.045 9 mg/L,夏季平均值为0.021 1 mg/L,冬季高于夏季。

参考《我国近岸典型海域环境质量评价和环境容量研究》一书中,根据2006年10月—2007年7月三门湾海水环境调查的结果分析得出:期间化学需氧量冬季平均值为1.33 mg/L,夏季平均值为0.56 mg/L,活性磷酸盐冬季平均值为0.038 mg/L,夏季平均值为0.03 mg/L,无机氮未给出调查结果,但总氮冬季平均值接近夏季平均值的两倍。

由于三种控制指标的年内变化趋势有一定出入,采用营养指数法对水体营养水平进行综合比较,结果如表10.3。

表10.3　三门湾丰水季(7月)与枯水季(12月)水质现状实测值对比

航次	项目	无机氮/(mg/L)	磷酸盐/(mg/L)	COD/(mg/L)	营养指数(E)
2009年7月大潮	范围	0.414~0.585	0.028~0.043	0.43~1.18	1.76~6.37
	均值	0.47	0.036	0.81	3.13
2009年7月小潮	范围	0351~0.829	0.032~0.070	0.34~1.90	1.07~24.43
	均值	0.461	0.049	0.93	5.34
2009年12月大潮	范围	0.640~0.834	0.044~0.059	0.61~1.05	4.95~9.50
	均值	0.708	0.051	0.8	6.45
2009年12月小潮	范围	0.535~0.728	0.038~0.056	0.80~1.07	4.03~8.06
	均值	0.64	0.044	0.88	5.5

营养指数(E)的计算公式为:

$$E = COD \times DIN \times DIP \times 106/4\ 500 \tag{10.3}$$

式中,COD、DIN、DIP的单位均为mg/L,$E \geqslant 1$则水体呈富营养化状态。

计算结果显示,各航次全部测站均呈富营养化状态,12月水体富营养化程度高于7月,因此,从水环境质量现状的角度来看,按保守计算的原则,选取12月作为环境容量的计算基准期较为合适。

10.1.5.2　水动力条件分析

根据健跳站、港底站2009年7月和12月两个时期实测潮位、流速的统计分析(表10.4)可以看出,2009年7月和12月的平均潮差量值相近,7月最大潮差大于12月,水动力条件较强时,水体交换能力较强相对较强,有利于污染物的扩散稀释。因此,从水动力条件的角度看,选取12月作为环境容量的计算基准期并无不妥之处。

表 10.4　2009 年健跳和港底站的主要潮汐特征值　　　　　　　　　单位:cm

潮汐特征值	2009 年 7 月		2009 年 12 月	
	健跳	港底	健跳	港底
最大潮差	678	680	633	606
平均潮差	399	421	402	434

综上所述,与 7 月相比,三门湾在 12 月整体上水质较差,水动力差别不大,因此本书选取 2009 年 12 月作为三门湾环境容量计算的基准期。

10.2　主要污染物环境容量计算

10.2.1　环境容量计算方法

水环境容量是指在保持水环境功能用途的前提下,受纳水体所能承受的最大污染物排放量,即在给定的水质目标和水文设计条件下,水域的最大容许纳污量。根据三门湾水环境的现状,COD_{Mn}进行环境容量计算,就是在水质控制点的污染物浓度不超过其各自对应的环境标准的前提下,求各排污口的污染负荷排放量之和的最大值,因此计算时应得到尽可能大的环境容量计算值;但环境容量也是污染控制和环境保护的重要管理手段,在确定环境容量时也要兼顾管理上的可操作性。

线性规划问题是在一组线性的等式或不等式的约束之下,求一个线性函数的最大值或最小值的问题。计算环境容量的响应系数法可转化为线性规划求最大值问题,即

目标函数:
$$\max \sum_{j=1}^{n} Q_j \tag{10.4}$$

约束条件:
$$C_{0i} + \sum_{j=1}^{n} \alpha_{ij} Q_j \leqslant C_{si} , (i = 1,2,\cdots,m) \tag{10.5}$$

$$Q_j \geqslant 0 , (j = 1,2,\cdots,n) \tag{10.6}$$

其中,j 为污染源编号,n 为污染源个数;i 为水质控制点编号,m 为水质控制点个数;C_{0i} 为控制点处背景浓度;C_{si} 为控制点处标准浓度;为第 j 个污染源排放量在第 i 个水质控制点的响应系数。

为方便求解环境容量的最大值,要将问题转化为线性规划中的标准形式。

令 $C_i = C_{si} - C_{0i}$,并将约束条件的不等式等价转化为等式形式,则有

目标函数:
$$\max Q = \sum_{j=1}^{n} Q_j \tag{10.7}$$

约束条件:
$$\sum_{j=1}^{n} \alpha_{ij} Q_j \leqslant C_i , (i = 1,2,\cdots,m) \tag{10.8}$$

$$Q_j \geqslant 0 , (j = 1,2,\cdots,n) \tag{10.9}$$

其中,C_i 为第 i 个水质控制点的浓度容量。

10.2.2 COD$_{Mn}$响应系数场

根据响应系数法原理,首先要计算各个汇水单元污染源的响应系数场,即各污染源单位源强排放时所形成的浓度场。响应系数场亦采用污染物扩散模型进行计算,计算区域、模型网格与污染物输移扩散模型相同,计算条件有所不同。为了排除其他源强对各汇水单元污染物源强形成的浓度场的影响,计算时边界条件,初始条件都取0。计算某个汇水单元的响应系数场时,该汇水单元污染物排放取单位源强为1 t/d,其余各汇水单元污染物源强取0,计算污染物扩散情况。三门湾沿岸各汇水单元的污染源COD$_{Mn}$单位源强排放时,在三门湾海域形成的COD$_{Mn}$浓度场即响应系数场如表10.5所示。

表10.5 各汇水单元污染源对各控制点的COD$_{Mn}$浓度响应系数(单位强度:1 t/d)   单位:mg/L

控制点编号	浦坝	健跳	海游	旗门	力洋	白礁	石浦
1	0.004 3	0.003 5	0.003 0	0.002 8	0.003 0	0.001 9	0.001 0
2	0.001 1	0.002 6	0.002 5	0.002 3	0.002 5	0.001 7	0.001 0
3	0.000 5	0.001 5	0.001 5	0.001 5	0.001 6	0.001 2	0.001 0
4	0.000 2	0.000 4	0.000 5	0.000 4	0.000 5	0.000 8	0.001 2
5	0.003 9	0.004 6	0.003 7	0.003 5	0.003 6	0.002 1	0.001 0
6	0.001 0	0.004 2	0.005 3	0.005 1	0.005 4	0.003 2	0.001 3
7	0.000 3	0.001 0	0.001 2	0.001 2	0.001 3	0.003 4	0.003 7
8	0.001 0	0.011 5	0.009 7	0.009 6	0.009 6	0.002 8	0.001 2
9	0.000 8	0.004 0	0.005 9	0.005 8	0.006 4	0.005 3	0.001 9
10	0.000 7	0.002 5	0.002 9	0.002 8	0.002 9	0.015 7	0.003 9
11	0.000 8	0.005 7	0.023 9	0.032 4	0.015 0	0.002 9	0.001 2
12	0.000 8	0.005 2	0.010 8	0.011 4	0.019 6	0.003 7	0.001 4
13	0.000 5	0.002 0	0.002 4	0.002 4	0.002 5	0.028 1	0.003 9
14	0.000 5	0.002 0	0.002 3	0.002 3	0.002 4	0.011 4	0.006 9
15	0.000 4	0.001 6	0.001 9	0.001 9	0.002 0	0.007 7	0.007 6
16	0.000 7	0.005 2	0.027 3	0.063 0	0.014 0	0.002 7	0.001 1
17	0.000 7	0.005 1	0.011 8	0.012 8	0.019 8	0.002 8	0.001 1
18	0.000 4	0.001 9	0.002 2	0.002 2	0.002 3	0.038 0	0.003 5

10.2.3 COD$_{Mn}$环境容量

根据线性规划原理,求取各个汇水单元的COD$_{Mn}$允许排放量。取第7章的三门湾COD$_{Mn}$浓度分布计算结果作背景浓度,在浓度值的选取上有多种方式,一般以平均值和最大值较多,以按最恶劣情况进行保守计算的思路,本文采取计算达到稳定后一个全潮(15 d)期间的最大浓度作为背景浓度进行容量估算;控制点标准浓度按表10.1取值。各个控制点参数取值见表10.6。

表 10.6   COD$_{Mn}$环境容量估算参数取值   单位:mg/L

编号	背景浓度(C_{0i})	控制目标(C_{si})	编号	背景浓度(C_{0i})	控制目标(C_{si})
1	0.952	3	10	0.827	3
2	0.944	3	11	0.852	3
3	0.921	3	12	0.844	3
4	0.882	3	13	0.815	3
5	0.892	3	14	0.820	5
6	0.857	3	15	0.830	5
7	0.852	3	16	0.877	3
8	0.842	5	17	0.849	3
9	0.837	3	18	0.811	3

使用线性规划方法,根据最大剩余容量原则,按上面计算得到的响应系数对 7 个汇水单元进行线性规划求解,所得最大剩余允许排放量如表 10.7,此时各控制点的 COD$_{Mn}$浓度及浓度资源利用率如表 10.8。由表 10.7 可知,使用现状源强计算得到的浓度分布为背景浓度估算得到的允许排放量结果中,仅浦坝单元和石浦单元仍有排放空间。符合各控制点约束条件的求解结果集中在两个单元,是因为线性规划计算严格按数学条件进行,当要在所有可行解中选择使容量总量达到最大的一组时,相对靠近外海、对湾内影响最小的汇水单元排放最大显然是合理的。由表 10.8 可以看出,1 号和 10 号控制点已达到约束极限值。

表 10.7   各汇水单元 COD$_{Mn}$允许排放量   单位:$\times 10^4$ t/a

汇水单元	浦坝	健跳	海游	旗门	力洋	白礁	石浦
COD$_{Mn}$允许排放量	13.34	0	0	0	0	0	18.22
总量	31.56						

表 10.8   COD$_{Mn}$环境容量最大时各控制点浓度   单位:mg/L

控制点编号	COD$_{Mn}$浓度	浓度资源利用率/%	控制点编号	COD$_{Mn}$浓度	浓度资源利用率/%
1	3.000	100.00	10	3.000	100.00
2	1.827	60.90	11	1.760	58.67
3	1.572	52.40	12	1.850	61.67
4	1.526	50.87	13	2.934	97.80
5	2.819	93.97	14	4.444	88.88
6	1.874	62.47	15	4.769	95.38
7	2.812	93.73	16	1.680	56.00
8	1.789	35.78	17	1.657	55.23
9	2.088	69.60	18	2.721	90.70

为使各级管理部门对三门湾环境容量有定性的了解,本节从源强增量最大的角度分析,对三门湾还能承受的最大 COD_{Mn} 排放量进行预测计算,为管理部门进行决策时提供对比的数据。

由 COD_{Mn} 环境容量预测结果可知,若不考虑均匀性原则,仅从源强增量最大的角度分析,在满足项目确定的控制目标条件下,三门湾可容纳的最大 COD_{Mn} 污染物排放量约为 31.56×10^4 t/a,这是模型计算条件下理论计算的最大结果。

10.2.4 COD_{Cr} 环境容量

根据主要污染物的换算关系,一般认为 COD_{Cr} 的数值约为 COD_{Mn} 的 2.5 倍,即三门湾可容纳的最大 COD_{Cr} 污染物排放量约为 78.90×10^4 t/a。在现状三门湾 COD_{Mn} 污染源强 15 236.33 t/a 的基础上,要保持达到三门湾海域海洋功能区划所规定的海水水质标准,最大只能再增加 78.90×10^4 t/a 的 COD_{Cr} 污染源强。

10.3 主要污染物削减量计算

由于三门湾海域氮磷营养盐已超标,因此对无机氮和活性磷酸盐应分析不同减排方案情况对海域水质的改善程度。采用分期控制法进行污染物削减量计算,首先进行预计算,分析三门湾各汇水单元污染源强变化对海域浓度场分布的影响,为确定正式计算方案提供依据并初步确定达到控制目标需要的最小削减量;然后根据分期控制目标确定削减方案并进行计算,将计算结果满足分期控制目标的削减方案进行总量分配工作,设计不同分配方案;最后对各方案结果进行比选,并以满足三门湾环境容量计算分期控制指标要求为依据,确定各汇水单元分期无机氮污染物削减量。

10.3.1 无机氮

10.3.1.1 削减预计算

1)响应系数场

计算响应系数场的目的在于分析各汇水单元单独排放污染物时,污染物源强对海域浓度场分布的影响。为了排除其他源强对各汇水单元污染物源强形成的浓度场的影响,计算时边界条件,初始条件都取 0。计算某个汇水单元的响应系数场时,该汇水单元污染物排放取单位源强为 1 t/d,其余各汇水单元污染物源强取 0,计算污染物扩散情况。三门湾沿岸各汇水单元的污染源无机氮单位源强排放时,在三门湾海域形成的无机氮浓度场即响应系数场见表 10.9 所示。

2)削减预计算

利用无机氮水质模型,对无机氮源强不同削减量情况进行模拟计算,得到相应的全湾浓度小于 0.65 mg/L 的海域面积见表 10.10 所示。由计算结果可见,源强削减量与全湾小于 0.65 mg/L 的海域面积之间存在较好的相关性。根据计算结果进行拟合(见图 10.2),发现源强削减量与面积之间符合二项式关系:

表 10.9　各汇水单元污染源对各控制点的无机氮浓度响应系数(单位强度:1 t/d)　　单位:mg/L

控制点编号	浦坝	健跳	海游	旗门	力洋	白礁	石浦
1	0.002 6	0.003 4	0.002 9	0.002 4	0.002 9	0.001 2	0.000 7
2	0.001 1	0.002 6	0.002 5	0.002 1	0.002 5	0.001 2	0.000 7
3	0.000 6	0.001 6	0.001 6	0.001 5	0.001 6	0.001 0	0.000 6
4	0.000 2	0.000 6	0.000 7	0.000 8	0.000 7	0.000 6	0.000 6
5	0.003 8	0.004 4	0.003 5	0.002 9	0.003 5	0.001 3	0.000 8
6	0.001 0	0.004 2	0.004 8	0.004 0	0.004 8	0.001 9	0.000 9
7	0.000 2	0.000 8	0.000 8	0.000 7	0.000 8	0.002 5	0.003 5
8	0.001 1	0.011 6	0.008 9	0.007 2	0.008 6	0.001 8	0.000 9
9	0.000 9	0.004 1	0.005 2	0.004 3	0.005 5	0.003 5	0.001 4
10	0.000 6	0.002 3	0.002 5	0.002 1	0.002 5	0.012 9	0.003 7
11	0.001 0	0.005 8	0.021 7	0.020 8	0.013 7	0.001 8	0.000 9
12	0.001 1	0.005 3	0.009 4	0.007 7	0.018 0	0.002 3	0.001 0
13	0.000 5	0.002 0	0.002 2	0.001 9	0.002 2	0.029 7	0.004 7
14	0.000 5	0.002 0	0.002 2	0.001 8	0.002 2	0.010 5	0.007 2
15	0.000 4	0.001 8	0.002 0	0.001 6	0.002 0	0.006 6	0.008 1
16	0.000 9	0.005 4	0.026 6	0.035 4	0.012 7	0.001 8	0.000 9
17	0.000 9	0.005 3	0.010 6	0.009 0	0.018 8	0.001 9	0.000 9
18	0.000 5	0.001 8	0.002 0	0.001 6	0.002 0	0.049 1	0.003 6

$$S = 336.43\ \mathrm{e}^{0.9146x}$$

相关系数为 0.997。式中,S 为超标面积,x 为源强削减的百分比。

表 10.10　无机氮源强削减计算结果

序号	源强削减率/%	达标面积/km²
1	5	356.08
2	10	369.59
3	15	384.04
4	20	399.52
5	25	421.77
6	30	445.04
7	35	461.04
8	40	480.69
9	45	510.17
10	50	536.15

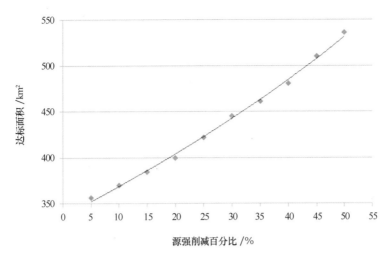

图 10.2　无机氮源强削减与全湾达标面积拟合曲线

依据上述拟合曲线,可以预测得到达到近期、中期、远期控制目标条件下,需要削减无机氮的最小源强:要达到近期目标,需削减约源强的 14.0%;要达到中期目标,需削减约源强的 30.0%;要达到远期目标,需削减约源强的 44.0%,具体源强削减量如表 10.11。

表 10.11　无机氮各削减方案小于 0.65 mg/L 海域面积(总面积:627.37 km²)

削减方案		小于 0.65 mg/L 的海域	
削减量/(t/a)	削减率/%	面积/km²	百分比/%
216.31	14.0	378.16	60.28
463.51	30.0	441.72	70.41
679.82	44.0	497.62	79.32

10.3.1.2　削减预测分析计算

对上述分期控制污染源削减估算量进行模型计算。经过模型计算,近期当源强削减量达到 14.0% 时,近期可使小于 0.65 mg/L 的海域面积达到 378.16 km²,占三门湾海域总面积的 60.28%。按照前文制定的近期水质改善目标,完成了使三门湾海域无机氮浓度小于 0.65 mg/L 的海域面积达到约全湾海域面积 60% 的目标。改善情况如图 10.3、表 10.11 所示。

中、远期距现在时间较长,期间三门湾的自然条件、社会经济条件等都有可能发生重大变化,对中、远期的预测计算很可能会发生偏差。因此,对中、远期仅做一个模糊预测,不要求精确完成水质改善目标。经过模型计算,中期当源强削减量达到 30.0% 时,可使小于 0.65 mg/L 的海域面积达到 441.72 km²,占三门湾海域总面积的 70.41%;远期当源强削减量达到 44.0% 时,可使小于 0.65 mg/L 的海域面积达到 497.62 km²,占三门湾海域总面积

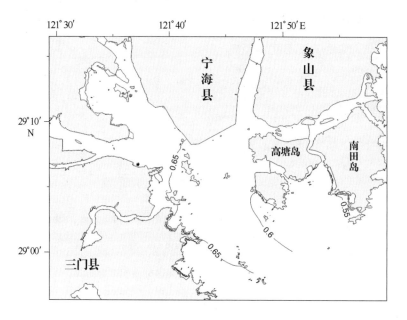

图 10.3　无机氮近期源强削减模拟计算结果

的 79.32%,基本可以完成中、远期的水质改善目标,其中远期改善情况略逊于预计目标。改善情况如图 10.4、图 10.5、表 10.11 所示。根据本书的技术路线,下一步将继续对分期控制的污染源削减量进行总量分配,并优选法分析。因此,根据前文制定的三期控制指标,无机氮削减量估算结果分别为 216.31 t/a、463.51 t/a、679.82 t/a,各汇水单元平均削减量见表 10.12。

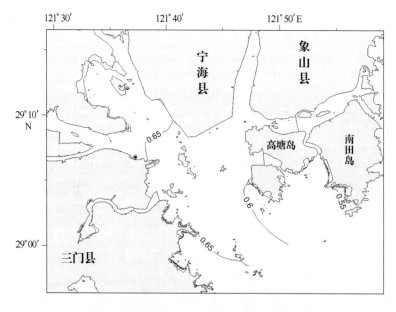

图 10.4　无机氮中期源强削减模拟计算结果

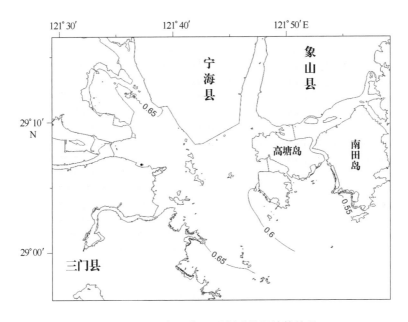

图 10.5 无机氮远期源强削减模拟计算结果

表 10.12 无机氮分期控制污染源削减估算量

单位:t/a

汇水区编号	汇水区名称	近期	中期	远期
1	浦坝单元	21.06	45.12	66.17
2	健跳单元	8.16	17.49	25.65
3	海游单元	28.99	62.13	91.12
4	旗门单元	13.38	28.67	42.05
5	力洋单元	57.22	122.62	179.85
6	白礁单元	50.11	107.37	157.48
7	石浦单元	37.39	80.11	117.50
总量		216.31	463.51	679.82

10.3.1.3 总氮(TN)削减量

根据主要污染物的换算关系,总氮与无机氮的比值为 3.18,根据项目制定的三期控制指标,总氮(TN)削减量估算结果分别为 687.86 t/a、1 473.98 t/a、2 161.83 t/a,各汇水单元平均削减量见表 10.13。

表 10.13　总氮(TN)分期控制污染源削减估算量　　　　　　　单位:t/a

汇水区编号	汇水区名称	近期	中期	远期
1	浦坝单元	66.96	143.48	210.43
2	健跳单元	25.95	55.61	81.56
3	海游单元	92.20	197.57	289.77
4	旗门单元	42.55	91.18	133.73
5	力洋单元	181.97	389.94	571.91
6	白礁单元	159.34	341.44	500.78
7	石浦单元	118.89	254.76	373.65
总量		687.86	1 473.98	2 161.83

10.3.2　活性磷酸盐

10.3.2.1　削减预计算

1)响应系数场

计算响应系数场的目的在于分析各汇水单元单独排放污染物时,污染物源强对海域浓度场分布的影响。为了排除其他源强对各汇水单元污染物源强形成的浓度场的影响,计算时边界条件,初始条件都取 0。计算某个汇水单元的响应系数场时,该汇水单元污染物排放取单位源强为 1 t/d,其余各汇水单元污染物源强取 0,计算污染物扩散情况。三门湾沿岸各汇水单元的污染源活性磷酸盐单位源强排放时,在三门湾海域形成的活性磷酸盐浓度场即响应系数场如表 10.14 所示。

表 10.14　各汇水单元污染源对各控制点的活性磷酸盐浓度响应系数(单位强度:1 t/d)　单位:mg/L

控制点编号	浦坝	健跳	海游	旗门	力洋	白礁	石浦
1	0.002 6	0.003 4	0.003 1	0.003 0	0.003 0	0.001 7	0.001 0
2	0.000 9	0.002 7	0.002 6	0.002 6	0.002 6	0.001 6	0.000 9
3	0.000 5	0.001 7	0.001 8	0.001 7	0.001 8	0.001 2	0.001 0
4	0.000 2	0.000 7	0.000 7	0.000 7	0.000 7	0.000 7	0.000 8
5	0.003 5	0.004 6	0.003 9	0.003 8	0.003 8	0.001 9	0.001 1
6	0.000 7	0.004 3	0.005 7	0.005 6	0.005 7	0.002 8	0.001 3
7	0.000 2	0.001 0	0.001 2	0.001 2	0.001 2	0.003 6	0.005 9
8	0.000 8	0.012 9	0.009 8	0.010 0	0.009 8	0.002 7	0.001 3
9	0.000 7	0.004 3	0.006 3	0.006 4	0.006 7	0.005 5	0.001 9
10	0.000 5	0.002 7	0.003 2	0.003 2	0.003 2	0.018 3	0.004 5
11	0.000 7	0.005 8	0.023 3	0.029 4	0.016 9	0.002 8	0.001 3
12	0.000 7	0.005 3	0.011 3	0.012 2	0.024 4	0.003 5	0.001 4

控制点编号	浦坝	健跳	海游	旗门	力洋	白礁	石浦
13	0.000 4	0.002 2	0.002 8	0.002 8	0.002 8	0.042 9	0.005 9
14	0.000 4	0.002 2	0.002 7	0.002 7	0.002 8	0.013 4	0.010 2
15	0.000 3	0.002 0	0.002 5	0.002 5	0.002 6	0.008 4	0.011 0
16	0.000 7	0.005 4	0.027 6	0.048 0	0.015 5	0.002 7	0.001 2
17	0.000 7	0.005 3	0.012 3	0.013 5	0.025 9	0.002 8	0.001 2
18	0.000 4	0.002 0	0.002 4	0.002 4	0.002 5	0.069 7	0.004 2

2）削减预计算

利用活性磷酸盐水质模型,对活性磷酸盐源强不同削减量情况进行模拟计算,得到相应的全湾浓度达标(小于 0.045 mg/L)海域面积如表 10.15 所示。由计算结果可见,源强削减量与全湾达标面积之间存在较好的相关性。根据计算结果进行拟合(见图 10.6),发现源强削减量与超标面积之间符合指数关系:

$$S = 335.81e^{0.973\,3x}$$

相关系数为 0.998。式中,S 为超标面积,x 为源强削减的百分比。

表 10.15　活性磷酸盐源强削减计算结果

序号	源强削减率/%	达标面积/km²
1	5	352.08
2	10	374.11
3	15	389.07
4	20	405.10
5	25	427.14
6	30	447.80
7	35	468.07
8	40	497.48
9	45	525.55
10	50	545.50

依据上述拟合曲线,可以预测得到达到近期、中期、远期控制目标条件下,需要削减活性磷酸盐的最小源强:要达到近期目标,需削减约源强的 12.7%;要达到中期目标,需削减约源强的 27.8%;要达到远期目标,需削减约源强的 41.0%,具体源强削减量见表 10.16。

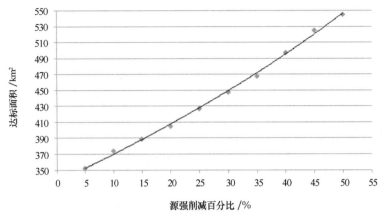

图 10.6　活性磷酸盐源强削减与全湾达标面积拟合曲线

表 10.16　活性磷酸盐各削减方案小于 0.045 mg/L 海域面积(总面积:627.37 km²)

削减方案		小于 0.045 mg/L 的海域	
削减量/(t/a)	削减率/%	面积/km²	百分比/%
44.81	12.7	381.93	60.88
98.11	27.8	438.44	69.89
144.68	41.0	501.36	79.91

10.3.2.2　削减预测分析计算

对上述分期控制污染源削减估算量进行模型计算。经过模型计算,近期当源强削减量达到 12.7% 时,可在削减量尽可能小的情况下完成近期水质改善目标。改善情况如图 10.7、表 10.16 所示。通过各汇水单元平均削减 12.7%,近期可使小于 0.045 mg/L 的海域面积达到 381.93 km²,占三门湾海域总面积的 60.88%。

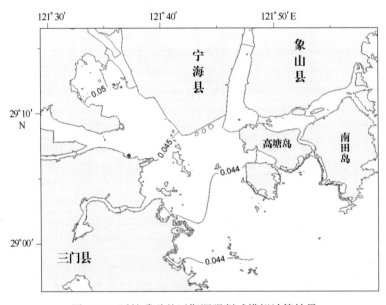

图 10.7　活性磷酸盐近期源强削减模拟计算结果

中、远期距现在时间较长,期间三门湾的自然条件、社会经济条件等都有可能发生重大变化,对中、远期的预测计算很可能会发生偏差。因此,对中、远期仅做一个模糊预测,不要求精确完成水质改善目标。经过模型计算,中期当源强削减量达到 27.8% 时,可使小于 0.045 mg/L 的海域面积达到 438.44 km^2,占三门湾海域总面积的 69.89%;远期当源强削减量达到 41.0% 时,可使小于 0.045 mg/L 的海域面积达到 510.36 km^2,占三门湾海域总面积的 79.91%,基本可以完成中、远期的水质改善目标。改善情况如图 10.8、图 10.9、表 10.16 所示。根据本书的技术路线,下一步将继续对分期控制的污染源削减量进行总量分配,并优选法分析。因此,根据前文制定的三期控制指标,活性磷酸盐削减量估算结果分别为 44.81 t/a、98.116 t/a、144.68 t/a,各汇水单元平均削减量见表 10.17。

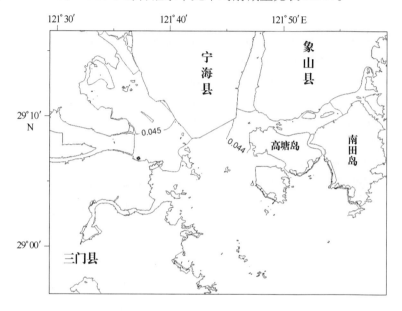

图 10.8　活性磷酸盐中期源强削减模拟计算结果

表 10.17　活性磷酸盐分期控制污染源削减估算量　　　　　　　　单位:t/a

汇水区编号	汇水区名称	近期	中期	远期
1	浦坝单元	3.68	8.05	11.87
2	健跳单元	1.45	3.17	4.67
3	海游单元	5.50	12.05	17.77
4	旗门单元	2.73	5.99	8.83
5	力洋单元	15.62	34.20	50.44
6	白礁单元	10.50	22.99	33.90
7	石浦单元	5.33	11.66	17.20
总量		44.81	98.11	144.68

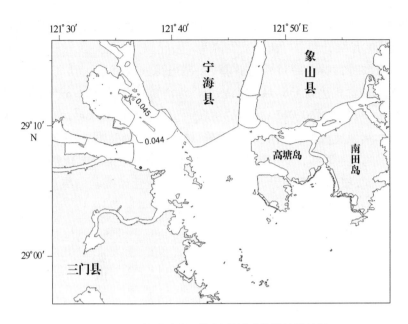

图 10.9　活性磷酸盐远期源强削减模拟计算结果

10.3.2.3　总磷(TP)削减量

据主要污染物的换算关系,总磷与磷酸盐的比值为 1.78,根据项目制定的三期控制指标,总磷(TP)削减量估算结果分别为 79.76 t/a、174.62 t/a、257.51 t/a,各汇水单元平均削减量如表 10.18。

表 10.18　总磷(TP)分期控制污染源削减估算量　　　　　　　　单位:t/a

汇水区编号	汇水区名称	近期	中期	远期
1	浦坝单元	6.54	14.32	21.12
2	健跳单元	2.57	5.64	8.31
3	海游单元	9.80	21.45	31.63
4	旗门单元	4.87	10.66	15.72
5	力洋单元	27.81	60.87	89.78
6	白礁单元	18.69	40.92	60.34
7	石浦单元	9.48	20.76	30.61
总量		79.76	174.62	257.51

10.4　小结

(1)经化学需氧量(COD$_{Mn}$)水质模型计算表明,在满足项目控制目标条件下,计算期三门湾 COD$_{Mn}$ 环境容量为 31.56×10^4 t/a。经过换算得到,在现状源强基础上,要保持达到三门湾海域海洋功能区划所规定的海水水质标准,最大只能再增加 78.90×10^4 t/a 的 COD_{Cr} 污染源强。

(2)经无机氮水质模型计算表明,削减 14.0% 的源强,能完成近期水质改善目标,即削减 216.31 t/a;削减 30.0% 的源强,能完成中期水质改善目标,即削减 463.51 t/a;削减 44.0% 的源强,能基本完成远期水质改善目标,即削减 679.82 t/a。经过换算得到,近期、中期和远期总氮(TN)源强削减量分别为 687.86 t/a、1 473.98 t/a、2 161.83 t/a。

(3)经活性磷酸盐水质模型计算表明,削减 12.7% 的源强,能完成近期水质改善目标,即削减 44.81 t/a;削减 27.8% 的源强,能完成中期水质改善目标,即削减 98.11 t/a;削减 41.0% 的源强,能基本完成远期水质改善目标,即削减 144.68 t/a。经过换算得到,近期、中期和远期总磷(TP)源强削减量分别为 79.76 t/a、174.62 t/a、257.51 t/a。

参考文献

杜春梅. 沙子口湾海水环境容量初步研究. 海洋科学,2002,26(10):13 – 14.

关道明. 我国近岸典型海域环境质量评价和环境容量研究. 北京:海洋出版社,2011.

郭良波,江文胜,李凤岐,等. 渤海 COD 与石油烃环境容量计算. 中国海洋大学学报,2007,37(2): 310 – 316.

李开明,陈锐成,许振成. 潮汐河网区水污染总量控制及其分配方法. 环境科学研究,1990,3(6):36 – 42.

栗苏文,李红艳,夏建新. 基于 Delft3D 模型的大鹏湾水环境容量分析. 环境科学研究,2005,18(5):91 – 95.

刘浩,尹宝树. 辽东湾氮、磷和 COD 环境容量的数值计算. 海洋通报,2006,25(2):46 – 54.

刘培哲. 水环境容量研究的理论与实践. 环境科学论文集,1990:8 – 20.

牛志广,张宏伟. 地统计学和 GIS 用于计算近海水环境容量的研究. 天津工业大学学报,2006,25(1):74 – 77、80.

仝伟,张文志. 水环境容量计算一维模型中设计条件和参数影响分析. 广东水利水电,2006,(3):9 – 11.

王华,逄勇,丁玲. 滨江水体水环境容量计算研究. 环境科学学报. 2007,27(12):2067 – 2073.

喻良,刘遂庆,王牧阳. 基于水环境模型的水环境容量计算的研究. 河南科学,2006,24(6):874 – 876.

张学庆,孙英兰. 胶州湾入海污染物总量控制研究. 海洋环境科学,2007,26(4):347 – 350、359.

张永良. 水环境容量基本概念的发展. 环境科学研究,1992,5(3):59 – 61.

张永良. 水环境容量综合手册. 北京:清华大学出版社,1991.

Burn D H,Lence B. Comparison of optimization formulations for waste load allocation. Environmental Engineering,1992,118(4):597 – 612.

Cardwell H,Ellis H. Stochastic dynamic programming models for water quality management. Water Resources Research,1993,29(40):803 – 813.

Sasikumar K,Mujumdar PP. Fuzzy optimization model for water quality management of a river system. Journal of Water Resources Planning and Management – ASCE,1998,124(2):79 – 88.

Stebbing,A. R. D. Environmental Capacity and the Precautionary Principle. Mar. Pollut. Bull. ,1992,24(6): 287 – 295.

Subhankar Karmakar,P. P. Mujumdar. A two – phase grey fuzzy optimization approach for water quality management of a river system. Advances in Water Resources,2007,(1):1218 – 1235.

11 环境容量分配与污染物总量控制

海域污染物总量控制,是指在海洋功能区划接受和自然环境允许的范围内,在环境容量研究的基础上,通过行政、经济和技术措施,控制排污入海的污染物种类、数量和速度,满足各功能区对环境质量的要求的系统工程,在通过生态环境变化与周边地区环境变化和社会经济、人口发展之间内在关系的探讨,建立基于沿岸地区社会经济与环境、资源协调发展的总量控制与容量分配系统。

本章节在得出了三门湾环境容量估算及自然条件分配结果基础之上,通过三门湾各汇水单元的环境、资源、经济和社会等指标优化三门湾环境容量分配及总量控制方案。

11.1 环境容量分配

11.1.1 容量分配原则

为了控制区域污染物排放总量,在进行环境容量分配时,既要考虑到区域的现状、社会经济基础等条件,又要考虑到区域的环境规划和未来经济发展规划。综合分析国内在容量分配研究结果和考虑到三门湾的实际情况相结合,在进行三门湾环境容量分配时,应遵循以下五个原则。

1)科学性和可行性相结合原则

容量分配既要考虑区域资源环境承载能力,又要考虑容量管理的可操作性。

2)时间分配、空间分配和行业分配相结合原则

以周年极端条件作为容量分配的基础,兼顾不同季节环境变化特点统筹考虑;根据管理的可达性,遵循循序渐进的原则确定长中短期容量管理目标和分配方法;空间分配考虑不同区域的资源环境承载力,以及以行政区为主的湾、县和乡镇三级分配原则;同时根据行业特点进行容量分配。

3)综合体现社会、资源、经济和历史的原则

综合考虑以满足区域社会发展的社会性、资源开发潜力、促进区域经济总量可持续发展的经济性以及符合区域排污现状的发展趋势等分配原则,协调社会发展的需求、资源的最大效率利用、经济可持续发展以及环境保护之间的矛盾和平衡。

4)产业导向与发展现状兼顾原则

不同行业或产业所产生的污染物种类和数量是不同的,对污染物总量的贡献也就不同,应大力发展绿色产业或高效低耗少污染的产业,对现有的产业加强节能减排、增产增效

工作;同时根据区域的产业布局和经济发展规划,进行容量的分配和管理。

5)循序渐进、分期分配原则

由于存在着对自然认识的局限性,应循序渐进、分期实施容量分配,确保容量分配措施有较高的安全系数,确保环境承载能力不至于因认识的局限性而遭到严重破坏。

11.1.2 容量分配思路

容量分配涉及经济、社会、技术和环境等多种因素,在每种因素中往往又包含了若干种定性和定量因子。因此,它属于定性与定量相结合的研究工作,适合运用层次分析(AHP)法进行研究。在调查、分析的基础上,可以构造出区域排污分配指标体系框架;通过专家咨询、层次分析计算确定各项评价指标权重;再依据各分区现状,最终确定容量分配方案,技术路线如图11.1所示。

图 11.1　汇水区容量和行业容量分配技术路线

1)分级分配法

根据数值模拟进行三门湾的容量计算,在第9章的容量计算章节已进行。本章节是将海区容量分配到各个汇水区和行业,再汇总到县(市)。

2)专家咨询与层次分析法

在综合分析汇水区环境条件、经济现状水平以及社会经济发展规划等基础上,设计专家咨询方案,选择专家并进行专家咨询,确定各要素的权重系数,通过层次分析,对总目标(即汇水区的容量分配额)的组合权重进行计算,在不同的湾进行各汇水区和行业容量分配。

11.2　COD_{Cr}容量分配方案

对三门湾各汇水单元COD_{Cr}优化分配的技术路线是:进行三门湾沿岸市汇水单元划分,

从环境、资源、经济、社会和污染物排放浓度响应程度等指标考虑设计分配方案,计算出各方案三门湾市各汇水单元的COD_{Cr}分配权重,通过数学模型计算各方案的环境容量及分配结果,综合评定个案优劣,最终确定最优方案。

11.2.1 方案的设计

1)方案一

以环境容量分配理论为基础,从现有的总污染物(COD_{Cr})排放量、自然资源、经济发展和社会发展四个方面分层次通过专家咨询确定各层次各要素的权重系数;通过层次分析计算各汇水单元在这四个方面的组合权重。

2)方案二

在方案一的基础上,重点考虑到各汇水单元的污染物(COD_{Cr})排放浓度响应程度要素并作为第一层次的自然净化要素,而现有的总污染物(COD_{Cr})排放量、自然资源、经济发展和社会发展四个方面作为第一层次的社会要素,并均分第一层次权重;第一层次的社会要素仍通过专家咨询确定各层次各要素的权重系数;通过层次分析计算各汇水单元的组合权重。

3)方案三

平均考虑现有的总污染物(COD_{Cr})排放量、污染物(COD_{Cr})排放浓度响应程度、自然资源、经济发展和社会发展五个方面分层次权重系数;通过层次分析计算各汇水单元在这五个方面的组合权重。

11.2.2 容量分配方法

11.2.2.1 层次分析法

层次分析法(The Analytic Hierarchy Process,简称 AHP)由美国运筹学家 T. L. Saaty 提出,是一种定性与定量相结合的多目标决策分析技术,其基本原理是将待评价或识别的复杂问题分解成若干层次,由专家或决策者对所列指标通过重要程度的两两比较逐层进行判断评分,利用计算判断矩阵的特征向量确定下层指标对上层指标的贡献程度或权重,从而得到最基层指标对于总体目标的重要性权重排序。层次分析以其系统性、灵活性、实用性等特点特别适合于多目标、多层次、多因素和多方案的复杂系统的分析决策。

层次分析法应先建立层次结构和指标。以各汇水单元允许污染物排放分配量为目标层 A,环境、资源、经济、社会指标分别为准则层 N 的指标 $N_i(i=1\sim4)$,工业、农业、生活、水土流失排污分别为子准则层 P 的子指标 $P1,P2,P3,P4$,从属于 N_1;各汇水单元面积、海岸线长度分别为子准则层 P 的子指标 $P5,P6$,从属于 N_2;工业、农业产值分别为子准则层 P 的子指标 $P7,P8$,从属于 N_3;人口、排污效益、劳动生产率别为子准则层 P 的子指标 $P9,P10,P11$,从属于 N_4(图 11.2)。

层次结构建立后,就确定了上下层指标之间的从属关系。

首先,分别用专家评分法和相互重要性判断矩阵法确定准则层 B 的 B_1,B_2,B_3,B_4 对目标层 A 的权重 $b_m(m=1,2,3,4)$。

然后,用专家评分法、标准偏差法、熵法和理想权重优化模型确定子准则层 C 中各评价

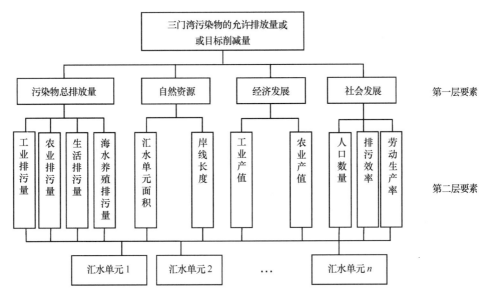

图 11.2　AHP 系统结构模型

指标 j(依次分别以 $C_1,C_2,C_3,\cdots,C_l$ 表示)相对于准则层 B 某要素的权重($j=1,2,\cdots,l$)。再计算子准则层 C 中各评价指标相对于目标层 A 的权重 w_j,其中 $w_j=b_mC_j$,以及 n 个汇水单元对子准则层 C 中各评价指标的贡献率 $P_{ij}(i=1,2,\cdots,n)$,其中 $\overline{P_{ij}}=P_{ij}\Big/\sum_{i=1}^{h}P_{ij}$。最后,计算各汇水单元污染物分配权重 w_i,其中 $w_i=\sum_{i=1}^{l}w_j\overline{P_{ij}}$,可得到 8 种权重分配方案,于是允许排污总量按照在汇水单元之间分配。

11.2.2.2　专家赋权法

选择专家进行评分,函发咨询表,在综合分析乡镇环境状况、自然资源、经济以及社会因素等基础上,设计专家咨询方案,选择专家并进行专家咨询,确定准则层和子准则层各要素的权重系数。

11.2.2.3　相互重要性比较判断矩阵法

首先构造判断矩阵,所谓判断矩阵即描述本层次指标之间两两比较的相对重要性。本研究两两比较的相对重要性数值按五级标度法通常取 1~5 及其倒数(倒数表示相互比较的重要性具有相反的类似意义)。五级标度法及其含义,如表 11.1 所示。

表 11.1　五级标度法及其含义

标度	定义(比较因素 i 与 j)
1	因素与同样重要;N_{ij} 取值为 1(N_{ji} 取值为 1)
3	因素 N_i 比 N_j 稍微重要;N_{ij} 取值为 3(N_{ji} 取值为 1/3)
5	因素 N_i 比 N_j 明显重要;N_{ij} 取值为 5(N_{ji} 取值为 1/5)
2,4	上述两相邻判断的中间值
1~5 的倒数	表示因素 i 与因素 j 比较的标度值等于因素 j 与因素 i 比较标度值的倒数

然后,求判断矩阵最大特征值对应的特征向量,并将其归一化。如对于 $A \sim B$ 判断矩阵 $A - B$,计算满足 $B \cdot \omega = \lambda_{max} \cdot \omega$ 的特征向量 ω (λ_{max} 为最大特征值),并将其归一化,则其相应的分量即为该层次指标的排序权重值。

最后进行准则层的单排序一致性检验。计算一致性指标 CI:

$$CI = (\lambda_{max} - n)/(n - 1)$$

式中,n 为判断矩阵的行数,即层次中的指标或要素个数,本研究中 $n = 4$。

计算随机一致性比率 CR:

$$CR = CI/RI$$

其中,RI 为随机一致性指标,如表 11.2 所示。当 $CR \leqslant 0.10$ 时,判断矩阵具有满意的一致性,$CR < 1$ 时被认为一致性可以接受。否则,应对判断矩阵予以调整。

表 11.2　n 对应的随机一致性指标 RI 值

n	2	3	4	5	6	7	8	9	10	11	12
RI	0	0.58	0.9	1.12	1.24	1.32	1.41	1.45	1.49	1.52	1.54

11.2.3　容量分配基础信息资料

11.2.3.1　资料统计

以 2009 年为基准年,统计三门湾各汇水单元现有的总污染物(COD_{Cr})排放量、自然资源、经济发展和社会发展资料。

1)现有的总污染物(COD_{Cr})排放量

三门湾沿海各汇水单元工业、农业、生活、海水养殖以及现有的总污染物排放量统计结果如表 11.3。

表 11.3　各汇水单元现有的总污染物(COD_{Cr})排放量统计　　　　　单位:t/a

序号	汇水单元	工业污染	农业污染	生活污染	海水养殖污染	总污染
1	浦坝单元	33.80	283.61	947.63	77.00	1 342.04
2	健跳单元	0.44	118.17	429.28	43.42	591.31
3	海游单元	151.09	400.24	2 188.59	91.46	2 831.38
4	旗门单元	0.58	230.63	479.49	114.74	825.44
5	力洋单元	149.43	1 489.50	3 157.22	109.25	4 905.40
6	白礁单元	25.86	813.35	1 370.07	289.51	2 498.79
7	石浦单元	409.00	246.57	1 454.26	132.14	2 241.97

2)自然资源

三门湾沿海各汇水单元自然资源要素的面积和岸线统计结果见表 11.4。

表 11.4　各汇水单元自然资源要素统计

序号	汇水单元	面积/km²	岸线/km
1	浦坝单元	336.0	112.40
2	健跳单元	200.0	66.26
3	海游单元	453.0	56.18
4	旗门单元	235.0	44.42
5	力洋单元	797.0	52.18
6	白礁单元	593.4	112.40
7	石浦单元	280.9	142.47

3)经济发展

三门湾沿海各汇水单元工业及农业产值统计结果如表 11.5。

表 11.5　各汇水单元社会经济统计　　　　　　　　单位:亿元

序号	汇水单元	工业产值	农业产值
1	浦坝单元	237 570	96 837
2	健跳单元	235 904	30 096
3	海游单元	1 374 266	79 725
4	旗门单元	46 182	62 961
5	力洋单元	974	97 277
6	白礁单元	437	197 577
7	石浦单元	537	384 438

4)社会发展

三门湾沿海各汇水单元人口、排污效益及劳动生产率统计结果如表 11.6。

表 11.6　各汇水单元人口、排污效益(CODCr)及劳动生产率统计

序号	汇水单元	人口数量/人	排污效益/(万元/t)	劳动生产率/[万元/(人·年)]
1	浦坝单元	127 171	249.18	2.63
2	健跳单元	56 079	449.85	4.74
3	海游单元	220 621	513.53	6.59
4	旗门单元	64 847	132.22	1.68
5	力洋单元	266 734	20.03	0.37
6	白礁单元	180 425	79.24	1.10
7	石浦单元	134 281	171.71	2.87

11.2.3.2　污染物(CODCr)排放浓度响应程度

根据容量计算章节中三门湾沿海各汇水单元污染源的响应系数场计算结果,对三门湾

各汇水单元污染源的增加对三门湾海域18个控制点响应系数相加,并取倒数,即为污染物排放浓度衰减系数。因容量分配与之成反比关系,即响应系数场数值越大,容量分配就越小(表11.7)。

表 11.7　各汇水单元污染物(COD$_{Cr}$)排放浓度响应程度统计

序号	汇水单元	污染物排放浓度响应程度	污染物排放浓度衰减系数
1	浦坝单元	0.018 6	53. 763 4
2	健跳单元	0.064 5	15. 503 9
3	海游单元	0.118 8	8. 417 5
4	旗门单元	0.163 4	6. 120 0
5	力洋单元	0.114 4	8. 741 3
6	白礁单元	0.135 4	7. 385 5
7	石浦单元	0.043 9	22. 779 0

11.2.4　分配权重计算

11.2.4.1　方案一组合权重计算

1)专家咨询法—专家咨询法

引用《乐清湾海洋环境容量及污染物总量控制研究》容量分配要素权重系数如表11.8。

表 11.8　三门湾不同层次要素 COD$_{Cr}$容量分配要素权重

第一层要素	权重均值/%	第二层要素	权重均值/%
总污染排放量(η_p)	16	工业排放量	25
		农业排放量	24
		生活排放量	26
		海水养殖排放量	25
自然资源(η_r)	25	面积	45
		岸线长度	55
经济发展(GDP 产值)(η_e)	31	工业产值	55
		农业产值	45
社会发展(η_s)	28	人口	26
		排污效率	38
		劳动生产率	36

方案一组合权重计算结果见表11.9。

表 11.9　三门湾沿海各汇水单元 COD_{Cr} 容量分配要素权重

序号	汇水单元	污染物排放量贡献率(P_i)	自然资源贡献率(R_i)	经济效益系数(E_i)	社会效益系数(S_i)	组合权重
1	浦坝单元	0.077 0	0.157 7	0.114 8	0.137 5	0.125 8
2	健跳单元	0.031 9	0.093 2	0.082 7	0.205 2	0.111 5
3	海游单元	0.159 3	0.123 1	0.436 5	0.294 2	0.273 9
4	旗门单元	0.061 5	0.078 2	0.043 3	0.078 5	0.064 8
5	力洋单元	0.262 0	0.172 8	0.046 4	0.077 3	0.121 2
6	白礁单元	0.182 8	0.197 7	0.093 8	0.082 0	0.130 7
7	石浦单元	0.225 5	0.177 3	0.182 5	0.125 3	0.172 0

2）相互重要性比较矩阵法—专家咨询法

COD_{Cr} 总量分配的第一层要素的相互重要性比较判断矩阵如下：

$$
\begin{array}{c@{}c}
 & \begin{array}{cccc} N_1 & N_2 & N_3 & N_4 \end{array} \\
\begin{array}{c} N_1 \\ N_2 \\ N_3 \\ N_4 \end{array} &
\left[\begin{array}{cccc}
1 & \dfrac{1}{2} & \dfrac{1}{4} & \dfrac{1}{3} \\[2mm]
2 & 1 & \dfrac{1}{3} & \dfrac{1}{2} \\[2mm]
4 & 3 & 1 & 2 \\[2mm]
3 & 2 & \dfrac{1}{2} & 1
\end{array}\right]
\end{array}
$$

用 MATLAB 解出 COD_{Cr} 总量分配的第一层要素相互重要性比较判断矩阵的特征向量为 [0.166 1;0.278 7;0.813 5;0.482 6]，要素的权重系数分别为 0.095 4，0.160 1，0.467 3 和 0.277 2，$CI=0.010\,3$，$CR=0.011\,5<0.1$。三门湾沿岸汇水单元 COD_{Cr} 允许排放量分配权重，如表 11.10 所示。

表 11.10　相互重要性比较矩阵法—专家咨询法 COD_{Cr} 允许排放量分配权重

序号	汇水单元	分配权重
1	浦坝单元	0.124 4
2	健跳单元	0.113 5
3	海游单元	0.320 4
4	旗门单元	0.060 4
5	力洋单元	0.095 8
6	白礁单元	0.115 7
7	石浦单元	0.169 9

11.2.4.2 方案二组合权重计算

1）专家咨询—专家咨询—专家咨询法

根据方案二的设计，三门湾不同层次要素 COD_{Cr} 容量分配要素权重如表 11.11。

表 11.11　三门湾不同层次要素 COD_{Cr} 容量分配要素权重

第一层要素	权重均值/%	第二层要素	权重均值/%	第三层要素	权重均值/%
污染衰减系数	50	污染物排放浓度响应程度倒数（η_x）	100		
社会要素系数	50	总污染排放量（η_p）	16	工业排放量	25
				农业排放量	24
				生活排放量	26
				海水养殖排放量	25
		自然资源（η_r）	25	面积	45
				岸线长度	55
		经济发展（GDP 产值）（η_e）	31	工业产值	55
				农业产值	45
		社会发展（η_s）	28	人口	26
				排污效率	38
				劳动生产率	36

方案二组合权重计算结果如表 11.12。

表 11.12　三门湾沿海各汇水单元 COD_{Cr} 容量分配要素权重

序号	汇水单元	污染物排放量贡献率（P_i）	自然资源贡献率（R_i）	经济效益系数（E_i）	社会效益系数（S_i）	污染衰减系数（X_i）	组合权重
1	浦坝单元	0.077 0	0.157 7	0.114 8	0.137 5	0.438 1	0.282 0
2	健跳单元	0.031 9	0.093 2	0.082 7	0.205 2	0.126 3	0.118 9
3	海游单元	0.159 3	0.123 1	0.436 5	0.294 2	0.068 6	0.171 3
4	旗门单元	0.061 5	0.078 2	0.043 3	0.078 5	0.049 9	0.057 3
5	力洋单元	0.262 0	0.172 8	0.046 4	0.077 3	0.071 1	0.096 2
6	白礁单元	0.182 8	0.197 7	0.093 8	0.082 0	0.060 2	0.095 5
7	石浦单元	0.225 5	0.177 3	0.182 5	0.125 3	0.185 6	0.178 8

2）专家咨询—相互重要性比较—专家咨询法

三门湾沿岸汇水单元 COD_{Cr} 允许排放量分配权重，见表 11.13 所示。

表 11.13　专家咨询—相互重要性比较—专家咨询法 COD_{Cr} 允许排放量分配权重

序号	汇水单元	分配权重
1	浦坝单元	0.281 2
2	健跳单元	0.119 9
3	海游单元	0.194 5
4	旗门单元	0.055 1
5	力洋单元	0.083 5
6	白礁单元	0.087 9
7	石浦单元	0.177 8

11.2.4.3　方案三组合权重计算

专家咨询法—专家咨询法。在方案一的基础上,把污染物排放浓度响应程度的倒数作为污染衰减系数,与现有的总污染物(COD_{Cr})排放量、自然资源和经济发展和社会发展四个方面作为同一层次要素平均分配权重,方案三各层次容量分配要素权重系数如表 11.14。

表 11.14　三门湾不同层次要素 COD_{Cr} 容量分配要素权重

第一层要素	权重均值/%	第二层要素	权重均值/%
污染衰减系数(η_x)	20	污染物排放浓度响应程度倒数	100
总污染排放量(η_p)	20	工业排放量	25
		农业排放量	25
		生活排放量	25
		海水养殖排放量	25
自然资源(η_r)	20	面积	50
		岸线长度	50
经济发展(GDP产值)(η_e)	20	工业产值	50
		农业产值	50
社会发展(η_s)	20	人口	100/3
		排污效率	100/3
		劳动生产率	100/3

方案三组合权重计算结果见表 11.15。

表 11.15　三门湾沿海各汇水单元 COD$_{Cr}$容量分配要素权重

序号	汇水单元	污染物排放量贡献率(P_i)	自然资源贡献率(R_i)	经济效益系数(E_i)	社会效益系数(S_i)	污染衰减系数(X_i)	组合权重
1	浦坝单元	0.076 8	0.153 9	0.113 7	0.135 7	0.438 1	0.183 6
2	健跳单元	0.031 8	0.091 0	0.078 1	0.189 8	0.126 3	0.103 4
3	海游单元	0.158 2	0.126 1	0.404 4	0.286 0	0.068 6	0.208 7
4	旗门单元	0.061 7	0.078 5	0.045 4	0.076 8	0.049 9	0.062 4
5	力洋单元	0.263 0	0.182 1	0.051 5	0.094 9	0.071 2	0.132 6
6	白礁单元	0.183 7	0.198 3	0.104 2	0.091 0	0.060 2	0.127 5
7	石浦单元	0.224 8	0.170 0	0.202 7	0.125 9	0.185 6	0.181 8

11.2.4.4　三种分配方案的平均分配权重

根据上述结果得出三门湾沿岸各汇水单元 COD$_{Cr}$允许排放量平均分配权重,如表 11.16所示。

表 11.16　三种分配方案 COD$_{Cr}$允许排放量平均分配权重

序号	汇水单元	方案一	方案二	方案三
1	浦坝单元	0.125 1	0.281 6	0.183 6
2	健跳单元	0.112 5	0.119 4	0.103 4
3	海游单元	0.297 2	0.182 9	0.208 7
4	旗门单元	0.062 6	0.056 2	0.062 4
5	力洋单元	0.108 5	0.089 9	0.132 6
6	白礁单元	0.123 2	0.091 7	0.127 5
7	石浦单元	0.171 0	0.178 3	0.181 8

11.2.5　COD$_{Mn}$环境容量分配结果

11.2.5.1　最优分配方案的确定

根据污染物扩散模拟及环境容量估算结果,我们知道 COD$_{Cr}$和 COD$_{Mn}$之间存在着线性对应的关系,所以三门湾沿岸各汇水单元 COD$_{Mn}$分配权重直接采用 COD$_{Cr}$的分配权重即可。由前文计算结果得到,三门湾 COD$_{Mn}$容量为 31.56×10^4 t/a。按各汇水单元组合权重分配容量,计算各个方案的容量分配结果。各方案各汇水单元 COD$_{Mn}$允许继续排放源强见表 11.17。

表 11.17　CODMn工况允许继续排放源强　　　　　　　　　单位：×10⁴ t/a

表 11.17　COD_{Mn}工况允许继续排放源强　　　　　　　　　单位：$\times 10^4$ t/a

序号	汇水单元	方案一	方案二	方案三
1	浦坝单元	3.95	8.89	5.80
2	健跳单元	3.55	3.77	3.26
3	海游单元	9.38	5.77	6.59
4	旗门单元	1.97	1.77	1.97
5	力洋单元	3.42	2.84	4.18
6	白礁单元	3.89	2.89	4.02
7	石浦单元	5.40	5.63	5.74

　　将表 11.17 中的 COD_{Mn} 允许继续排放源强作为各汇水单元的源强增量,加上原有统计源强,进行 COD_{Mn} 浓度分布数值模拟,各方案模拟计算结果如图 11.3～图 11.5 所示。由分布图可见,容量分配后的浓度等值线总体分布三个方案之间相差不大,由于取同一时刻的浓度计算值进行作图处理,所以等值线弯曲方向及变化趋势三个方案保持一致,总体呈现由湾口向湾内弯曲并增大的趋势。

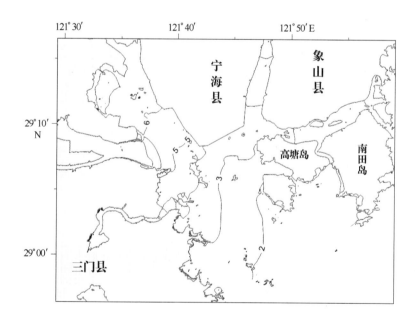

图 11.3　方案一 COD_{Mn} 浓度等值线分布(单位:mg/L)

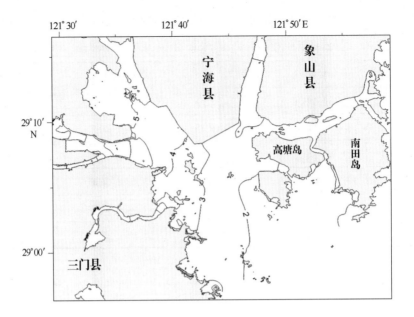

图 11.4　方案二 COD_{Mn} 浓度等值线分布(单位:mg/L)

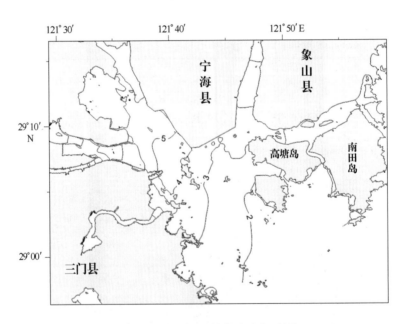

图 11.5　方案三 COD_{Mn} 浓度等值线分布(单位:mg/L)

表11.18 给出了各个方案计算结果的 COD_{Mn} 浓度等值线包络面积。

表 11.18 COD_{Mn}各方案满足标准海域面积及百分比(总面积:627.37 km²)

方案	满足一类标准 (小于 2.000 mg/L)		满足二类标准 (小于 3.000 mg/L)		满足三类标准 (小于 4.000 mg/L)	
	面积/km²	百分比/%	面积/km²	百分比/%	面积/km²	百分比/%
方案一	133.89	21.34	294.27	46.91	382.44	60.96
方案二	157.65	25.13	344.77	54.95	426.02	67.91
方案三	141.94	22.63	309.54	49.34	394.23	62.84

提取各个方案计算结果中同时期控制点的全潮平均浓度值,列于表11.19,并给出其与标准浓度的百分比。

表 11.19 COD_{Mn}各方案控制点浓度计算值   单位:mg/L

控制点编号	方案一	控制点资源利用率/%	方案二	控制点资源利用率/%	方案三	控制点资源利用率/%
1	2.349	78.30	2.487	82.90	2.376	79.20
2	1.751	58.37	1.693	56.43	1.721	57.35
3	1.436	47.88	1.382	46.06	1.419	47.29
4	1.222	40.74	1.186	39.52	1.218	40.60
5	2.763	92.10	2.848	94.93	2.755	91.83
6	2.337	77.89	2.128	70.92	2.235	74.51
7	1.594	53.13	1.500	50.00	1.579	52.65
8	4.336	86.72	3.758	75.17	3.999	79.98
9	3.049	超标	2.664	88.78	2.881	96.03
10	3.021	超标	2.624	87.46	2.954	98.46
11	6.556	超标	5.173	超标	5.811	超标
12	5.131	超标	4.208	超标	4.767	超标
13	3.741	超标	3.150	超标	3.721	超标
14	3.015	60.30	2.688	53.77	2.990	59.79
15	2.685	53.71	2.478	49.56	2.684	53.67
16	10.076	超标	7.747	超标	8.727	超标
17	6.109	超标	4.931	超标	5.726	超标
18	5.220	超标	4.233	超标	5.284	超标

从上面的等值线分布图上看,三个方案之间相差不大,等值线弯曲方向及变化趋势均保持一致。由表11.18可以看到,三个方案的计算结果中,方案一和方案三结果较为相近,满足一类海水水质标准的海域面积分别为全三门湾海域的21.34%和22.63%,满足二类海

水水质标准的海域面积分别为全三门湾海域的 46.91% 和 49.34%, 满足三类海水水质标准的海域面积分别为全三门湾海域的 60.96% 和 62.84%; 方案二略显优势, 满足一类海水水质标准的海域面积为全三门湾海域的 25.13%, 满足二类海水水质标准的海域面积为全三门湾海域的 54.95%, 满足三类海水水质标准的海域面积为全三门湾海域的 67.91%。表 11.19 列出了各个方案控制点计算浓度的全潮平均值, 从表中可以看到, 位于青山港附近的控制点浓度值各方案之间有较大的差值, 如 8 号、11 号和 16 号控制点, 其余控制点浓度值各方案之间均较为接近。同时, 将表中控制点浓度值与控制目标进行对比, 将其与控制目标浓度的比值百分比认作该控制点的资源利用率并列于表中, 可以看到三个方案均有控制点浓度超过控制目标浓度值, 三个方案浓度超标控制点数分别为 8 个、6 个和 6 个。综合考虑容量分配及各方案分配计算结果, 确定方案二为最优分配方案, 此时的 COD_{Mn} 允许排放容量列于表 11.20 中。

表 11.20　COD_{Mn} 最佳方案各汇水单元允许排放源强　　　　单位: $\times 10^4$ t/a

汇水单元	允许排放源强	汇水单元	允许排放源强
浦坝单元	8.89	力洋单元	2.84
健跳单元	3.77	白礁单元	2.89
海游单元	5.77	石浦单元	5.63
旗门单元	1.77	合计	31.56

11.2.5.2　最优分配方案的优化

由前文确定最优分配方案为方案二, 但按最大容量分配后仍有 6 个控制点全潮平均计算浓度超标, 表明按方案二进行分配的实际容量应比计算容量小, 需经过 n 次分配后模拟逐渐接近真值。按静态理论, 海域的容量与其浓度成正比, 为此我们把三门湾作为静态环境, 以达到各控制点的目标为依据, 将线性规划求解 COD_{Mn} 容量和组合权重分配容量进行结合计算, 获得优化分配方案的容量 (19.28×10^4 t/a), 得到各汇水单元的允许排放源强 (表 11.21)。

表 11.21　COD_{Mn} 优化容量后各汇水单元允许排放源强　　　　单位: $\times 10^4$ t/a

汇水单元	允许排放源强	汇水单元	允许排放源强
浦坝单元	8.89	力洋单元	0.86
健跳单元	1.95	白礁单元	0.90
海游单元	0.72	石浦单元	5.63
旗门单元	0.33	合计	19.28

将上表中的优化容量 COD_{Mn} 允许排放源强作为源强增量重新进行数值模拟计算, 模拟计算结果见图 11.6 所示。比较图 11.4, 从总体分布中可看出, 优化后浓度等值线更向湾顶弯曲, 浓度大幅度下降, 满足一类海水水质标准的海域面积为 403.39 km^2, 约为全三门湾海

域的64.30%,约96.63%的海域面积满足二类海水水质标准,较原方案二三门湾海域水质得到明显改善。表11.22给出了各控制点的一个潮周期的最大计算浓度值,可以看出,基本上各个控制点的计算浓度均满足控制目标,其中16号控制点资源利用率达到100%,其余控制点资源利用率均小于90%。根据各汇水单元响应系数场进行线性规划求解COD_{Mn}容量时,要求所有控制点同时满足控制目标,所以当某一控制点(如16号)达到控制目标浓度时,计算所得容量即最大剩余容量。按响应系数的保守定义法则,表11.22计算所得为控制点全潮最大浓度,因此,此时所得COD_{Mn}容量19.28×10^4 t/a即为三门湾海域可继续容纳的最大值。各汇水单元容量可按方案二优化后分配。

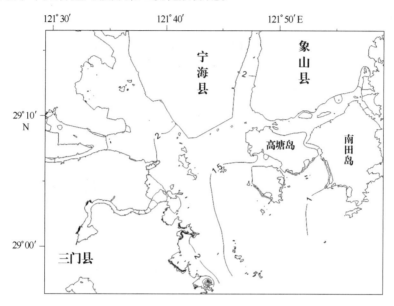

图11.6 方案二优化后COD_{Mn}浓度等值线分布(单位:mg/L)

表11.22 方案二优化后COD_{Mn}控制点浓度计算值 单位:mg/L

控制点编号	全潮最大浓度	控制点资源利用率/%	控制点编号	全潮最大浓度	控制点资源利用率/%
1	2.264	75.46	10	2.007	66.90
2	1.475	49.17	11	2.698	89.94
3	1.271	42.37	12	2.276	75.87
4	1.135	37.85	13	2.197	73.22
5	2.203	73.43	14	2.070	41.40
6	1.730	57.68	15	2.138	42.76
7	1.526	50.88	16	3.013	100.43
8	2.228	44.56	17	2.306	76.86
9	1.817	60.57	18	2.338	77.92

11.2.6 COD$_{Cr}$环境容量分配换算

根据主要污染物的换算关系,一般认为 COD$_{Cr}$ 的数值约为 COD$_{Mn}$ 的 2.5 倍,即三门湾可容纳的 COD$_{Cr}$ 污染物最优分配容量约为 48.20×10^4 t/a。在现状三门湾 COD$_{Mn}$ 污染源强 15 412.57 t/a 的基础上,要保持达到三门湾海域海洋功能区划所规定的海水水质标准,同时又满足各汇水单元间的可操作分配,最大只能再增加 48.20×10^4 t/a 的 COD$_{Cr}$ 污染源强,并分配到沿岸各汇水单元(表 11.23)。

表 11.23　COD$_{Cr}$优化容量后各汇水单元允许排放源强　　　　　单位:$\times 10^4$ t/a

汇水单元	允许排放源强	汇水单元	允许排放源强
浦坝单元	22.19	力洋单元	2.18
健跳单元	4.90	白礁单元	2.25
海游单元	1.80	石浦单元	14.05
旗门单元	0.83	合计	48.20

11.2.7 COD$_{Cr}$环境容量分配到乡镇及县区

用方案一的分配方法,计算三门湾沿海各乡镇 COD$_{Cr}$ 容量分配要素权重表(表 11.24),从而计算各汇水单元所在乡镇 COD$_{Cr}$ 允许排放源强(表 11.25)和各县区 COD$_{Cr}$ 允许排放源强(表 11.26)。

表 11.24　三门湾沿海各乡镇 COD$_{Cr}$ 容量分配要素权重

汇水单元	乡镇	污染物排放量贡献率(P_i)	自然资源贡献率(R_i)	经济效益系数(E_i)	社会效益系数(S_i)	专家咨询法分配权重	矩阵法分配权重	分配权重
浦坝单元	花桥镇	0.184 7	0.163 2	0.119 2	0.244 8	0.177 1	0.175 3	0.176 2
	小雄镇	0.177 9	0.119 2	0.092 2	0.326 5	0.172 5	0.164 5	0.168 5
	泗淋乡	0.118 4	0.144 0	0.352 4	0.080 9	0.162 5	0.156 6	0.159 5
	浬浦镇	0.280 2	0.278 5	0.117 5	0.266 0	0.246 6	0.253 8	0.250 2
	沿赤乡	0.238 9	0.295 3	0.318 7	0.081 9	0.241 3	0.249 9	0.245 6
健跳单元	横渡镇	0.243 2	0.359 8	0.128 3	0.795 5	0.335 4	0.315 7	0.325 5
	健跳镇	0.756 8	0.640 2	0.871 7	0.204 5	0.664 6	0.684 3	0.674 5
海游单元	高枧乡	0.060 6	0.043 7	0.072 1	0.088 7	0.063 6	0.060 6	0.062 1
	珠岙镇	0.037 0	0.038 7	0.068 9	0.093 0	0.052 4	0.048 1	0.050 3
	海游镇	0.447 0	0.261 1	0.551 0	0.156 8	0.379 4	0.381 3	0.380 3
	亭旁镇	0.133 0	0.130 1	0.102 0	0.456 3	0.178 2	0.161 4	0.169 8
	六敖镇	0.322 4	0.526 4	0.206 0	0.205 2	0.326 4	0.348 6	0.337 5
旗门单元	桑洲镇	0.149 2	0.113 0	0.047 7	0.587 4	0.192 1	0.169 9	0.181 0
	沙柳镇	0.462 5	0.236 0	0.715 3	0.110 3	0.404 3	0.401 3	0.402 9

汇水单元	乡镇	污染物排放量贡献率(P_i)	自然资源贡献率(R_i)	经济效益系数(E_i)	社会效益系数(S_i)	专家咨询法分配权重	矩阵法分配权重	分配权重
旗门单元	一市镇	0.309 1	0.415 0	0.197 7	0.218 7	0.296 8	0.312 0	0.304 4
	蛇蟠乡	0.079 2	0.236 1	0.039 3	0.083 6	0.106 8	0.116 7	0.111 7
力洋单元	岔路镇	0.033 4	0.061 0	0.069 6	0.108 1	0.058 3	0.054 2	0.056 3
	前童镇	0.030 2	0.039 0	0.068 1	0.103 6	0.051 1	0.046 0	0.048 5
	黄坛镇	0.126 6	0.105 6	0.220 2	0.081 2	0.132 5	0.130 1	0.131 3
	跃龙街道	0.259 3	0.059 3	0.281 8	0.460 6	0.251 8	0.228 9	0.240 3
	茶院乡	0.098 9	0.137 5	0.077 1	0.113 0	0.105 5	0.107 7	0.106 6
	越溪乡	0.126 9	0.395 2	0.124 9	0.040 4	0.171 7	0.191 1	0.181 4
	力洋镇	0.324 7	0.202 5	0.158 2	0.093 1	0.229 1	0.242 1	0.235 6
白礁单元	长街镇	0.558 0	0.316 7	0.384 2	0.227 0	0.418 9	0.431 2	0.425 1
	泗洲头镇	0.065 7	0.172 8	0.167 0	0.098 2	0.113 7	0.113 6	0.113 7
	茅洋乡	0.043 2	0.085 7	0.105 3	0.192 0	0.088 2	0.079 7	0.083 9
	新桥镇	0.146 7	0.287 0	0.121 8	0.209 2	0.182 8	0.188 0	0.185 4
	定塘镇	0.087 1	0.082 6	0.072 4	0.193 2	0.100 3	0.094 8	0.097 5
	晓塘乡	0.099 3	0.055 2	0.149 3	0.080 4	0.096 1	0.092 7	0.094 4
石浦单元	石浦镇	0.530 2	0.377 2	0.607 1	0.508 6	0.507 7	0.497 5	0.502 6
	鹤浦镇	0.302 0	0.349 2	0.338 2	0.171 1	0.298 3	0.306 7	0.302 5
	高塘岛乡	0.167 8	0.273 5	0.054 7	0.320 3	0.193 9	0.195 7	0.194 8

表 11.25　各汇水单元所在乡镇 COD_{Cr} 容量分配　　　　　　　　　　单位：$\times 10^4$ t/a

汇水单元编号	汇水单元	乡镇	COD_{Cr} 容量	总计
1	浦坝单元	花桥镇	3.91	22.19
		小雄镇	3.74	
		泗淋乡	3.54	
		涅浦镇	5.55	
		沿赤乡	5.45	
2	健跳单元	横渡镇	1.60	4.90
		健跳镇	3.30	
3	海游单元	高枧乡	0.11	1.80
		珠岙镇	0.09	
		海游镇	0.68	
		亭旁镇	0.31	
		六敖镇	0.61	

汇水单元编号	汇水单元	乡镇	COD$_{Cr}$容量	总计
4	旗门单元	桑洲镇	0.16	0.83
		沙柳镇	0.33	
		一市镇	0.25	
		蛇蟠乡	0.09	
5	力洋单元	岔路镇	0.12	2.18
		前童镇	0.11	
		黄坛镇	0.29	
		跃龙街道	0.52	
		茶院乡	0.23	
		越溪乡	0.40	
		力洋镇	0.51	
6	白礁单元	长街镇	0.95	2.25
		泗洲头镇	0.26	
		茅洋乡	0.19	
		新桥镇	0.42	
		定塘镇	0.22	
		晓塘乡	0.21	
7	石浦单元	石浦镇	7.06	14.05
		鹤浦镇	4.25	
		高塘岛乡	2.74	

表 11.26　各县区 COD$_{Cr}$容量分配　　　　　　　　　单位：$\times 10^4$ t/a

县区	乡镇	COD$_{Cr}$容量	总计
三门县	花桥镇	3.91	29.31
	小雄镇	3.74	
	泗淋乡	3.54	
	浬浦镇	5.55	
	沿赤乡	5.45	
	横渡镇	1.6	
	健跳镇	3.3	
	高枧乡	0.11	
	珠岙镇	0.09	
	海游镇	0.68	
	亭旁镇	0.31	
	六敖镇	0.61	
	沙柳镇	0.33	
	蛇蟠乡	0.09	

县区	乡镇	COD$_{Cr}$容量	总计
宁海县	桑洲镇	0.16	3.54
	一市镇	0.25	
	岔路镇	0.12	
	前童镇	0.11	
	黄坛镇	0.29	
	跃龙街道	0.52	
	茶院乡	0.23	
	越溪乡	0.4	
	力洋镇	0.51	
	长街镇	0.95	
象山县	泗洲头镇	0.26	15.35
	茅洋乡	0.19	
	新桥镇	0.42	
	定塘镇	0.22	
	晓塘乡	0.21	
	石浦镇	7.06	
	鹤浦镇	4.25	
	高塘岛乡	2.74	
合计		48.20	

从各县区 COD$_{Cr}$ 容量分配表(表 11.26)可以看出:三门县 COD$_{Cr}$ 允许排放源强最大,为 29.31×10^4 t/a,其中浬浦镇 COD$_{Cr}$ 允许排放源强在三门县各个乡镇中最大;象山县 COD$_{Cr}$ 允许排放源强位居第二,为 15.35×10^4 t/a,其中石浦镇 COD$_{Cr}$ 允许排放源强在象山县各个乡镇中最大;宁海县 COD$_{Cr}$ 允许排放源强最小,为 3.54×10^4 t/a,其中长街镇 COD$_{Cr}$ 允许排放源强在宁海县各个乡镇中最大。

11.3 总氮、总磷容量削减方案

11.3.1 方案设计

对三门湾沿海各汇水单元总氮(TN)、总磷(TP)容量削减的技术路线以及方案设计同 COD$_{Cr}$ 分配,权重计算仍基于专家赋权的 AHP 法,方案优化后,优化分配结果。

11.3.2 容量削减基础信息资料

以 2009 年为基准年,统计三门湾各汇水单元现有的总污染物(TN/TP)排放量、自然资源、经济发展和社会发展资料。

三门湾沿海各汇水单元工业、农业、生活、海水养殖以及现有的总污染物(TN/TP)排放量统计结果如表11.27。

表11.27　三门湾沿海各汇水单元现有的总污染物(TN/TP)排放量统计　　　单位:t/a

序号	汇水单元	工业污染		农业污染		生活污染		海水养殖污染		总污染	
		TN	TP	TN	TP	TN	TP	TN	TP	TN	TP
1	浦坝单元	2.98	/	304.14	38.53	123.12	8.84	48.02	4.15	478.26	51.52
2	健跳单元	0.03	/	108.39	14.36	56.52	4.09	20.42	1.82	185.36	20.27
3	海游单元	4.76	/	277.90	47.70	320.26	24.59	55.64	4.86	658.56	77.15
4	旗门单元	0.01	/	213.08	30.96	62.05	4.45	28.8	2.92	303.94	38.33
5	力洋单元	0.78	/	806.34	179.63	487.34	38.42	5.33	0.92	1 299.79	218.97
6	白礁单元	0.30	/	754.95	107.33	179.69	12.97	203.19	26.88	1 138.13	147.18
7	石浦单元	346.42	19.03	233.19	32.50	218.87	17.05	50.73	6.09	849.21	74.67

三门湾沿海各汇水单元人口、排污效率及劳动生产率统计结果如表11.28。

表11.28　各汇水单元排污效率(TN/TP)及污染物(TN/TP)排放浓度响应程度统计

序号	汇水单元	排污效益/(万元/t)		劳动生产率/[万元/(人·年)]		污染物排放浓度响应程度	
		TN	TP	TN	TP	TN	TP
1	浦坝单元	699.22	6 490.82	2.63	2.63	0.030 8	0.020 3
2	健跳单元	1 435.05	13 122.84	4.74	4.74	0.112 4	0.093 5
3	海游单元	2 207.83	18 846.29	6.59	6.59	0.190 4	0.168 2
4	旗门单元	359.09	2 847.46	1.68	1.68	0.186 4	0.207 1
5	力洋单元	75.59	448.70	0.37	0.37	0.181 5	0.180 1
6	白礁单元	173.98	1 345.39	1.10	1.10	0.227 5	0.254 2
7	石浦单元	453.33	5 155.69	2.87	2.87	0.071 1	0.076 6

自然资源中面积和岸线长度,经济发展中的工业和农业,以及社会发展中的人口和劳动生产率数据与COD_{Cr}容量分配中数据一致。

11.3.3　分配权重计算

11.3.3.1　方案一组合权重计算

1)专家咨询法—专家咨询法

引用《乐清湾海洋环境容量及污染物总量控制研究》关于总氮和总磷减排削减量权重的分配,容量分配要素权重系数见表11.29。

表 11.29　三门湾不同层次要素总氮和总磷减排削减量分配要素权重

第一层要素	权重均值/%	TN		TP	
		第二层要素	权重均值/%	第二层要素	权重均值/%
总污染排放量（η_p）	43	工业排放量	25	工业排放量	25
		农业排放量	24	农业排放量	24
		生活排放量	26	生活排放量	26
		海水养殖排放量	25	海水养殖排放量	25
自然资源（η_r）	22	面积	45	面积	45
		岸线长度	55	岸线长度	55
经济发展（GDP 产值）（η_e）	19	工业产值	55	工业产值	55
		农业产值	45	农业产值	45
社会发展（η_s）	16	人口	26	人口	26
		1/排污效率	38	1/排污效率	38
		1/劳动生产率	36	1/劳动生产率	36

方案一组合权重计算结果如表 11.30 和表 11.31。

表 11.30　三门湾沿海各汇水单元总氮减排削减量分配组合权重分配

序号	汇水单元	污染物排放量贡献率（P_i）	自然资源贡献率（R_i）	经济效益系数（E_i）	社会效益系数（S_i）	组合权重
1	浦坝单元	0.080 4	0.157 7	0.114 8	0.077 4	0.103 5
2	健跳单元	0.032 2	0.093 2	0.082 7	0.038 0	0.056 1
3	海游单元	0.119 3	0.123 1	0.436 5	0.071 3	0.172 7
4	旗门单元	0.047 6	0.078 2	0.043 3	0.094 9	0.061 1
5	力洋单元	0.163 0	0.172 8	0.046 4	0.442 1	0.187 7
6	白礁单元	0.222 9	0.197 7	0.093 7	0.189 7	0.187 5
7	石浦单元	0.334 6	0.177 3	0.182 5	0.086 6	0.231 4

表 11.31　三门湾沿海各汇水单元总磷减排削减量分配组合权重分配

序号	汇水单元	污染物排放量贡献率（P_i）	自然资源贡献率（R_i）	经济效益系数（E_i）	社会效益系数（S_i）	组合权重
1	浦坝单元	0.063 1	0.157 7	0.114 8	0.072 6	0.095 3
2	健跳单元	0.026 8	0.093 2	0.082 7	0.035 8	0.053 5
3	海游单元	0.108 8	0.123 1	0.436 5	0.070 2	0.168 0
4	旗门单元	0.042 3	0.078 2	0.043 3	0.091 0	0.058 2
5	力洋单元	0.190 9	0.172 8	0.046 4	0.476 4	0.205 2
6	白礁单元	0.228 7	0.197 7	0.093 8	0.183 5	0.189 0
7	石浦单元	0.339 4	0.177 3	0.182 5	0.070 5	0.230 9

2）相互重要性比较矩阵法—专家咨询法

总氮和总磷削减量分配的第一层要素的相互重要性比较判断矩阵如下：

$$
\begin{array}{c}
\quad\quad N_1 \quad\quad N_2 \quad\quad N_3 \quad\quad N_4 \\
\begin{array}{c}
N_1 \\
N_2 \\
N_3 \\
N_4
\end{array}
\left[
\begin{array}{cccc}
1 & 2 & 4 & 3 \\
\dfrac{1}{2} & 1 & 2 & 3 \\
\dfrac{1}{4} & \dfrac{1}{2} & 1 & 2 \\
\dfrac{1}{3} & \dfrac{1}{3} & \dfrac{1}{2} & 1
\end{array}
\right]
\end{array}
$$

同样用 MATLAB 解出总氮和总磷削减量分配的第一层要素相互重要性比较判断矩阵的特征向量为[0.819 9;0.476 4;0.260 4;0.181 6]，第一层要素权重系数分别为 0.471 6，0.274 1，0.149 8，0.104 5，$CI = 0.032\ 3$，$CR = 0.035\ 9 < 0.1$。三门湾沿岸汇水单元总氮和总磷削减量分配权重，如表 11.32 所示。

表 11.32 相互重要性比较矩阵法—专家咨询法总氮、总磷削减量分配权重

序号	汇水单元	TN 削减量分配权重	TP 削减量分配权重
1	浦坝单元	0.106 4	0.097 8
2	健跳单元	0.057 1	0.054 3
3	海游单元	0.162 9	0.157 8
4	旗门单元	0.060 3	0.057 4
5	力洋单元	0.177 4	0.194 1
6	白礁单元	0.193 2	0.195 3
7	石浦单元	0.242 8	0.243 4

11.3.3.2　方案二组合权重计算

1）专家咨询—专家咨询—专家咨询法

在方案一的基础上，重点考虑到各汇水单元的污染物排放浓度响应程度要素，给予其第一要素 50% 的权重，现有的总污染物排放量、自然资源、经济发展和社会发展四个方面分层次仍以方案一为基础同比例缩减，方案二各层次容量分配要素权重系数见表 11.33。

表 11.33 三门湾不同层次要素总氮和总磷减排削减量分配要素权重

第一层要素	权重均值/%	第二层要素	权重均值/%	TN 第三层要素	TN 权重均值/%	TP 第三层要素	TP 权重均值/%
污染衰减系数	50	污染物排放浓度响应程度倒数(η_x)	100				
社会要素系数	50	总污染排放量(η_p)	43	工业排放量	25	工业排放量	25
				农业排放量	24	农业排放量	24
				生活排放量	26	生活排放量	26
				海水养殖排放量	25	海水养殖排放量	25
		自然资源(η_r)	22	面积	45	面积	45
				岸线长度	55	岸线长度	55
		经济发展(GDP 产值)(η_e)	19	工业产值	55	工业产值	55
				农业产值	45	农业产值	45
		社会发展(η_s)	16	人口	26	人口	26
				1/排污效率	38	1/排污效率	38
				1/劳动生产率	36	1/劳动生产率	36

方案二组合权重计算结果如表 11.34 和表 11.35。

表 11.34 三门湾沿海各汇水单元总氮减排削减量分配组合权重分配

序号	汇水单元	污染物排放量贡献率(P_i)	自然资源贡献率(R_i)	经济效益系数(E_i)	社会效益系数(S_i)	污染衰减系数(X_i)	组合权重
1	浦坝单元	0.080 4	0.157 7	0.114 8	0.077 4	0.030 8	0.067 1
2	健跳单元	0.032 2	0.093 2	0.082 7	0.038 0	0.112 4	0.084 3
3	海游单元	0.119 3	0.123 1	0.436 5	0.071 3	0.190 4	0.181 5
4	旗门单元	0.047 6	0.078 2	0.043 3	0.094 9	0.186 4	0.123 7
5	力洋单元	0.163 0	0.172 8	0.046 4	0.442 1	0.181 5	0.184 6
6	白礁单元	0.222 9	0.197 7	0.093 8	0.189 7	0.227 5	0.207 5
7	石浦单元	0.334 6	0.177 3	0.182 5	0.086 6	0.071 1	0.151 2

表 11.35 三门湾沿海各汇水单元总磷减排削减量分配组合权重分配

序号	汇水单元	污染物排放量贡献率(P_i)	自然资源贡献率(R_i)	经济效益系数(E_i)	社会效益系数(S_i)	污染衰减系数(X_i)	组合权重
1	浦坝单元	0.063 1	0.157 7	0.114 8	0.072 6	0.020 3	0.057 8
2	健跳单元	0.026 8	0.093 2	0.082 7	0.035 8	0.093 5	0.073 5
3	海游单元	0.108 8	0.123 1	0.436 5	0.070 2	0.168 2	0.168 1
4	旗门单元	0.042 3	0.078 2	0.043 3	0.091 0	0.207 1	0.132 6
5	力洋单元	0.190 9	0.172 8	0.046 4	0.476 4	0.180 1	0.192 6
6	白礁单元	0.228 7	0.197 7	0.093 8	0.183 5	0.254 2	0.221 6
7	石浦单元	0.339 4	0.177 3	0.182 5	0.070 5	0.076 6	0.153 7

2) 专家咨询—相互重要性比较—专家咨询法

三门湾沿岸汇水单元总氮和总磷削减量分配权重,如表 11.36 所示。

表 11.36　专家咨询—相互重要性比较—专家咨询法总氮、总磷削减量分配权重

序号	汇水单元	TN 削减量分配权重	TP 削减量分配权重
1	浦坝单元	0.068 6	0.059 1
2	健跳单元	0.084 7	0.073 9
3	海游单元	0.176 6	0.163 0
4	旗门单元	0.123 3	0.132 2
5	力洋单元	0.179 5	0.187 1
6	白礁单元	0.210 3	0.224 7
7	石浦单元	0.156 9	0.160 0

11.3.3.3　方案三组合权重计算

专家咨询法—专家咨询法。在方案一的基础上,把污染物排放浓度响应程度作为自然净化系数,与现有的总污染物(COD_{cr})排放量、自然资源和经济发展和社会发展四个方面作为同一层次要素平均分配权重,方案三各层次容量分配要素权重系数如表 11.37。

表 11.37　三门湾不同层次要素总氮、总磷减排削减量分配要素权重

第一层要素	权重均值/%	第二层要素	权重均值/%
污染衰减系数(η_x)	20	污染物排放浓度响应程度倒数	100
总污染排放量(η_p)	20	工业排放量	25
		生活排放量	25
		农业排放量	25
		海水养殖排放量	25
自然资源(η_r)	20	面积	50
		岸线长度	50
经济发展(GDP 产值)(η_e)	20	工业产值	50
		农业产值	50
社会发展(η_s)	20	人口	100/3
		1/排污效率	100/3
		1/劳动生产率	100/3

方案三组合权重计算结果见表 11.38 和表 11.39。

表 11.38　三门湾沿海各汇水单元总氮减排削减量分配组合权重分配

序号	汇水单元	污染物排放量贡献率(P_i)	自然资源贡献率(R_i)	经济效益系数(E_i)	社会效益系数(S_i)	污染衰减系数(X_i)	组合权重
1	浦坝单元	0.080 7	0.153 9	0.113 7	0.081 9	0.030 8	0.092 2
2	健跳单元	0.032 2	0.091 0	0.078 1	0.039 6	0.112 4	0.070 7
3	海游单元	0.118 2	0.126 1	0.404 4	0.085 1	0.190 4	0.184 8
4	旗门单元	0.047 9	0.078 5	0.045 4	0.091 7	0.186 4	0.090 0
5	力洋单元	0.162 6	0.182 1	0.051 5	0.423 5	0.181 5	0.200 3
6	白礁单元	0.224 4	0.198 3	0.104 2	0.187 5	0.227 5	0.188 4
7	石浦单元	0.333 9	0.170 0	0.202 7	0.090 6	0.071 1	0.173 7

表 11.39　三门湾沿海各汇水单元总磷减排削减量分配组合权重分配

序号	汇水单元	污染物排放量贡献率(P_i)	自然资源贡献率(R_i)	经济效益系数(E_i)	社会效益系数(S_i)	污染衰减系数(X_i)	组合权重
1	浦坝单元	0.063 2	0.153 9	0.113 7	0.077 7	0.020 3	0.085 8
2	健跳单元	0.026 8	0.091 0	0.078 1	0.037 7	0.093 5	0.065 4
3	海游单元	0.107 6	0.126 1	0.404 4	0.084 2	0.168 2	0.178 1
4	旗门单元	0.042 6	0.078 5	0.045 4	0.088 3	0.207 1	0.092 4
5	力洋单元	0.191 4	0.182 1	0.051 5	0.453 6	0.180 1	0.211 7
6	白礁单元	0.229 9	0.198 3	0.104 2	0.182 0	0.254 2	0.193 7
7	石浦单元	0.338 6	0.170 0	0.202 7	0.076 4	0.076 6	0.172 9

11.3.3.4　三种分配方案的平均分配权重

根据上述结果得出三门湾沿岸汇水单元总氮、总磷削减量平均分配权重,如表 11.40 和表 11.41 所示。

表 11.40　三种分配方案总氮削减量平均分配权重

序号	汇水单元	方案一	方案二	方案三
1	浦坝单元	0.104 9	0.067 9	0.092 2
2	健跳单元	0.056 6	0.084 5	0.070 7
3	海游单元	0.167 8	0.179 1	0.184 8
4	旗门单元	0.060 7	0.123 5	0.090 0
5	力洋单元	0.182 5	0.182 0	0.200 3
6	白礁单元	0.190 3	0.208 9	0.188 4
7	石浦单元	0.237 1	0.154 1	0.173 7

表 11.41　三种分配方案总磷削减量平均分配权重

序号	汇水单元	方案一	方案二	方案三
1	浦坝单元	0.096 5	0.058 4	0.085 8
2	健跳单元	0.053 9	0.073 7	0.065 4
3	海游单元	0.162 9	0.165 5	0.178 1
4	旗门单元	0.057 8	0.132 4	0.092 4
5	力洋单元	0.199 6	0.189 9	0.211 7
6	白礁单元	0.192 1	0.223 2	0.193 7
7	石浦单元	0.237 1	0.156 9	0.172 9

11.3.4　削减量分配结果

11.3.4.1　无机氮削减量计算及分配

根据污染物扩散模拟及环境容量估算结果,我们知道总氮和无机氮之间存在着线性对应的关系,所以三门湾沿岸各汇水单元无机氮分配权重直接采用总氮的分配权重即可。由前文计算结果得到,三门湾无机氮浓度远远超过海水水质标准,所以无容量。根据设定的三期控制目标,按削减量最小的原则,得到了三门湾沿岸各汇水单元源强平均削减 14.0%、30.0% 及 44.0% 时,可以分别完成近期、中期及远期控制指标的结果。现按各汇水单元组合权重分配削减量,计算近期三个方案的削减量分配结果,由于中、远期距现在时间跨度较长,污染源、汇水区等将来会有所变化,所以不作各方案间的比选,采用近期优选结果进行汇水单元削减量分配。

近期无机氮削减。由计算结果可知,近期源强进行平均削减时,每个汇水单元需削减 14.0% 的源强,才能基本完成水质改善目标,即需削减无机氮 216.31 t/a。根据三个削减方案的分配权重,对各汇水单元源强的削减比例进行重新分配,得到近期各方案各汇水单元无机氮源强削减量见表 11.42。将各汇水单元的原有统计源强减去表 11.42 中的无机氮源强削减量后,进行无机氮浓度分布数值模拟,各方案模拟计算结果见图 11.7～图 11.9 所示。由分布图可见,容量分配后的浓度等值线总体分布三个方案之间相差不大,由于取同一时刻的浓度计算值进行作图处理,所以等值线弯曲方向及变化趋势三个方案保持一致,总体呈现在湾内由东向西递增,并向西岸弯曲的趋势。表 11.43 中给出的是各方案模拟计算结果中小于 0.65 mg/L 的海域面积及占三门湾海域总面积的比例,由三个方案计算结果比较可知,在同样的削减量下,方案二的小于 0.65 mg/L 的海域面积为 383.71 km²,占总面积的 61.16%,在三个方案中水质改善结果最佳,因此方案二为满足近期控制指标的最优削减方案。

表 11.42　近期无机氮工况源强削减量　　　　　　　　　　　　　　　　　单位:t/a

汇水单元	方案一	方案二	方案三
浦坝单元	22.70	14.68	19.94
健跳单元	12.25	18.28	15.29
海游单元	36.30	38.74	39.98
旗门单元	13.12	26.72	19.46
力洋单元	39.49	39.38	43.32
白礁单元	41.17	45.19	40.75
石浦单元	51.28	33.33	37.56

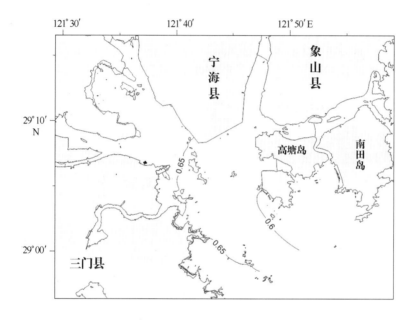

图 11.7　方案一无机氮浓度等值线分布(单位:mg/L)

表 11.43　近期无机氮各方案小于 0.65 mg/L 海域面积(总面积:627.37 km²)

削减方案	小于 0.65 mg/L 的海域	
	面积/km²	百分比/%
方案一	380.24	60.61
方案二	383.71	61.16
方案三	383.04	61.06

11.3.4.2　磷酸盐削减量计算及分配

　　根据污染物扩散模拟及环境容量估算结果,我们知道总磷和磷酸盐之间存在着线性对应的关系,所以三门湾沿岸各汇水单元磷酸盐分配权重直接采用总磷的分配权重即可。由第 8 章计算结果得到,近期需削减 12.7% 的源强,才能达到控制目标,即需削减 44.81 t/a;

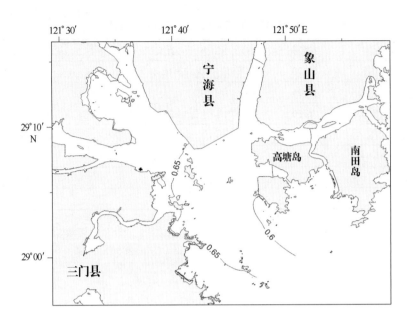

图 11.8　方案二无机氮浓度等值线分布（单位:mg/L）

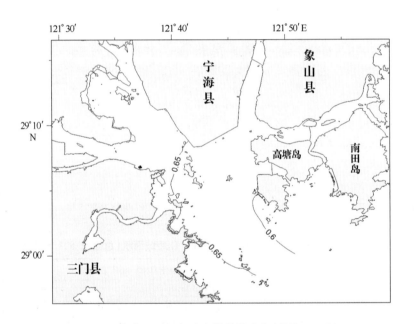

图 11.9　方案三无机氮浓度等值线分布（单位:mg/L）

中期需削减 27.8% 的源强,才能达到控制目标,即需削减 98.11 t/a;远期需削减 41.0% 的源强,才能达到控制目标,即需削减 144.68 t/a。现按各汇水单元组合权重分配削减量,计算近期三个方案的削减量分配结果,由于中、远期距现在时间跨度较长,污染源、汇水区等将来会有所变化,所以不作各方案间的比选,采用近期优选结果进行汇水单元削减量分配。

近期磷酸盐削减。由计算结果可知,近期源强进行平均削减时,每个汇水单元需削减

12.7%的源强,才能基本完成水质改善目标,即需削减磷酸盐44.81 t/a。根据三个削减方案的分配权重,对各汇水单元源强的削减比例进行重新分配,得到远期各方案各汇水单元磷酸盐源强削减量如表11.44。将各汇水单元的磷酸盐原有统计源强减去表11.44中的磷酸盐源强削减量后,进行磷酸盐浓度分布数值模拟,各方案模拟计算结果如图11.10～图11.12所示。由分布图可见,容量分配后的浓度等值线总体分布三个方案之间相差不大,由于取同一时刻的浓度计算值进行作图处理,所以等值线弯曲方向及变化趋势三个方案保持一致,总体呈现由湾口向湾内弯曲并增大的趋势。表11.45中给出的是各方案模拟计算结果符合四类海水水质标准,即浓度磷酸盐浓度小于0.045 mg/L的海域面积及其占三门湾海域总面积的比例,由三个方案计算结果比较可知,在同样的削减量下,方案二的达标海域面积为385.45 km²,占总面积的61.44%,在三个方案中水质改善结果最佳,因此方案二为满足近期控制指标的最优削减方案。

表11.44　磷酸盐工况源强削减量　　　　　　　　　　　　　　　单位:t/a

汇水单元	方案一	方案二	方案三
浦坝单元	4.33	2.62	3.84
健跳单元	2.42	3.30	2.93
海游单元	7.30	7.42	7.98
旗门单元	2.59	5.93	4.14
力洋单元	8.94	8.51	9.49
白礁单元	8.61	10.00	8.68
石浦单元	10.62	7.03	7.75

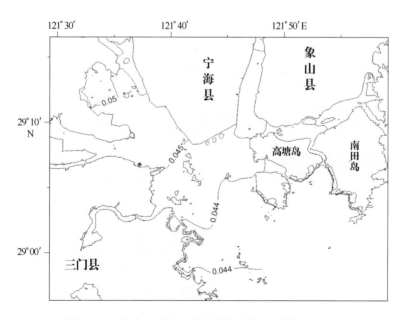

图11.10　方案一磷酸盐浓度等值线分布(单位:mg/L)

199

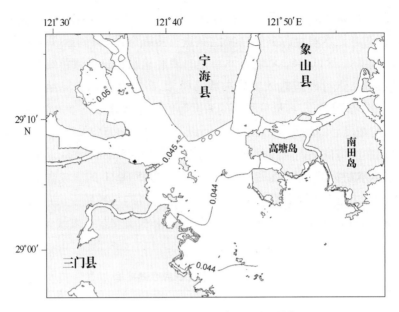

图 11.11　方案二磷酸盐浓度等值线分布(单位:mg/L)

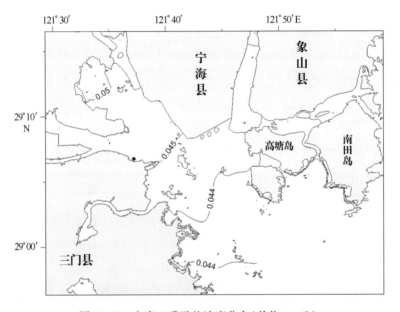

图 11.12　方案三磷酸盐浓度分布(单位:mg/L)

表 11.45　近期磷酸盐各方案达标海域面积(总面积:627.37 km²)

削减方案	小于 0.045 mg/L 的海域	
	面积/km²	百分比/%
方案一	384.23	61.24
方案二	385.45	61.44
方案三	384.12	61.23

11.3.5 最优分配方案的确定

11.3.5.1 无机氮总量削减最优分配方案确定

从近期无机氮削减后浓度等值线分布图上看,三个方案之间相差不大,等值线弯曲方向及变化趋势均保持一致。但由表 11.43 可以看到,三个方案的计算结果很相近,三门湾内海域无机氮浓度小于 0.65 mg/L 的海域面积分别为全湾海域的 60.61%、61.16% 和 61.06%,其中方案二略显优势,满足要求的海域面积超过方案一和方案三。综合考虑容量分配及各方案分配计算结果,确定方案二为最优分配方案。中、远期采用近期优选结果进行汇水单元削减量分配(表 11.46)。

表 11.46 无机氮最佳方案各汇水单元削减源强 单位:t/a

汇水单元	近期	中期	远期
浦坝单元	14.68	31.47	46.16
健跳单元	18.28	39.17	57.44
海游单元	38.74	83.01	121.76
旗门单元	26.72	57.24	83.96
力洋单元	39.38	84.36	123.73
白礁单元	45.19	96.83	142.01
石浦单元	33.33	71.43	104.76
合计	216.32	463.51	679.82

11.3.5.2 磷酸盐总量削减最优分配方案确定

从近期磷酸盐削减后浓度等值线分布图上看,三个方案之间相差不大,等值线弯曲方向及变化趋势均保持一致。但由表 11.45 可以看到,三个方案的计算结果都很相近,三门湾内海域磷酸盐浓度符合四类海水水质标准的海域面积分别为全三门湾海域的 61.24%、61.44% 和 61.23%,其中方案二略显优势,浓度符合四类海水水质标准的海域面积较大于方案一和方案三。综合考虑容量分配及各方案分配计算结果,确定方案二为最优分配方案。中、远期采用近期优选结果进行汇水单元削减量分配(表 11.47)。

表 11.47 磷酸盐最佳方案各汇水单元源强削减量 单位:t/a

汇水单元	近期	中期	远期
浦坝单元	2.62	5.73	8.46
健跳单元	3.30	7.23	10.66
海游单元	7.42	16.24	23.94
旗门单元	5.93	12.99	19.16
力洋单元	8.51	18.63	27.47
白礁单元	10.00	21.90	32.29
石浦单元	7.03	15.39	22.70
合计	44.81	98.11	144.68

11.3.6 削减量最优分配转换

11.3.6.1 总氮削减量最优分配转换

根据主要污染物的换算关系,总氮与无机氮的比值为 3.18,根据项目制定的近期控制指标,总氮削减量最优方案为方案二,中、远亦采用近期优算方案进行分配,各汇水单元分配削减量如表 11.48。

表 11.48 总氮三期削减量最优分配　　　　　　　　　　　　　　　单位:t/a

汇水单元	近期	中期	远期
浦坝单元	46.70	100.07	146.79
健跳单元	58.12	124.56	182.67
海游单元	123.20	263.99	387.18
旗门单元	84.95	182.03	266.99
力洋单元	125.19	268.26	393.45
白礁单元	143.70	307.92	451.61
石浦单元	106.00	227.15	333.14
合计	687.86	1 473.98	2 161.83

11.3.6.2 总磷削减量最优分配转换

根据主要污染物的换算关系,总磷与磷酸盐的比值为 1.78,根据项目制定的近期控制指标,总磷削减量最优方案为方案二,中、远亦采用近期优算方案进行分配,各汇水单元分配削减量如表 11.49。

表 11.49 总磷三期削减量最优分配　　　　　　　　　　　　　　　单位:t/a

汇水单元	近期	中期	远期
浦坝单元	4.66	10.2	15.03
健跳单元	5.88	12.87	18.97
海游单元	13.2	28.9	42.62
旗门单元	10.56	23.12	34.1
力洋单元	15.15	33.16	48.91
白礁单元	17.8	38.97	57.47
石浦单元	12.51	27.4	40.41
合计	79.76	174.62	257.51

11.3.7 削减量分配到乡镇及县区

11.3.7.1 总氮削减量分配到乡镇及县区

用方案一的分配方法,计算近期三门湾沿海各乡镇总氮削减量分配要素权重(表

11.50),从而计算各汇水单元所在乡镇总氮削减量(表11.51)和各县区总氮削减量(表11.52)。

表 11.50　三门湾沿海各乡镇总氮削减量分配要素权重

汇水单元	乡镇	污染物排放量贡献率(P_i)	自然资源贡献率(R_i)	经济效益系数(E_i)	社会效益系数(S_i)	专家咨询法分配权重	矩阵法分配权重	分配权重
浦坝单元	花桥镇	0.187 3	0.163 2	0.119 2	0.249 8	0.179 0	0.177 0	0.178 0
	小雄镇	0.138 8	0.119 2	0.092 2	0.309 9	0.153 0	0.144 3	0.148 7
	泗淋乡	0.136 7	0.144 0	0.352 4	0.085 0	0.171 0	0.165 6	0.168 3
	浬浦镇	0.207 0	0.278 3	0.117 5	0.271 7	0.216 0	0.219 9	0.218 0
	沿赤乡	0.330 2	0.295 3	0.318 7	0.083 6	0.280 9	0.293 1	0.287 0
健跳单元	横渡镇	0.192 1	0.359 8	0.128 3	0.793 7	0.313 1	0.291 4	0.302 2
	健跳镇	0.807 9	0.640 2	0.871 7	0.206 3	0.686 9	0.708 6	0.697 8
海游单元	高枧乡	0.058 7	0.043 7	0.072 1	0.080 4	0.061 4	0.058 9	0.060 1
	珠岙镇	0.043 8	0.038 7	0.068 9	0.087 2	0.054 4	0.050 7	0.052 5
	海游镇	0.451 5	0.261 1	0.551 0	0.144 2	0.379 3	0.382 1	0.380 7
	亭旁镇	0.133 4	0.130 1	0.102 0	0.452 6	0.177 8	0.161 2	0.169 5
	六敖镇	0.312 6	0.526 4	0.206 0	0.235 6	0.327 1	0.347 2	0.337 1
旗门单元	桑洲镇	0.164 7	0.113 0	0.047 7	0.566 6	0.195 4	0.175 0	0.185 2
	沙柳镇	0.396 7	0.236 0	0.715 3	0.101 0	0.374 5	0.369 5	0.372 0
	一市镇	0.291 9	0.415 0	0.197 7	0.231 7	0.291 5	0.305 2	0.298 3
	蛇蟠乡	0.146 8	0.236 1	0.039 3	0.100 7	0.138 6	0.150 3	0.144 5
力洋单元	岔路镇	0.043 5	0.061 0	0.069 6	0.125 7	0.065 4	0.060 8	0.063 1
	前童镇	0.034 8	0.039 0	0.068 1	0.114 2	0.054 8	0.049 2	0.052 0
	黄坛镇	0.103 7	0.105 6	0.220 2	0.084 0	0.123 1	0.119 6	0.121 3
	跃龙街道	0.716 4	0.059 3	0.281 8	0.413 4	0.440 8	0.439 5	0.440 2
	茶院乡	0.206 0	0.137 5	0.077 1	0.123 6	0.153 3	0.159 3	0.156 3
	越溪乡	1.038 2	0.395 2	0.124 9	0.046 8	0.564 6	0.621 5	0.593 1
	力洋镇	− 1.142 5	0.202 5	0.158 2	0.092 3	− 0.401 9	− 0.450 0	− 0.426 0
白礁单元	长街镇	0.347 4	0.316 7	0.384 2	0.239 6	0.330 4	0.333 2	0.331 8
	泗洲头镇	0.051 5	0.172 2	0.167 0	0.094 5	0.107 0	0.106 6	0.106 8
	茅洋乡	0.089 2	0.085 7	0.105 3	0.167 5	0.104 0	0.098 8	0.101 4
	新桥镇	0.182 9	0.287 0	0.121 4	0.239 9	0.203 3	0.208 3	0.205 8
	定塘镇	0.117 6	0.082 6	0.072 4	0.187 0	0.112 4	0.108 5	0.110 5
	晓塘乡	0.211 3	0.055 2	0.149 3	0.071 6	0.142 8	0.144 6	0.143 7
石浦单元	石浦镇	0.533 2	0.377 2	0.607 1	0.519 1	0.510 7	0.500 1	0.505 4
	鹤浦镇	0.367 1	0.349 2	0.338 2	0.174 1	0.326 8	0.337 7	0.332 3
	高塘岛乡	0.099 7	0.273 5	0.054 7	0.306 8	0.162 5	0.162 2	0.162 4

表 11.51　各汇水单元所在乡镇总氮削减量分配　　　　　单位:t/a

汇水单元编号	汇水单元	乡镇	总氮削减量	总氮削减量
1	浦坝单元	花桥镇	8.32	46.70
		小雄镇	6.94	
		泗淋乡	7.86	
		涅浦镇	10.18	
		沿赤乡	13.40	
2	健跳单元	横渡镇	17.56	58.12
		健跳镇	40.56	
3	海游单元	高枧乡	7.42	123.20
		珠岙镇	6.47	
		海游镇	46.90	
		亭旁镇	20.88	
		六敖镇	41.53	
4	旗门单元	桑洲镇	15.73	84.95
		沙柳镇	31.60	
		一市镇	25.34	
		蛇蟠乡	12.28	
5	力洋单元	岔路镇	7.90	125.19
		前童镇	6.51	
		黄坛镇	15.19	
		跃龙街道	-55.11	
		茶院乡	19.57	
		越溪乡	74.25	
		力洋镇	-53.34	
6	白礁单元	长街镇	47.68	143.70
		泗洲头镇	15.35	
		茅洋乡	14.57	
		新桥镇	29.57	
		定塘镇	15.87	
		晓塘乡	20.66	
7	石浦单元	石浦镇	53.57	106.00
		鹤浦镇	35.22	
		高塘岛乡	17.21	

表 11.52　各县区总氮削减量分配　　　　　　　　　　　单位：t/a

县区	乡镇	总氮削减量	总氮削减量
三门县	花桥镇	8.32	271.90
	小雄镇	6.94	
	泗淋乡	7.86	
	浬浦镇	10.18	
	沿赤乡	13.40	
	横渡镇	17.56	
	健跳镇	40.56	
	高枧乡	7.42	
	珠岙镇	6.47	
	海游镇	46.90	
	亭旁镇	20.88	
	六敖镇	41.53	
	沙柳镇	31.60	
	蛇蟠乡	12.28	
宁海县	桑洲镇	15.73	213.94
	一市镇	25.34	
	岔路镇	7.90	
	前童镇	6.51	
	黄坛镇	15.19	
	跃龙街道	55.11	
	茶院乡	19.57	
	越溪乡	74.25	
	力洋镇	−53.34	
	长街镇	47.68	
象山县	泗洲头镇	15.35	202.02
	茅洋乡	14.57	
	新桥镇	29.57	
	定塘镇	15.87	
	晓塘乡	20.66	
	石浦镇	53.57	
	鹤浦镇	35.22	
	高塘岛乡	17.21	
合计		687.86	

从各县区总氮削减量分配表（表 11.52）可以看出：三门县总氮削减量最大，为 271.90 t/a，其中海游镇总氮削减量在三门县各个乡镇中最大；宁海县总氮削减量位居第

二,为 213.94 t/a,其中越溪乡总氮削减量在宁海县各个乡镇中最大,力洋镇的总氮削减量为负值;象山县总氮削减量最小,为 202.02 t/a,其中石浦镇总氮削减量在象山县各个乡镇中最大。

11.3.7.2　总磷削减量分配到乡镇及县区

用方案一的分配方法,将近期三门湾沿海总磷削减量分配到各乡镇及县区。

由于三门湾只有石浦单元的总磷工业污染排放量为 19.03 t/a,其他各汇水单元总磷的工业污染排放量均为 0,因此将总磷(除石浦单元)生活、农业和海水养殖污染物排放量的权重系数分别调整为 0.35、0.32、0.33(表 11.53)。

表 11.53　象山港不同层次要素总氮和总磷减排削减量分配要素权重

第一层要素	权重均值 /%	总氮及总磷(石浦单元)		总磷(除石浦单元)	
		第二层要素	权重均值/%	第二层要素	权重均值/%
总污染排放量(η_p)	43	工业排放量	25	工业排放量	0
		生活排放量	26	生活排放量	35
		农业排放量	24	农业排放量	32
		海水养殖排放量	25	海水养殖排放量	33
自然资源(η_r)	22	面积	45	面积	45
		岸线长度	55	岸线长度	55
经济发展(GDP 产值)(η_e)	19	工业产值	55	工业产值	55
		农业产值	45	农业产值	45
社会发展(η_s)	16	人口	26	人口	26
		1/排污效率	38	1/排污效率	38
		1/劳动生产率	36	1/劳动生产率	36

用方案一的分配方法,计算近期三门湾沿海各乡镇总磷削减量分配要素权重(表 11.54),从而计算各汇水单元所在乡镇总磷削减量(表 11.55)和各县区总磷削减量(表 11.56)。

表 11.54　三门湾沿海各乡镇总磷削减量分配要素权重

汇水单元	乡镇	污染物排放量贡献率(P_i)	自然资源贡献率(R_i)	经济效益系数(E_i)	社会效益系数(S_i)	专家咨询法分配权重	矩阵法分配权重	分配权重
浦坝单元	花桥镇	0.248 8	0.163 2	0.119 2	0.244 8	0.204 7	0.205 5	0.205 1
	小雄镇	0.186 5	0.119 2	0.092 2	0.326 5	0.176 2	0.168 5	0.172 4
	泗淋乡	0.176 8	0.144 0	0.352 4	0.080 9	0.187 6	0.184 1	0.185 9
	浬浦镇	0.205 4	0.278 3	0.117 5	0.266 0	0.214 5	0.218 6	0.216 5
	沿赤乡	0.182 5	0.295 3	0.318 7	0.081 9	0.217 1	0.223 3	0.220 2
健跳单元	横渡镇	0.252 0	0.359 8	0.128 3	0.795 5	0.339 2	0.319 8	0.329 5
	健跳镇	0.748 0	0.640 2	0.871 7	0.204 5	0.660 8	0.680 2	0.670 5

汇水单元	乡镇	污染物排放量贡献率(P_i)	自然资源贡献率(R_i)	经济效益系数(E_i)	社会效益系数(S_i)	专家咨询法分配权重	矩阵法分配权重	分配权重
海游单元	高枧乡	0.037 6	0.043 7	0.072 1	0.088 7	0.053 7	0.049 8	0.051 7
	珠岙镇	0.040 2	0.038 7	0.068 9	0.093 0	0.053 8	0.049 6	0.051 7
	海游镇	0.346 0	0.261 1	0.551 0	0.156 8	0.336 0	0.333 6	0.334 8
	亭旁镇	0.159 3	0.130 1	0.102 0	0.456 3	0.189 5	0.173 8	0.181 7
	六敖镇	0.416 9	0.526 4	0.206 0	0.205 2	0.367 0	0.393 2	0.380 1
旗门单元	桑洲镇	0.208 4	0.113 0	0.047 7	0.587 4	0.217 5	0.197 8	0.207 6
	沙柳镇	0.248 0	0.236 0	0.715 3	0.110 3	0.312 1	0.300 3	0.306 2
	一市镇	0.360 0	0.415 0	0.197 7	0.218 7	0.318 6	0.336 0	0.327 3
	蛇蟠乡	0.183 7	0.236 1	0.039 3	0.083 6	0.151 8	0.165 9	0.158 9
力洋单元	岔路镇	0.040 5	0.061 0	0.069 6	0.108 1	0.061 4	0.057 5	0.059 5
	前童镇	0.035 9	0.039 0	0.068 1	0.103 6	0.053 5	0.048 6	0.051 1
	黄坛镇	0.080 5	0.105 6	0.220 2	0.081 2	0.112 7	0.108 4	0.110 5
	跃龙街道	0.520 7	0.059 3	0.281 8	0.460 6	0.364 2	0.352 1	0.358 2
	茶院乡	0.171 6	0.137 5	0.077 1	0.113 0	0.136 8	0.142 0	0.139 4
	越溪乡	0.709 6	0.395 2	0.124 9	0.040 4	0.422 2	0.465 9	0.444 1
	力洋镇	−0.558 8	0.202 5	0.158 2	0.093 1	−0.150 8	−0.174 6	−0.162 7
白礁单元	长街镇	0.393 6	0.316 7	0.384 2	0.227 0	0.348 2	0.353 7	0.351 0
	泗洲头镇	0.074 0	0.172 8	0.167 0	0.098 2	0.117 3	0.117 6	0.117 4
	茅洋乡	0.043 2	0.085 7	0.105 3	0.192 0	0.088 2	0.079 7	0.083 9
	新桥镇	0.277 5	0.287 0	0.121 8	0.209 2	0.239 1	0.249 6	0.244 3
	定塘镇	0.110 2	0.082 6	0.072 4	0.193 2	0.110 2	0.105 6	0.107 9
	晓塘乡	0.101 5	0.055 2	0.149 3	0.080 4	0.097 0	0.093 8	0.095 4
石浦单元	石浦镇	0.543 2	0.377 2	0.607 1	0.508 6	0.513 3	0.503 7	0.508 5
	鹤浦镇	0.340 6	0.349 2	0.338 2	0.171 1	0.314 9	0.324 9	0.319 9
	高塘岛乡	0.116 2	0.273 5	0.054 7	0.320 3	0.171 8	0.171 4	0.171 6

表 11.55 各汇水单元所在乡镇总磷削减量分配 单位:t/a

汇水单元编号	汇水单元	乡镇	总磷削减量	总磷削减量
1	浦坝单元	花桥镇	0.95	4.66
		小雄镇	0.80	
		泗淋乡	0.87	
		浬浦镇	1.01	
		沿赤乡	1.03	
2	健跳单元	横渡镇	1.94	5.88
		健跳镇	3.94	

汇水单元编号	汇水单元	乡镇	总磷削减量	总磷削减量
3	海游单元	高枧乡	0.68	13.20
		珠岙镇	0.68	
		海游镇	4.42	
		亭旁镇	2.40	
		六敖镇	5.02	
4	旗门单元	桑洲镇	2.19	10.56
		沙柳镇	3.23	
		一市镇	3.46	
		蛇蟠乡	1.68	
5	力洋单元	岔路镇	0.90	15.15
		前童镇	0.77	
		黄坛镇	1.67	
		跃龙街道	5.43	
		茶院乡	2.11	
		越溪乡	6.73	
		力洋镇	−2.46	
6	白礁单元	长街镇	6.25	17.80
		泗洲头镇	2.09	
		茅洋乡	1.49	
		新桥镇	4.35	
		定塘镇	1.92	
		晓塘乡	1.70	
7	石浦单元	石浦镇	6.36	12.51
		鹤浦镇	4.00	
		高塘岛乡	2.15	

表 11.56 各县区总磷削减量分配 单位:t/a

县区	乡镇	总磷削减量	总磷削减量
三门县	花桥镇	0.95	28.65
	小雄镇	0.80	
	泗淋乡	0.87	
	涅浦镇	1.01	
	沿赤乡	1.03	
	横渡镇	1.94	
	健跳镇	3.94	
	高枧乡	0.68	
	珠岙镇	0.68	
	海游镇	4.42	
	亭旁镇	2.40	
	六敖镇	5.02	
	沙柳镇	3.23	
	蛇蟠乡	1.68	
宁海县	桑洲镇	2.19	27.05
	一市镇	3.46	
	岔路镇	0.90	
	前童镇	0.77	
	黄坛镇	1.67	
	跃龙街道	5.43	
	茶院乡	2.11	
	越溪乡	6.73	
	力洋镇	-2.46	
	长街镇	6.25	
象山县	泗洲头镇	2.09	24.06
	茅洋乡	1.49	
	新桥镇	4.35	
	定塘镇	1.92	
	晓塘乡	1.70	
	石浦镇	6.36	
	鹤浦镇	4.00	
	高塘岛乡	2.15	
合计		79.76	

从各县区总磷削减量分配表(表 11.56)可以看出:三门县总磷削减量最大,为 28.65 t/a,其中六敖镇总磷削减量在三门县各个乡镇中最大;宁海县总磷削减量位居第二,为 27.05 t/a,

209

其中越溪乡总磷削减量在宁海县各个乡镇中最大,力洋镇的总磷削减量为负值;象山县总磷削减量最小,为24.06 t/a,其中石浦镇总磷削减量在象山县各个乡镇中最大。

11.4 小结

（1）对三门湾汇水单元COD_{Cr}优化分配的技术路线是:进行三门湾沿岸各汇水单元划分,从环境、资源、经济、社会和污染物排放浓度响应程度等指标考虑设计分配方案,计算出各方案三门湾各汇水单元的COD_{Cr}分配权重,通过数学模型计算各方案的环境容量及分配结果,综合评定各方案优劣,最终确定最优方案。

（2）对三门湾沿海各汇水单元总氮、总磷容量削减的技术路线以及方案设计同COD_{Cr}分配,权重计算仍基于专家赋权的AHP法,方案优化后,优化分配结果。

（3）通过三个方案设计,数学模型计算各方案的结果表明,COD_{Cr}环境容量分配结果为方案二最优,优化后容量总量为48.20×10^4 t/a;三门县COD_{Cr}允许排放源强最大,为29.31×10^4 t/a,其中浬浦镇COD_{Cr}允许排放源强在三门县各个乡镇中最大;象山县COD_{Cr}允许排放源强位居第二,为15.35×10^4 t/a,其中石浦镇COD_{Cr}允许排放源强在象山县各个乡镇中最大;宁海县COD_{Cr}允许排放源强最小,为3.54×10^4 t/a,其中长街镇COD_{Cr}允许排放源强在宁海县各个乡镇中最大。

（4）总氮近期削减量为687.86 t/a,分配结果为方案二最优,其中白礁单元削减量最大,为143.70 t/a;浦坝单元削减量最小,为46.70 t/a。

（5）将总氮近期削减量分配到三个县区的乡镇,结果如下:三门县总氮削减量最大,为271.90 t/a,其中海游镇总氮削减量在三门县各个乡镇中最大;宁海县总氮削减量位居第二,为213.94 t/a,其中越溪乡总氮削减量在宁海县各个乡镇中最大,力洋镇的总氮削减量为负值;象山县总氮削减量最小,为202.02 t/a,其中石浦镇总氮削减量在象山县各个乡镇中最大。

（6）总磷近期削减量为79.76 t/a,分配结果为方案二最优,其中白礁单元削减量最大,为17.80 t/a;浦坝单元削减量最小,为4.66 t/a。

（7）将总磷近期削减量分配到三个县区的乡镇,结果如下:三门县总磷削减量最大,为28.65 t/a,其中六敖镇总磷削减量在三门县各个乡镇中最大;宁海县总磷削减量位居第二,为27.05 t/a,其中越溪乡总磷削减量在宁海县各个乡镇中最大,力洋镇的总磷削减量为负值;象山县总磷削减量最小,为24.06 t/a,其中石浦镇总磷削减量在象山县各个乡镇中最大。

参考文献

陈慧敏,孙承兴,仵彦卿.上海海域污染源分析及控制对策.水资源保护,2011,27(2):70 – 79.

陈慧敏,仵彦卿.乐清湾水污染物总量控制分配方法.水资源保护,2011,27(3):49 – 53.

陈文颖,方栋,薛大知,等.总量控制优化治理投资费用分摊问题的分析与处理.清华大学学报(自然科学版),1998,38(4):5-9.

冯金鹏,吴洪寿,赵帆. 水环境污染总量控制回顾、现状及发展探讨. 南水北调与水利科技,2004,2(1):44-47.

高雷阜. 资源分配的多目标优化动态规划模型. 辽宁工程技术大学学报(自然科学版),2001,20(5):679-681.

顾文权,邵东国,黄显峰,等. 模糊多目标水质管理模型求解及实例验证. 中国环境科学,2008,28(3):284-288.

胡明甫. AHP层次分析法及MATLAB的应用研究. 钢铁技术,2004,(2):43-46.

李如忠,钱家忠,汪家权. 水污染物允许排放总量分配方法研究. 水力学报,2003,(5):112-121.

李如忠. 区域水污染物排放总量分配方法研究. 环境工程,2002,20(6):61-63.

李寿德,黄桐城. 初始排污权分配的一个多目标决策模型. 中国管理科学,2003,11(6):41-44.

林高松,李适宇,李娟. 基于群决策的河流允许排污量公平分配博弈模型. 环境科学学报,2009,29(9):2010-2016.

林巍,傅国伟. 基于公理体系的排污总量公平分配模型. 环境科学,1996,17(3):35-37.

毛战坡,李怀恩. 总量控制中削减污染物合理分摊问题的求解方法. 西北水资源与水工程,1999,10(1):25-29.

孟祥明,张宏伟,孙涛,等. 基尼系数法在水污染物总量分配中的应用. 中国给水排水,2008,24(23):105-108.

王亮. 天津市重点污染物容量总量控制研究. 天津大学博士学位论文,2005:50-54.

王勤耕,李宗凯,陈志鹏,等. 总量控制区域排污权的初始分配方法. 中国环境科学,2000,20(1):68-72.

王媛,张宏伟,刘冠飞. 效率与公平两级优化的水污染物总量分配模型. 天津大学学报,2009,42(3):231-235.

肖伟华,秦大庸,李玮,等. 基于基尼系数的湖泊流域分区水污染物总量分配. 环境科学学报,2009,29(8):1765-1771.

张兴榆,黄贤金,于术桐,等. 沙颍河流域行政单元的排污权初始分配研究. 环境科学与管理,2009,34(3):17-20.

张燕. 海湾入海污染物总量控制方法与应用研究. 中国海洋大学博士论文,2007:1-2.

张志强. 天津市水污染物容量总量控制方法研究. 河北工业大学硕士学位论文,2006:2.

支海宇. 排污权交易及其在中国的应用研究. 大连理工大学博士论文,2008:3.

12 大规模围填海工程对容量的影响

根据前文所建立的海湾数学模型,本书以 2009 年的实测资料进行模型验证,因此选定 2009 年为基准年,分析评价三门湾 2004—2009 年已建的围填海工程及 2009—2020 年规划的围填海工程对三门湾污染物环境容量的影响。

12.1 大规模围海工程概述

根据 2006 年浙江省滩涂围垦规划资料,三门湾沿岸三县 1950—2004 年已围成滩涂中象山县有 14.23 万亩(1 亩 = 0.066 7 hm²),宁海县 11.43 万亩,三门县 11.35 万亩。根据浙江省滩涂围垦总体规划、宁波市滩涂围垦造地规划及台州市滩涂围垦总体规划等资料,2004—2009 年三门湾沿岸已完成的大规模围填海工程总面积约 9.71 万亩(表 12.1,图 12.1),2009—2020 年规划中的大规模围垦项目总面积约 13.85 万亩(表 12.2,图 12.1)。

表 12.1 2004—2009 年三门湾沿岸各县完成的大规模围海工程

所属县	项目名称	规模/×10⁴ 亩	实际竣工年或规划建设年限
象山县	花岙二期围涂	0.42	2010
	长大涂围涂	0.22	2010
宁海县	蛇盘涂围涂	1.78	2009—2006
	下洋涂围垦	5.38	2006—2010
三门县	三门晏站涂围垦	1.91	2003—2007

表 12.2 2009—2020 年三门湾沿岸各县规划围垦项目

所属县	项目名称	规模/×10⁴ 亩	堤线长度/km	建设年限
宁海	双盘三山涂	5.64	15.7	2014—2015
	毛屿港二期	0.45	3.2	2014—2016
象山	高塘黄沙岙	0.34	2.92	2011—2013
	水湖涂二期	0.478	2.8	2012—2014
	乌屿山	0.655	4.66	2011—2015
	大港口	0.586	5	2011—2015
	乔木湾(大羊)	1.4	6	2011—2015
	海丰涂	0.24	0.72	2014—2015
	黄吉岙	0.11	0.98	2014—2015

所属县	项目名称	规模/×10⁴ 亩	堤线长度/km	建设年限
三门县	高泥块涂	0.7	4.5	2008—2012
	洋市涂	0.55	1.9	2008—2012
	龙山涂	0.27	3.414	2007—2011
	后坑涂	0.12	0.9	2008—2010
	山后涂	0.2	1.5	2008—2010
	市门涂	0.28	2.7	2008—2011
	鸭子夹涂	0.106	1.65	2008—2011
	六敖北边涂	0.11	1.9	2008—2011
	牛山涂	0.3	2.1	2008—2011
	崇岙涂	0.7	2.5	2011—2015
	晏站涂二期	0.61	3.4	2014—2017

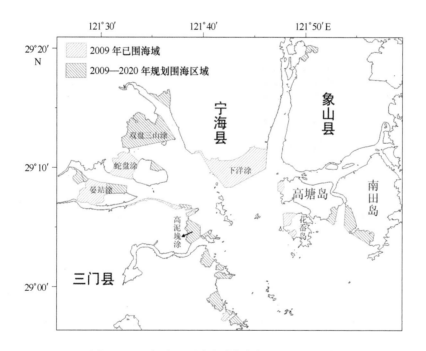

图 12.1　三门湾已围成海域与规划围垦项目示意

12.2　海湾环境响应

采用前文所建立的数值模型分别对 2004 年和 2020 年的三门湾进行模拟计算,回顾已完成的大规模围填海工程实施前、预测大规模规划围垦项目实施后的三门湾环境动力状况,并将其与 2009 年的现状条件进行对比,分析大规模围填海工程实施后三门湾的海湾环境响应情况。

12.2.1　潮流

12.2.1.1　涨、落潮急流时刻流场响应

数模计算得到的围填海前后三门湾涨、落潮急流流场见图 12.2～图 12.5。

从整体上看,围填海对三门湾内大范围的潮流流路和流态基本没有影响,涨潮流仍以西北为主要流向流入湾内,在湾中分为四股,分别流向健跳港、猫头水道、满山水道和白礁水道。流向白礁水道的一股与自东向西经石浦港流入湾内的涨潮流汇合,经猫头水道的一股顺着汊道走向再分流,大部分流入蛇蟠水道和青山水道,流经蛇蟠水道后再次分流流向海游港和旗门港,小部分与流经满山水道的涨潮流汇合后流向力洋港。落潮时湾顶水流归槽外泄,各港汊流出的落潮流汇聚,落潮流路基本与涨潮流相近而方向相反,大部分沿东南方向流出三门湾湾口,小部分经石浦港自西向东流出。围填海前后,涨、落潮流顺着各港汊走向分流、汇流的趋势基本不变,流向基本与港汊纵轴平行,各滩涂水流漫滩、呈缓流扩散状态,流速由滩涂向港汊迅速升高,落潮急流流速对围填海的响应幅度稍大于涨潮流,这一变化将进一步减弱三门湾的落潮流优势。

蛇蟠水道以西的蛇盘涂和晏站涂围垦工程分别截断了青山港和旗门港之间、及旗门港和海游港之间的滩涂水流,前者水流本来就相当不明显,受到影响的主要是后者,海游港和旗门港之间的水流通道被截断,与之相通的正屿港响应显著,蛇蟠水道流速略有减小,其上游支汊由"W 形"分支变为"V 形",支汊间不再相通。

12.2.1.2　全潮平均流速场响应

第一阶段(2004—2009 年)三门湾全潮平均流速(以下简称流速)响应范围较小(见图12.6),湾中相对开阔海域的流速减小量值不超过 0.02 m/s,猫头水道流速普遍减小 0.01～0.03 m/s;三门湾西部海域对围填海响应较大的海域集中于蛇蟠水道以内,蛇蟠水道上游旗门港与海游港之间的水流通道被晏站涂围垦项目截断后,与该通道相连的正屿港流速显著减小,其最大减小值超过 0.15 m/s,最大减幅达 90%;东部水域除各工程局部流速降低外,石浦港流速也普遍降低,但量值较小,基本在 0.02 m/s 以内,减幅 3% 左右,作为沟通三门湾与外海的第二大通道,石浦港内部没有围填海项目,仅在湾内一端的出口附近有下洋涂和长大涂围垦,但由于湾内整体纳潮水域的减少,石浦港流速普遍小幅度降低,且和距围填海工程区距离远近无关。

第二阶段(2009—2020 年)三门湾流速响应范围明显大于第一阶段(见图 12.7),湾内西部海域流速普遍减小,仅健跳港口门附近海域及双盘三山涂围涂项目东南侧、青山港与力洋港之间的浅滩,出现 0.1 m/s 左右的流速增量。各港汊中以青山港响应最显著,其流速减小量值可达 0.16 m/s,最大减幅超过 80%,越靠近湾顶,减幅越大,港汊流速减小的同时,浅滩区域水流增加,出现小范围的局部流速增量,其值在 0.1 m/s 以内;蛇蟠水道由其上游两处围垦带来的流速减小量基本在 0.1 m/s 以内,除紧邻晏站涂二期工程附近局部水域外,蛇蟠水道流速降幅基本在 20% 以下,这与晏站涂二期所围水域在第一阶段水动力条件已经

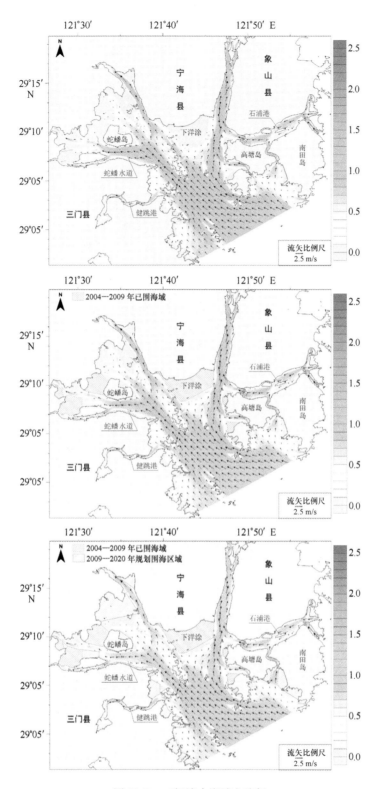

图 12.2 三门湾大潮涨急流场

上:2004 年;中:2009 年;下:2020 年

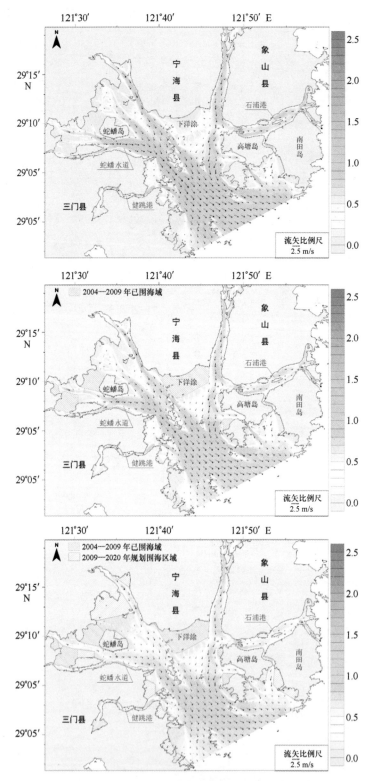

图 12.3　三门湾大潮落急流场

上:2004 年;中:2009 年;下:2020 年

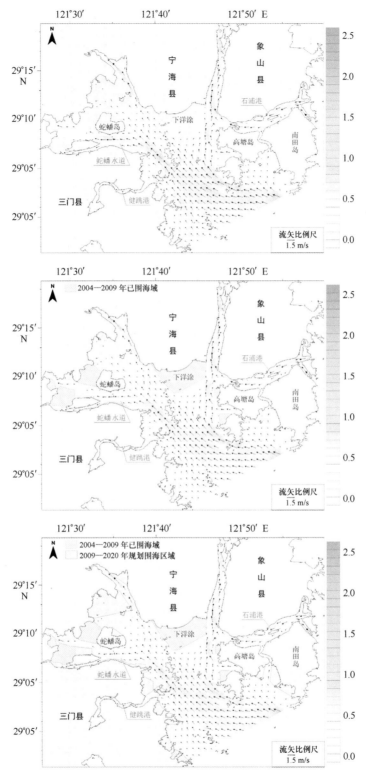

图12.4 三门湾小潮涨急流场
上:2004 年;中:2009 年;下:2020 年

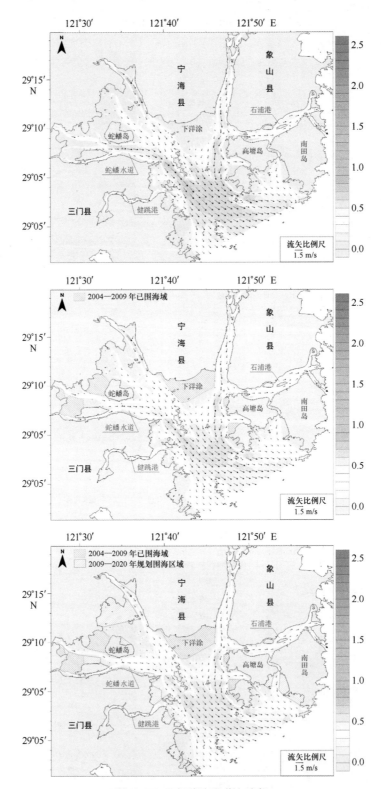

图 12.5　三门湾小潮落急流场

上:2004 年;中:2009 年;下:2020 年

218

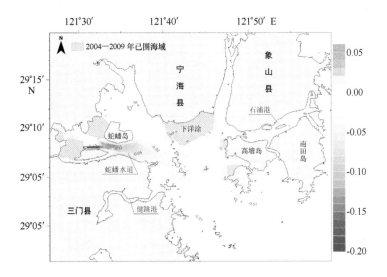

图 12.6　2004—2009 年三门湾全潮平均流速变化

大幅度减弱有关,属前期工程导致后续工程影响评价结果偏低的典型例子。这一阶段内部仅有 4 km² 围填海项目的白礁水道及其出口附近流速响应仍然较弱,仅湾顶局部水域流速降低 0.01 ~ 0.05 m/s,但内部及主要出口附近没有围填海工程的石浦港流速继续普遍降低,减小量仍然在 0.02 m/s 以内。

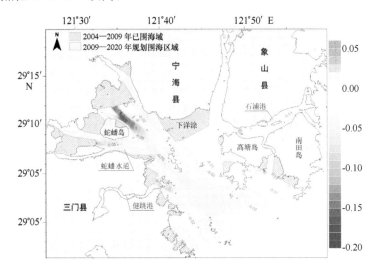

图 12.7　2009—2020 年三门湾全潮平均流速变化

两个阶段三门湾内全潮平均流速减少 0.01 m/s、0.02 m/s 和 0.1 m/s 以上的水域面积及其占三门湾总面积之比见表 12.3,可以看出湾内绝大部分水域全潮平均流速减小值在 0.1 m/s 以内。其中第二阶段流速减小幅度较大,以减小值超过 0.01 m/s 的水域面积为例,第一阶段为 34.18% ,第二阶段就达到 66.66% 。

表 12.3   全潮平均流速减小量等值线包络面积

时间	水域面积/km²			占三门湾总面积之比/%		
	≥0.01 m/s	≥0.02 m/s	≥0.1 m/s	≥0.01 m/s	≥0.02 m/s	≥0.1 m/s
2004—2009 年	214.35	46.90	6.88	34.18%	7.48%	1.10%
2009—2020 年	369.90	267.20	10.09	66.66%	48.15%	1.82%

整体上,深入大陆的各港汊全潮平均流速响应主要针对港汊内部或上游支汊的围填海项目,如正屿港由于晏站涂围垦截断了其与海游港汇合的去向而接近消失,最终晏站涂二期规划直接将其纳入围涂范围,又如内部没有围填海工程的港汊如健跳港、白礁水道几乎不受其他海域围填海的影响;与外海直接相通的石浦港情况有所不同,湾内整体纳潮水域面积的降低导致石浦港内部没有围填海项目而流速普遍小幅度降低。

12.2.2   纳潮量

在前文潮流模型计算的基础上,计算了 2004 年和 2020 年三门湾 11 月 28 日—12 月 12 日纳潮量变化过程,并将其与 2009 年计算结果进行对比。结果表明,三门湾总纳潮量较大,经过一个全潮,三门湾的纳潮量基本在 $14 \times 10^8 \sim 34 \times 10^8$ m³ 之间,其中大潮期约 $22 \times 10^8 \sim 34 \times 10^8$ m³,小潮期约 $15 \times 10^8 \sim 19 \times 10^8$ m³,全潮平均纳潮量约为 20.78×10^8 m³(图 12.8,表 12.4)。随着围填海工程的实施,三门湾总纳潮量逐渐减小,其中第一阶段(2004—2009 年)减小幅度略小,全潮平均纳潮量减小了约 2.7%,第二阶段(2009—2020 年)减小相对明显,全潮平均纳潮量减小了约 5.8%。

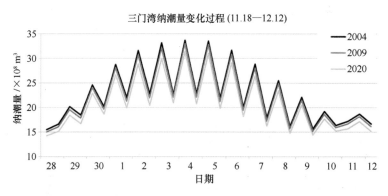

图 12.8   三门湾纳潮量变化过程

表 12.4   三门湾纳潮量特征值统计   单位:$\times 10^8$ m³

年份	2004 年	2009 年	2020 年
最大值	33.75	33.04	31.43
最小值	15.51	15.08	14.25
全潮平均	22.58	21.95	20.67

12.2.3 水体交换能力

通过模型计算得到 2004 年和 2020 年三门湾内水体交换率达到 90%的时间(以下简称水交换时间),并与 2009 年计算结果进行对比(图 12.9)。可以看出,3 个年份湾内各区域水交换时间分布趋势及等值线走向基本一致,随着年份的推移,等值线呈现一定程度的外推。2004 年岸线条件下,三门湾全湾绝大部分水域水交换时间不超过 45 d,2009 年围垦工程实施后,水交换时间延长约 3 d 达到 48 d,至 2020 年继续延长至约 51 d。

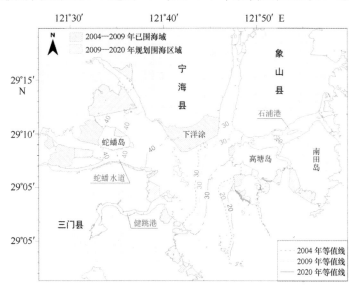

图 12.9　三门湾水体交换时间分布变化

三门湾水体交换能力在湾内各区域差别较大,总体上呈现与外海直接相通的水域(如三门湾湾口及湾中相对开阔的海域和石浦港)水交换能力较强、湾顶及各级支汊内水体交换能力较弱,且湾内西部水体交换能力整体上弱于东部水域的特点。三门湾水交换时间对围填海的响应较为明显,但不同水域响应幅度有所不同,由三门湾两个出口向内直至湾顶、由湾中向多级分汊的西北部,水交换时间呈梯度增加且对围填海响应的敏感程度增加。石浦港中部、东部和湾口附近水域水动力作用较强,因而水交换能力较强,且对围填海响应不明显,石浦港西部水交换能力减弱,西端口门 2009 年水交换时间比 2004 年延长 1 ~ 2 d,至2020 年又延长约 2 d;白礁水道因下洋涂围垦、口门断面外推而等值线略有外推,口门断面附近 2009 年约延长 1 d,至 2020 年又延长 1 ~ 2 d;蛇蟠水道上游支汊旗门港、海游港水交换能力有较为明显的减弱,2009 年比 2004 年水交换时间延长 2 ~ 3 d,2020 年其最短时间比2009 年又延长 4 d 之多;健跳港水交换能力 2009 年和 2004 年相比没有明显变化,而 2020年则减弱明显,其顶部水域水交换时间相比 2009 年延长 5 d 之多。

12.2.4 排污响应

按照前文计算污染物环境容量的思路,计算了 2004 年和 2020 年岸线下污染物排放的响应程度,将其与现状岸线下的污染物响应程度进行对比。前文对三门湾进行环境容量计算时,选择了 COD、无机氮和活性磷酸盐等作为计算指标,此处只为了解污染物响应程度在围填海前后的变化,故只选取其中一个指标(无机氮)作为表征。响应系数计算时,与前文相同,对每个汇水单元做单位源强排放,计算所得浓度场及该汇水单元的响应系数场(见图12.10),提取每个控制点的响应系数并统计得到该汇水单元在三门湾内的响应程度(表12.5)。

表 12.5 各汇水单元的污染物(无机氮)响应程度(单位源强:1 t/d)

汇水单元	浦坝	健跳	海游	旗门	力洋	白礁	石浦
2004 年	0.016 2	0.056 6	0.089 9	0.086 5	0.075 7	0.125 6	0.038 6
2009 年	0.016 7	0.058 4	0.096 4	0.095 3	0.079 3	0.128 4	0.039 6
2020 年	0.021 9	0.068 0	0.113 5	0.111 9	0.092 2	0.140 8	0.043 6

第一阶段(2004—2009 年)围填海工程实施后,三门湾沿岸各汇水单元的污染物排污响应没有特别明显的变化。位于三门湾口门外侧的浦坝单元的排污响应变化最小,2004 年和 2009 年几乎没有变化,两个年份的控制点响应程度也十分接近。其余汇水单元的排污响应的变化在排污口附近稍大,2009 年的浓度等值线明显较为外扩,外扩程度以湾顶的海游、旗门和力洋单元为最,湾口的石浦单元及湾中的健跳白礁单元则较小,表中控制点响应程度也明显以 2009 年为大。几乎所有汇水单元的响应系数浓度场扩散到湾口海域时 2004 年和 2009 年都没有明显的差别。

第二阶段(2009—2020 年)规划的围填海工程实施后,对三门湾内各汇水单元的排污响应的影响则明显增大。2020 年各汇水单元的响应系数浓度场的等值线均比 2009 年外扩,即在同一位置,同样的陆源排污量会在海水中形成更大的浓度值,对水质的影响程度将更大。由图可知,排污口附近的等值线外扩程度较湾口海域更大,表明排污口附近的浓度增值将更大。表中两个年份的控制点响应程度,2020 年有非常明显的增大现象,在单位源强排放的条件下,平均有约 15% 的增幅。

12.3 水环境容量影响分析

结合三门湾内潮流、纳潮量、水体交换能力及排污响应的变化情况,综合分析大规模围填海工程对三门湾海域水环境容量的可能影响。

从前文可知,大规模围填海工程实施后,涨、落潮流的流向流路基本保持不变,全潮平均流速在两个阶段受到了不同程度的影响,第一阶段影响较大的区域在蛇蟠水道,流速最大减幅达 90%,第二阶段则以青山港最显著,流速最大减幅超过 80%,同时影响范围明显增大,湾内西部海域流速普遍减小。三门湾的纳潮量逐渐减小,第一阶段减幅略小,全潮平均纳潮量减小了约 2.7%,第二阶段减幅增至约 5.8%。水体交换能力也逐渐减弱,两个阶段的围填海工程实施后,水交换时间都延长了约 3 d。三门湾沿岸各汇水单元的污染物排污

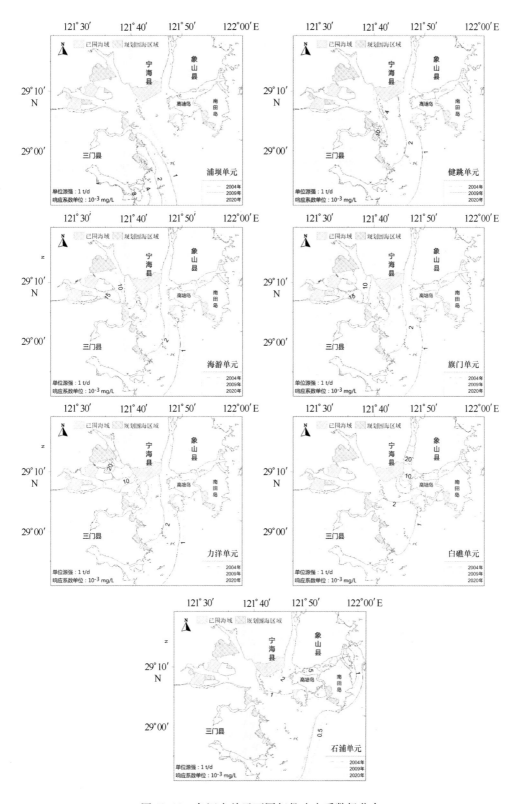

图 12.10　各汇水单元不同年份响应系数场分布

响应再第一阶段没有特别明显的变化,控制点响应程度 2009 年稍大,增大幅度较小,第二阶段围填海工程实施对排污响应的影响则明显增大,控制点响应程度在 2020 年有非常明显的增大现象,在单位源强排放的条件下,平均有约 15% 的增幅。

上述前三个指标均为衡量一个地区水动力环境的常规指标,大规模围填海工程实施后,无论是流速、纳潮量还是水交换能力均表现为不同程度的减弱,说明围填海对三门湾的水动力环境有在整体上起到了减弱的作用。水动力的减弱将使水体对排入的污染物的净化能力也随之减弱,从而使污染物过多的滞留于水体中。排污响应的计算结果正好印证了这个结论,在围填海工程实施后,控制点对点源排污的响应程度有所增大,即水体中的污染物浓度有所增大。若在其他因素均为不变量的情况下,如海洋环境水体水质要求、沿岸各地区的排污量等对水域环境容量计算有直接影响的条件保持不变,那么水动力的减弱使水体对污染物排放的响应程度增强,相同的排污量会在水体中形成更高的浓度,在不变的水质环境要求下,该水域的水环境容量将随之减小。

对比两个阶段的围填海工程区位,第一阶段是已经完成的围填海工程,项目较少且主要位于湾顶西部蛇蟠水道和下洋涂,第二阶段是规划中的围填海工程,历时较长,工程量也较大,主要位于湾顶东部的双盘三山涂,其次则分布在外湾两侧沿岸。从围填海工程的回顾和预测结果来看,很明显第二阶段的围填海工程对三门湾的海洋环境影响更大。将两者结合起来考虑,可知三门湾湾顶滩涂的围填,相比其他区域,更会对三门湾海洋环境造成不利的影响,湾顶滩涂中又以东部围填为主。湾中部的下洋涂由于未围前就大部分高出水面,并不占据三门湾潮流主要流路,故对湾内环境造成的影响不甚明显。外湾两侧的围填海工程影响较大的主要是三门湾外湾的岸线形态,使曲折岸线变直,对海洋环境的影响短期内并不十分明显,长期的影响效果有待进一步地考验。

因此,大规模围填海工程的实施对三门湾海域水环境有较为不利的影响,包括湾内的潮流、纳潮量及水体交换能力,从而影响三门湾海域水体的纳污能力,减小海域的水环境容量,进一步影响沿岸区域的社会经济发展潜力。

12.4 小结

三门湾沿岸 2004—2009 年已完成的围填海工程总面积约 9.71 万亩,2009—2020 年规划中的围垦项目总面积约 13.85 万亩。

大规模围填海工程实施后,三门湾海洋环境受到了不同程度的影响:

(1)涨、落潮流的流向流路基本保持不变,全潮平均流速在两个阶段受到了不同程度的影响,湾内绝大部分水域全潮平均流速减小值在 0.1 m/s 以内,第二阶段流速减小幅度较大,超出一半水域减小 0.01 m/s 以上。

(2)三门湾的纳潮量逐渐减小,第一阶段减幅略小,全潮平均纳潮量减小了约 2.7% ,第二阶段减幅增至约 5.8% 。

(3)三门湾水体交换能力逐渐减弱,两个阶段的围填海工程实施后,水交换时间都延长了约 3 d。

（4）三门湾沿岸各汇水单元的污染物排污响应在第一阶段没有特别明显的变化，控制点响应程度 2009 年稍大，增大幅度较小，第二阶段围填海工程实施对排污响应的影响则明显增大，控制点响应程度在 2020 年有非常明显的增大现象，在单位源强排放的条件下，平均有约 15% 的增幅。

（5）综合各项水动力环境指标，大规模围填海工程实施后，将影响三门湾海域水体的纳污能力，减小海域的水环境容量，进一步影响沿岸区域的社会经济发展潜力。

参考文献

关于印发浙江省滩涂围垦总体规划（2005—2020 年）的通知（浙发改规划〔2006〕234 号）.
宁波市滩涂围垦造地规划（2011—2020），来源 http://zfxx.ningbo.gov.cn/
浙江省台州市滩涂围垦总体规划，来源 http://www.tzsl.gov.cn/

13 结论与建议

三门湾地处浙东沿海,为典型的半封闭强潮海湾,海水同外海交换能力较差,污染物主要依靠湾内净化,海域生态环境较为脆弱。随着环三门湾地区经济的快速发展,陆上及海上人为活动产生的大量污染物进入海洋环境,造成近岸海域水质恶化,生态退化,生产力下降,极大地破坏了海洋生态环境,甚至影响到沿海地区社会经济的进一步健康发展。因此,在了解和掌握三门湾海域入海污染源强、海洋环境质量及海域特征和社会经济现状及发展规划等基础上,科学确定三门湾主要污染物的环境容量和减排量,为三门湾海域入海污染物总量控制和减排工作提供科学基础,从而保护海域生态环境、促进区域社会经济发展。

13.1 结 论

(1)三门湾海域潮汐属于正规半日潮,涨、落潮历时相差不大,平均潮差较大,基本都在4 m以上。浅海分潮对三门湾潮流有一定影响,主要呈往复流,最大流速从表层向底层逐渐减小。湾内水体悬沙浓度较高,主要源自潮流输沙。

(2)三门湾海域海水中主要污染物为营养盐,其中无机氮含量约60% 测站超第三类海水水质标准,活性磷酸盐含量约70% 测站超第二、三类海水水质标准;另外,水体中重金属锌、铅含量约70% 测站超第一类海水水质标准,汞、铜含量少数测站超第一类海水水质标准。三门湾海洋沉积物质量状况总体良好,有机碳、硫化物、石油烃、重金属(铜、铅、锌、镉、汞)等基本符合第一类海洋沉积物质量标准,各监测指标中铜和锌的含量相对较高,平均标准指数在0.5之上。

(3)三门湾海域浮游植物的种类数较少,密度较高,优势种的优势度比较突出;浮游动物中桡足类、浮游幼虫居多,多样性指数和均匀度一般;大型底栖生物中多毛类出现频率较高,各站底栖生物生物量以软体动物为主,另外个别站位棘皮动物的生物量也较大;潮间带生物以软体动物、甲壳类和多毛类为主。

(4)三门湾陆源源强的 COD_{Cr}、总氮和总磷均占总源强90% 以上,是三门湾污染物的主要来源。陆源入海源强中,COD_{Cr} 按大小排序为生活污染、畜禽养殖污染、农田径流污染和工业点源污染;总氮按大小排序为农田径流污染、生活污染、畜禽养殖污染和工业点源污染;总磷按大小排序为畜禽养殖污染、农田径流污染、生活污染和工业点源污染。各汇水区中,COD_{Cr}、总氮、总磷陆源入海源强均以力洋单元最大,健跳单元最小。沿岸三县的 COD_{Cr}

入海源强量以宁海县最大,三门县次之,象山县最小;总氮陆源以宁海县最大,海源以三门县最大;总磷陆源以宁海县最大,海源以象山县最大。

(5)污染物降解围隔实验结果表明,三门湾活性磷酸盐转化速率系数范围在 0.173 ~ 0.469 之间,均值为 0.356;无机氮转化速率系数范围在 0.060 ~ 0.489 之间,均值为 0.257;实验中 COD 的降解规律不明显,本文采用国家海洋局第二海洋研究所 2010 年 5 月在三门湾海域的研究成果,取 COD 降解速率系数为 0.049 5。

(6)水动力模型对区域潮汐和潮流过程的模拟结果较为理想,模拟的流场基本能反映计算区域水动力的情况,从模拟结果看,三门湾内潮流基本为往复流性质,运动特征以驻波为主,且涨落潮历时差别不大,与三门湾实测水动力特性相符。三门湾纳潮量较大,计算所得全潮平均纳潮量约为 20.78×10^8 m^3。三门湾水体半交换能力的分布在湾内各区域的差别较大,总体上呈现湾口及石浦港水域水体交换能力强,且湾内西侧水体交换相对东侧较慢的特点。三门湾全湾水体半交换时间约为 23 d,达到 95% 的水体交换时间约为 60 d;湾内相对开阔的主体海域半交换时间不超过 15 d,95% 水交换时间约为 50 d。

(7)污染物扩散模型对三门湾主要污染物输移扩散的浓度分布模拟结果与实测浓度等值线分布基本一致,COD$_{Mn}$ 的浓度分布总体呈现湾口较高、湾内腹地较低的趋势,湾口断面 COD$_{Mn}$ 浓度西高东低,诸港汊内有一定区别,西部港汊浓度较高,白礁水道内浓度相对较低,石浦水道 COD$_{Mn}$ 浓度东高西低;无机氮分布在总体呈现由西侧向东侧递变,总体呈现西高东低的趋势,湾内东部水域浓度较低,大部分区域浓度小于 0.60 mg/L,湾内西部和顶部港汊等水域浓度较高,浓度大部分都超过 0.65 mg/L,靠近西侧沿岸一带,无机氮浓度超过 0.70 mg/L;活性磷酸盐浓度分布总体呈现自湾口到湾内浓度增大的趋势,外湾浓度较低,大部分区域浓度小于 0.045 mg/L,内湾港汊中浓度较高,存在浓度大于 0.05 mg/L 的水域。

(8)通过响应系数法的计算,在满足项目控制目标条件下,三门湾海域化学需氧量(COD$_{Cr}$)存在 78.90×10^4 t/a 的环境容量,总氮和总磷已严重超出水质标准,不存在环境容量。按照项目设定海水水质改善目标,总氮需分别削减源强 687.86 t/a、1 473.98 t/a、2 161.83 t/a 才能完成近期、中期和远期水质改善目标,总磷需分别削减源强 79.76 t/a、174.62 t/a、257.51 t/a。根据总量控制的最优分配,优化后的 COD$_{Cr}$ 环境容量为 48.20 t/a,在三个县的分配结果为:三门县 COD$_{Cr}$ 允许排放源强最大,为 29.31×10^4 t/a;象山县 COD$_{Cr}$ 允许排放源强位居第二,为 15.35×10^4 t/a;宁海县 COD$_{Cr}$ 允许排放源强最小,为 3.54×10^4 t/a。总氮近期的削减量分配结果为:三门县总氮削减量最大,为 271.90 t/a;宁海县总氮削减量位居第二,为 213.94 t/a;象山县总氮削减量最小,为 202.02 t/a。总氮近期的削减量分配结果为:三门县总磷削减量最大,为 28.65 t/a;宁海县总磷削减量位居第二,为 27.05 t/a;象山县总磷削减量最小,为 24.06 t/a。

(9)三门湾沿岸 2004—2009 年已完成的围填海工程总面积约 9.71 万亩,2009—2020 年规划中的围垦项目总面积约 13.85 万亩。大规模围填海工程实施后,三门湾海域涨、落潮流的流向流路基本保持不变,全潮平均流速在两个阶段均有一定的减小,第二阶段流速减小幅度较大,超出一半水域减小0.01 m/s以上;纳潮量逐渐减小,第二阶段流速减小幅度较大;水体交换能力逐渐减弱,两个阶段的围填海工程实施后,水交换时间都延长了约3 d;污染物排污响应增强,第一阶段增大幅度较小,第二阶段明显增大,控制点响应程度平均有约15%的增幅。综合各项水动力环境指标,大规模围填海工程实施后,将影响三门湾海域水体的纳污能力,减小海域的水环境容量,进一步影响沿岸区域的社会经济发展潜力。

13.2　建议

在确定三门湾主要污染物的环境容量和减排量基础上,科学开展海域入海污染物总量控制和合理制定减排措施显得尤为必要,是减少海洋污染、保护海域环境的重要举措,也是国家海洋环境管理、污染控制以及有效配置海洋环境容量资源的重要手段。落实总量控制和减排工作是一个综合的举措,在三门湾流域开展减排建议从以下几个方面着手。

1)更新观念,提高意识

在科学发展观理念的指导下,充分认识环境是人类赖以生存和发展的基本条件,从三门湾资源的持续利用角度科学地确定三门湾对污染物的容许负荷量,进而运用海洋行政管理法规,实行污染物总量控制,对污染物排放数量进行控制和分配,从而既保证合理地利用和保护三门湾生态环境,又指导海洋经济的持续、快速、健康发展。

2)海陆联动,统筹兼顾

要从根本上解决海洋污染问题,必须坚持海陆联动、统筹兼顾,实行海域污染陆域治理,严格控制入海污染物总量,以海定陆,科学确定入海污染物总量控制指标。鉴于目前海洋环境保护涉及环保、海监、海事、渔业、水利等多个部门,应建立一个权威协调管理委员会,落实海洋环保目标管理责任制,实现海洋资源开发和生态环境共建共管;在宏观策略上,实施区域联动,推进污染物总量控制制度建设。

3)严格执法,强化职能

严格执行《中华人民共和国海域使用管理法》、《浙江省海域使用管理办法》等法律法规,全面贯彻实施海洋功能区划、海域使用审批制度和海域有偿使用制度,实现对海域和海洋资源的综合管理,最终达到海洋资源可持续利用和海洋经济可持续发展的目的。

加强海洋执法队伍建设,强化海洋监督机构职能作用,加大海上执法力度,确保各项海洋法律法规和规章制度的贯彻实施,以顺应海洋综合管理的发展趋势和需要,为三门湾沿海地区海洋经济的发展提供良好的外部环境。

4)优化结构,调整布局

环境和生态问题主要是过于追求经济的发展所引起的,同时这一问题反过来影响了经济的发展,从三门湾环境的变化就可以看到这方面的影响。先前的经济快速增长过度依赖资源和能源投入的"三高(高投资、高消耗、高污染)两低(低质量、低效益)"粗放型增长方式已不适应当前社会经济发展的需求,而是要在社会经济发展过程中加强环境规划与管理,坚持经济发展与环境保护并重原则,转变经济增长方式,发展循环经济,走新型工业化道路,实现全面协调可持续的科学发展和促进人与自然和谐发展。三门湾流域应全面落实污染物排放总量控制计划,采取工程减排、结构减排、监管减排等综合措施,扎实推进化学需氧量、氨氮等主要污染物排放总量控制,继续强化造纸、印染、制革、医化等重点行业和企业水污染整治,推进城镇污水处理设施建设改造及管网配套,深入推进养殖污染整治。

附录1　浮游植物种类名录

序号	中文名	拉丁名	2009年7月	2009年12月	2012年8月	2012年9月
一	硅藻门	**Bacillariophyta**				
1	笔尖型根管藻	*Rhizosolenia styliformis* Brightw.	+	+	+	
2	并基角毛藻	*Chaetoceros decipiens* Cl.	+	+		
3	波罗的海布纹藻	*Gyrosigma balticum*（Ehr.）Rab.	+	+		
4	布氏双尾藻	*Ditylum brightwelli*（West）Grun.	+	+	+	+
5	粗根管藻	*Rhizosolenia robusta* Norman	+			
6	丹麦角毛藻	*Chaetoceros danics* Her		+		
7	刀形布纹藻	*Gyrosigmas calprodides*（Rab.）Cleve	+	+		
8	端尖曲舟藻	*Pleurosigma acutum* Norman	+	+		
9	佛氏海毛藻	*Thalassiothrix frauenfeldii* Grun.		+		
10	辐射圆筛藻	*Coscinodiscus radiates* Ehr.	+			
11	覆瓦根管藻	*Rhizosolenia imbricate* Brightw.	+	+		
12	刚毛根管藻	*Rhizosoleniasetigera* Brightw.	+	+	+	
13	高盒形藻	*Biddulphiaregia*（Sch.）Ostenf.		+		
14	格氏圆筛藻	*Coscinodiscus granii* Grough	+			
15	海洋曲舟藻	*Pleurosigma pelagicum*（Perag.）Cleve	+	+		
16	虹彩圆筛藻	*Coscinodiscus oculus – iridis* Ehr.	+	+	+	+
17	活动盒形藻	*Biddulphiamobiliensis*（Bail.）Grun.		+	+	+
18	尖刺拟菱形藻	*Nitzschiapungens* Grun.		+	+	+
19	具槽直链藻	*Melosirasulcata*（Ehr.）Kuetz.		+		
20	克莱根管藻	*Rhizosolenia clevei* Ostenfeld	+			
21	菱形藻属	*Nitzschia* Hassal		+		
22	卵形藻	*Cocconeis* Ehrenberg	+			
23	螺端根管藻	*Rhizosolenia cochlea* Brun		+		
24	洛氏角毛藻	*Chaetoceros lorenzianus* Grun	+	+	+	
25	洛氏菱形藻	*Nitzschia lorenziana* Grun.	+	+		
26	美丽漂流藻	*Planktoniella formosa*Karsten	+	+		
27	美丽舟形藻	*Pleurosig maformosum* W. Smith	+			

序号	中文名	拉丁名	2009 年 7 月	2009 年 12 月	2012 年 8 月	2012 年 9 月
28	明壁圆筛藻	*Coscinodiscus debilis* Grove	+	+		
29	奇异菱形藻	*Nitzschia paradoxa* Grun.	+	+		
30	琼氏圆筛藻	*Coscinodiscus jonesianus*（Grev.）Ostenf.	+	+		
31	柔弱伪菱形藻	*Nitzschiade licatissima* Cl.		+		
32	蛇目圆筛藻	*Coscinodis cusargus* Ehr.	+	+		
33	斯氏根管藻	*Guinardia striata*（Stolterfoth）Hasle et al		+		
34	太阳双尾藻	*Ditylum sol* Grun.	+	+		
35	泰晤士扭鞘藻	*Streptothec athamesis* Schrub.	+	+		
36	透明根管藻	*Rhizosolenia hyalina* Ostenfeld	+	+		
37	威利圆筛藻	*Coscinodiscu swailesii* Gran&Angst	+	+		
38	纤细翼根管藻	*Rhizosolenia Alata f. gracillima*（Cl.）Grun	+	+		
39	小圆筛藻	*Coscinodiscus minor* Ehr.	+	+		
40	翼根管藻	*Rhizosolenia alata* Brightw.	+	+		
41	印度翼根管藻	*Rhizosolenia Alataf. indica*（Petagallo）Ostenfeld.		+		
42	有翼圆筛藻	*Coscinodiscus bipartitus* Rattray	+	+	+	+
43	羽纹藻	*Pinnularia* Ehrenberg		+		
44	圆海链藻	*Thalassiosira rotula* Meun.	+	+		
45	窄隙角毛藻	*Chaetoceros affinisvar. affinis* Lauder	+			
46	长海线藻	*Thalassiothrix longissima* Cleve et Grunow	+	+		
47	长菱形藻	*Nitzschia longissima*（Breb.）Gran.	+	+		
48	针杆藻	*Synedra* Ehrenberg	+	+		
49	中华盒形藻	*Biddulphi asinensis*Grev	+	+	+	+
50	舟形藻	*Navicula* Bory	+	+		
51	中肋骨条藻	*Skeletonema costatum*（Grev.）Cleve	+	+	+	+
52	扁面角毛藻	*Chaetoceros compressus* Lauder			+	+
53	丹麦细柱藻	*Leptocylindrus danicus* Cleve			+	
54	佛氏海毛藻	*Thalassiothrix frauenfeldii* Grun.			+	+
55	豪猪棘冠藻	*Corethron hystrix* Hensen			+	+
56	紧密角毛藻	*Chaetoceros neocompactum*			+	
57	卡氏角毛藻	*Chaetocero scastracanei* Karst.			+	
58	菱形海线藻	*Thalassionema nitzschioides*（Grun.）V. H.			+	+
59	冕孢角毛藻	*Chaetocero ssubsecundus*（Grunow）Hust.			+	+
60	扭鞘藻	*Streptotheca thamesis* Schrub.			+	+
61	琼氏圆筛藻	*Coscinodiscus jonesianus*（Grev.）Ostenf.			+	+
62	太阳漂流藻	*Planktoniella sol*（Schütt）			+	

序号	中文名	拉丁名	2009年7月	2009年12月	2012年8月	2012年9月
63	细长翼根管藻	*Rhizosoleniaalate f. gracillma Cleve*			+	
64	相似曲舟藻	*Pleurosigma affine*			+	
65	小细柱藻	*Leptocylin drusminimus Gran*			+	
66	新月菱形藻	*Nitzschia closterium*（Ehr.）W. Smith			+	
67	星脐圆筛藻	*Coscinodiscus asteromphalus Cleve*			+	+
68	旋链角毛藻	*Chaetoceros curvisetus Cleve*			+	+
69	异常角毛藻	*Chaetoceros curvisetus*			+	+
70	长海毛藻	*Thalassiothrix longissima Cleve et Grunow*			+	
71	中心圆筛藻	*Coscinodiscus centralisEhr*			+	+
72	绕孢角毛藻	*Chaetoceros cinctus Gran*				+
73	苏氏圆筛藻	*Coscinodis custhorii Pav.*				+
二	甲藻门	**Pyrrophyta**				
74	三角角藻	*Ceratium tripos*（O. F. Mueller）Nitzsch			+	
75	东海原甲藻	*Prorocentrum donghaisense Lu.*	+	+		
76	具尾鳍藻	*Dinofhysis caudate Sarille – Kent*	+			
77	鳍藻属	*Dinofhysis Ehrenberg*		+		
78	叉状角藻	*Ceratiumfurca Ehrenberg*	+	+	+	+
79	梭角藻	*Ceratiumfusus*（Ehr.）Dujardin	+	+	+	+
80	夜光藻	*Noctiluca scintillans*（Mac.）Kof. et Swe.	+	+		

附录2 浮游动物种类名录

序号	中文名	拉丁名	2009年7月	2009年12月	2012年8月	2012年9月
一	**水螅水母类**	**Hydromedusae**				
1	厦门外肋水母	*Ectopleura xiamenensis* Zhang et Lin	+			
2	灯塔水母	*Turritopsis nutricula* Mccrady	+			
3	细腺和平水母	*Eirenetenuis*（Brown）	+			
4	笔螅水母	*Pennariatiarella*	+			
5	薮枝螅水母	*Obelia* sp.	+			
6	美螅水母（属）	*Clytia* sp.	+			
7	真唇水母（属）	*Eucheilota* sp.	+			
8	短柄灯塔水母	*Turritopsis nutricula*			+	
9	嵊山酒杯水母	*Phialidium chengshanenses*（Ling）			+	
10	双叉薮枝螅水母	*Obelia dichotoma*			+	
11	性轭小型水母	*Nanomiabijuga*（DelleChiaje）			+	
二	**管水母类**	**Siphonophora**				
12	海冠水母	*Halistemma rubrum*（Vogt）	+			
13	双生水母	*Diphyes chamissonis* Huxley	+		+	+
14	锥形多管水母	*Aequorea conica* Browne			+	
三	**栉水母类**	**Ctenophora**				
15	球形侧腕水母	*Pleurobruchiaglobosa* Moser	+	+	+	+
16	瓜水母	*Beroe cummis* Fabricius			+	+
四	**多毛类**	**Polychaeta**				
17	裂虫（科）	*Syllidae* sp.	+			
五	**桡足类**	**Copepoda**				
18	中华哲水蚤	*Calanus sinicus* Brodsky	+	+	+	+
19	微刺哲水蚤	*Canthoo calanus pauper*（Giesbrecht）	+	+		+
20	亚强真哲水蚤	*Eucalanus subcrassus* Giesbrecht		+		+
21	针刺拟哲水蚤	*Paracalanus aculeatus* Giesbrecht	+	+	+	+
22	强额拟哲水蚤	*Paracalanus crassirostris* Dahl	+			
23	微驼隆哲水蚤	*Acrocalanus gracilis* Giesbrecht	+			

序号	中文名	拉丁名	2009 年 7 月	2009 年 12 月	2012 年 8 月	2012 年 9 月
24	精致真刺水蚤	*Euchaeta concinna* Dana	+	+	+	+
25	平滑真刺水蚤	*Euchaeta plana* Mori	+	+		
26	锥形宽水蚤	*Temra turbinata*（Dana）	+			+
27	背针胸刺水蚤	*Centropages dorsispinatus* Thompson et Scott	+	+	+	+
28	瘦尾胸刺水蚤	*Centropages tenuiremis* Thompson and Scott	+	+		+
29	中华胸刺水蚤	*Centropages sinensis* Chen and Zhang	+	+	+	+
30	海洋伪镖水蚤	*Pseudodiaptomus marinus* Sato	+			
31	火腿许水蚤	*Schmackeria poplesia* Shen		+		
32	汤氏长足水蚤	*Calanopia thompsoni* Scott	+	+	+	
33	双刺唇角水蚤	*Labidocera bipinnata* Tanaka	+			
34	真刺唇角水蚤	*Labidocera euchaeta* Gieshrecht	+	+	+	+
35	左突唇角水蚤	*Labidocera sinilobata* Shen et Lee	+		+	
36	叉刺角水蚤	*Pontella chierchiae* Giesbrecht	+			
37	太平洋纺锤水蚤	*Acartia pacifica* Steuer		+	+	+
38	刺尾纺锤水蚤	*Acartia spinicauda* Giesbrecht	+	+	+	
39	钳形歪水蚤	*Tortanus forcipatus*（Giesbrect）	+			
40	捷氏歪水蚤	*Tortanus derjugini* Smirnov	+	+		
41	短角长腹剑水蚤	*Oithona brevicornis* Giesbrecht	+	+		
42	简长腹剑水蚤	*Oithona simplex* Farran	+			
43	近缘大眼剑水蚤	*Corycaeus affinis* Mcmurrichi	+			
44	平大眼剑水蚤	*Corycaeus dahlia* Tanaka	+	+		
45	小毛猛水蚤	*Microsetella norvegica*（Boeck）		+		
46	钳形歪水蚤	*Tortanus*（*Tortanus*）*forcipatus* Giesbrecht			+	
六	**枝角类**	**Cladocera**				
47	肥胖三角溞	*Evadneter gestina* Claus	+			
七	**介形类**	**Ostracoda**				
48	齿形海萤	*Cypridina dentate*（Müller）	+			
49	针刺真浮萤	*Euconchoecia aculeate*（Scott）	+			+
50	不规则海萤	*Cypridina bairdii*			+	+
八	**端足类**	**Amphipoda**				
51	钩虾（科）	*Gammaridae* sp.	+	+		
九	**磷虾类**	**Euphausiacea**				
52	中华假磷虾	*Pseudeuphausia sinica* Wang et Chen	+	+	+	
53	小型磷虾	*Euphausia nana* Brinton	+			
十	**糠虾类**	**Mysidacea**				
54	漂浮小井伊糠虾	*Iiella pelagicus*（Ii）	+	+		
55	宽尾刺糠虾	*Acanthomy sislaticauda* Liu et Wang	+	+		

序号	中文名	拉丁名	2009年7月	2009年12月	2012年8月	2012年9月
56	窄尾刺糠虾	*Acanthomysis leptura* Liu et Wang	+			
57	短额刺糠虾	*Acanthomysis brevirostris* Wang et Liu		+	+	+
58	黑褐新糠虾	*Neomysis awastschensis* (Brandt)		+		
十一	**涟虫类**	**Cumacea**				
59	针尾涟虫(属)	*Diastylis* sp.		+		
60	无尾涟虫(属)	*Leueon* sp.		+		
十二	**十足类**	**Decapoda**				
61	日本毛虾	*Acetes japonicus* Kishinouye	+		+	+
62	细螯虾	*Leptoche lagracilis* Stimpson	+			
63	中华管鞭虾	*Solenocera crassicornis* (Edwards)	+			
十三	**毛颚类**	**Chaetognatha**				
64	肥胖箭虫	*Sagitta enflata* Grassi	+		+	+
65	百陶箭虫	*Sagitta bedoti* Beraneck	+	+	+	+
66	海龙箭虫	*Sagitta nagae* Alvariño	+			
十四	**被囊类**	**Tunicata**				
67	异体住囊虫	*Oikopleura dioica* Fol	+			
68	长尾住囊虫	*Oikopleura longicauda* (Vogt)	+			
十五	**浮游幼虫**	**Planktonic larvae**				
69	多毛类幼体	Polychaeta larvae	+	+		+
70	幼螺	Gastropoda larvae	+			
71	幼贝	Bivalvia larvae	+			
72	蔓足类无节幼体	Cirripedianauplius	+			
73	真刺水蚤幼体	*Euchaeta* larvae	+	+		+
74	磷虾幼体	Euphausia larva	+	+		
75	长尾类幼体	Macrura larvae	+		+	+
76	短尾类溞状幼体	Brachyurazoea	+	+	+	+
77	短尾类大眼幼体	Brachyuramegalopa	+			
78	幼蟹	Juvenile crab	+			
79	阿利玛幼体	Alima larvae	+		+	+
80	鱼卵	Fish egg	+			+
81	仔鱼	Fish larvae	+		+	+
82	磁蟹溞状幼虫	Porcellana larva			+	+
83	大眼幼虫	megalopa			+	
84	对虾溞状幼虫	Penaees metazoea				+
85	棘皮类长腕幼虫	ophiopluteus				+

附录3 大型底栖生物种类名录

序号	中文名	拉丁名	2009年7月	2009年12月	2012年8月
一	**多毛类**	**Polychaeta**			
1	长吻沙蚕	*Glycera chirori* Izuka	+		
2	双齿围沙蚕	*Perinereisai buhitensis* Grube	+	+	
3	加州齿吻沙蚕	*Nephtys californiensis* Hartman	+	+	
4	小头虫	*Capitellacapitata*（Fabricius）	+	+	
5	花索沙蚕	*Arabella iricolor*（Montagu）	+	+	
6	异足索沙蚕	*Lumbrineris heteropoda*（Marenzeller）	+	+	+
7	日本索沙蚕	*Lumbrineris japonica* Imajima et Higuchi	+	+	
8	尾索沙蚕	*Lumbrineris caudaenisi* Gallarda		+	
9	索沙蚕	*Lumbrineris* sp.	+		
10	不倒翁虫	*Sternaspis scutata*（Renier）	+	+	+
11	须丝鳃虫	*Cirratulus cirratus*（Muller）		+	
12	双鳃内卷齿蚕	*Aglaophamus dibranchis* Grube			+
13	背蚓虫	*Notomastus latericeus* Sars			+
14	埃刺梳鳞虫	*Ehlersileanira incisa*			+
二	**软体动物**	**Mollusca**			
15	彩虹明樱蛤	*Moerella iridescens*（Benson）	+	+	
16	凸镜蛤	*Dosinia*（*Sinodia*）*derupta* Romer		+	
17	中国蛤蜊	*Mactra chinensis* Philippi	+		
18	四角蛤蜊	*Mactra quadrangularis*	+	+	
19	圆筒原盒螺	*Eocylichna braunsi*（Yokoyama）		+	+
20	西格织纹螺	*Nassarius siquinjorensis*（Adams）	+	+	
21	纵肋织纹螺	*Nassarius variciferus*（Adams）	+	+	
22	红带织纹螺	*Nassarius succinctus*（Adams）	+	+	+
23	织纹螺	*Nassarius* sp.		+	
24	珠带拟蟹守螺	*Cerithidea cingulata*（Gmelinl）	+	+	
25	绯拟沼螺	*Assiminea latericea* H. et A. Adams	+		
26	棒槌螺	*Turritella bacillum* Kiener	+	+	

序号	中文名	拉丁名	2009 年 7 月	2009 年 12 月	2012 年 8 月
27	婆罗囊螺	*Retusa*（*Coelophsis*）*boenensis*（A. Adams）	+	+	
28	小荚蛏	*Siliqua minimai*（Gmelin）		+	
29	缢蛏	*Sinonovacula constricta*（Lamarck）	+	+	
30	泥蚶	*Tegillarca granosa*（Linnaeus）	+	+	
31	毛蚶	*Scapharca suberenata*（Lischke）	+	+	
32	半褶织纹螺	*Nassarius Semiplicatus*（A. Adams）			+
三	甲壳类	**Crustacea**			
33	中国毛虾	*Aceteschinensis* Hansen	+		+
34	口虾姑	*Oratosquilla oratoria*（de Haan）	+	+	+
35	豆形短眼蟹	*Xenophthalmus pinnotheroides* White	+	+	
36	日本大眼蟹	*Macrophthalmus*（*Mareotis*）*japonicus* de Haan	+		
37	六齿猴面蟹	*Camptandrium sexdentatum* Stimpson		+	
38	钩虾	*Gammarus sp*			+
39	日本鼓虾	*Alpheus japonicas* Miers			+
四	棘皮动物	**Echinodermata**			
40	棘刺锚参	*Protankyrabidentata*（Woodward et Barrett）	+	+	+
41	刺瓜参	*Pseudocnus echinatus*（Marenzeller）	+		
42	滩栖阳遂足	*Amphiura vadicola* Matsumoto		+	
43	金氏真蛇尾	*Ophiura kinbergi* Ljungman			+
五	腔肠动物门	**Coelenterata**			
44	星虫状海葵	*Edwardsia sipunculoides*			+
45	海笔	*Pennatula phosphorea*			+
六	星虫动物门	**Sipuncula**			
46	可口革囊星虫	*Phascolosoma esculenta* Chen et Yeh	+		
七	鱼类	**Fish**			
47	虾虎鱼	*Ctenogobius giurinus* sp.	+	+	
48	孔虾虎鱼	*Trypauchen vagina*			+

附录4 潮间带生物种类名录

序号	中文名	拉丁名	2009 年 7 月	2009 年 12 月
一	**大型海藻类**	**Chlorophyta**		
1	蛎菜	*Ulva conglobata* Kjellm.	+	+
2	孔石莼	*Ulva pertusa* Kjellm.	+	
3	羊栖菜	*Sargassum fusiforme*（Harv.）Setch.		+
二	**腔肠动物**	**Coelenterata**		
4	绿海葵	*Anthopleura midori* Uchida & Musamatsu	+	+
三	**多毛类**	**Polychaeta**		
5	长吻沙蚕	*Glycera chirori* Izuka		+
6	吻沙蚕	*Glycera* sp.		+
7	双齿围沙蚕	*Perinereis aibuhitensis* Grube		+
8	加州齿吻沙蚕	*Nephtys californiensis* Hartman	+	+
9	小头虫	*Capitella capitata*（Fabricius）	+	+
10	花索沙蚕	*Arabella iricolor*（Montagu）	+	+
11	尾索沙蚕	*Lumbrineris caudaenisi* Gallarda		+
12	异足索沙蚕	*Lumbrineris heteropoda*（Marenzeller）	+	+
13	日本索沙蚕	*Lumbrineris japonica* Imajima et Higuchi	+	+
14	不倒翁虫	*Sternaspis scutata*（Renier）	+	+
15	须丝鳃虫	*Cirratulus cirratus*（Müller）	+	
16	异蚓虫	*Heromastus filiforms*（Claparede）	+	+
四	**软体动物**	**Mollusca**		
17	嫁蝛	*Cellana toreuma*（Reeve）	+	+
18	史氏背尖贝	*Notoacmea schrenckii*（Lischke）	+	+
19	单齿螺	*Monodonta labio*（Linne）	+	+
20	粒结节滨螺	*Nodiliittorina exigua*（Dunker）	+	+
21	粗糙滨螺	*Littoraria articulata*（Philippi）	+	+
22	短滨螺	*Littorina brevicula*（Philippi）	+	+
23	齿纹蜒螺	*Nerita yoldi* Recluz	+	+
24	渔舟蜒螺	*Nerita albicilla*（Linnaeus）	+	+
25	疣荔枝螺	*Thais clavigera*（Kuster）	+	+

序号	中文名	拉丁名	2009 年 7 月	2009 年 12 月
26	黄口荔枝螺	*Thais luteotoma* Holten	+	+
27	绯拟沼螺	*Assiminea latericea* H. et A. Adams	+	+
28	珠带拟蟹守螺	*Cerithidea cingulata*（Gmelin）	+	+
29	中华拟蟹守螺	*Cerithidea sinensis*（Gmelin）	+	
30	小翼拟蟹守螺	*Cerithidea microptera*（Kiener）	+	+
31	尖锥拟蟹守螺	*Cerithidea largillierli*（Philippi）		+
32	丽核螺	*Mitrella bella*（Reeve）		+
33	婆罗囊螺	*Retusa*（*Coelophsis*）*boenensis*（A. Adams）	+	+
34	锈凹螺	*Chlorostoma rustica*（Gmelin）	+	
35	红带织纹螺	*Nassarius*（*Zeuxis*）*succinctus*（A. Adams）	+	+
36	西络织纹螺	*Nassarius*（*Zeuxis*）*siquijorensis*（A. Adams）	+	+
37	纵肋织纹螺	*Nassarius*（*Varicinassa*）*variciferus*（A. Adams）	+	
38	半褶织纹螺	*Nassarius Semiplicatus*（A. Adams）		+
39	织纹螺	*Nassarius* sp.		+
40	棒槌螺	*Turritella bacillum* Kiener	+	+
41	泥螺	*Bullacta exarata*（Philippi）	+	+
42	青蚶	*Barbatia virescens*（Reeve）	+	+
43	泥蚶	*Tegillarca granosa*（Linnaeus）	+	+
44	毛蚶	*Scapharca suberenata*（Lischke）	+	
45	小刀蛏	*Cultellus attenuatus* Dunker		+
46	小荚蛏	*Siliqua minimai*（Gmelin）		+
47	缢蛏	*Sinonovacula constricta*（Lamarck）	+	+
48	文蛤	*Meretrix meretrix*（Linnaeus）	+	
49	青蛤	*Cyclina sinensis*（Gmelin）		+
50	凸镜蛤	*Dosinia*（*Sinodia*）*derupta* Romer	+	
51	彩虹明樱蛤	*Moerella iridescens*（Benson）	+	+
52	江户明樱蛤	*Moerella jedoensis*（Lischke）		+
53	黑荞麦蛤	*Xenostrobus atratus*（Lischke）［*Vignadula atrata*］	+	+
54	团聚牡蛎	*Ostrea glomerata* Gould	+	+
55	棘刺牡蛎	*Ostrea echinata* Gmelin	+	+
56	僧帽牡蛎	*Ostrea cucullata* Born	+	+
57	近江牡蛎	*Ostrea rivularis* Gould	+	
五	**甲壳类**	**Crustacea**		
58	白脊藤壶	*Balanus albicostatus* Pilsbry	+	+
59	日本笠藤壶	*Tetraclita japonica* Pilsbry	+	+
60	鳞笠藤壶	*Tetraclita squamosa* Bruguiere	+	+

序号	中文名	拉丁名	2009 年 7 月	2009 年 12 月
61	海蟑螂	*Ligia exotica*（Roux）	+	
62	鲜明鼓虾	*Alpheus distinguendus* De Man		+
63	粗腿厚纹蟹	*Pachygrapsus crassipes* Randall	+	+
64	日本大眼蟹	*Macrophthalmus*（*Mareotis*）*japonicus* De Haan	+	+
65	寄居蟹	*Pagurus* sp.	+	+
66	豆形拳蟹	*Philyra pisum* De Haan	+	
67	台湾泥蟹	*Ilyoplax formosensis* Rathbun	+	+
68	六齿猴面蟹	*Camptandrium sexdentatum* Stimpson	+	+
69	肉球近方蟹	*Hemigrapsus sanguineus* De Haan		+
70	褶痕相手蟹	*Sesarma plicata*（Latreille）	+	+
71	锯缘青蟹	*Scylla serrata*（Forskåal）	+	
72	弧边招潮	*Uca*（*Deltuca*）*arcuata*（De Haan）	+	+
六	**棘皮动物**	**Echinodermata**		
73	棘刺锚参	*Protankyra bidentata*（Woodward et Barrett）	+	+
74	滩栖阳遂足	*Amphiura vadicola* Matsumoto		+
七	**星虫动物门**	**Sipuncula**		
75	可口革囊星虫	*Phascolosoma esculenta* Chen et Yeh	+	+
八	**鱼类**	**Fish**		
76	弹涂鱼	*Periophthalmus cantonensis*（Osbeck）	+	
77	虾虎鱼	*Ctenogobiusgiurinus* sp.		+